建筑理论·设计译丛

城市·建筑的感性设计

［日］日本建筑学会　编
韩孟臻　王福林　官菁菁　张立巍　陈夔君　译

中国建筑工业出版社

编辑委员

宗本顺三	（MUNEMOTO Junzo，第8章）	京都大学大学院工学研究科建筑学专业，教授
堤　和敏	（TSUTSUMI Kazutoshi，第11章）	芝浦工业大学系统工学部环境系统学科，教授
奥　俊信	（OKU Toshinobu，第10章）	大阪大学大学院工学研究科地球综合工学专业，教授
井上容子	（INOUE Youko，第26章）	奈良女子大学生活环境学部住环境学科，教授

执笔者

桑子敏雄	（KUWAKO Toshio，第1章）	东京工业大学大学院社会理工学研究科，教授
久野节二	（HISANO Setsuji，第2章）	筑波大学大学院人间综合科学研究科，教授
大村哲弥	（OMURA Tetsuya，第3章）	尚美学园大学艺术情报学部，教授
和田雄志	（WADA Yuji，第4章）	（财）未来工学研究所，理事
藤本壮介	（FUJIMOTO Sosuke，第5章）	藤本壮介建筑设计事务所，代表
面出　薰	（MENDE Kaoru，第6章）	武藏野美术大学造型学部，教授
土田义郎	（TSUCHIDA Yoshio，第7章）	金泽工业大学环境·建筑学部，教授
斋藤笃史	（SAITO Atsushi，第9章）	（株）东洋设计事务所，代表董事
大影佳史	（OKAGE Yoshifumi，第10章）	名城大学理工学部，副教授
畠山雄豪	（HATAKEYAMA Yugo，第10章）	北海道大学大学院工学研究科，博士后期课程
井上胜雄	（INOUE Katsuo，第12章）	广岛国际大学心理科学部，教授
松下大辅	（MATSUSHITA Daisuke，第13章）	京都大学大学院工学研究科，讲师
奥田紫乃	（OKUDA Shino，第14章）	同志社女子大学生活科学部，专职讲师
柴田泷也	（SHIBATA Tatsuya，第15章）	东京电机大学情报环境学部，副教授
花里俊广	（HANAZATO Toshihiro，第16章）	筑波大学大学院人间综合科学研究科，副教授
木川刚志	（KIGAWA Tsuyoshi，第16章）	福井工业大学工学部，讲师
加藤俊一	（KATO Toshikazu，第17章）	中央大学理工学部，教授
仲　隆介	（NAKA Ryusuke，第18章）	京都工艺纤维大学大学院工艺科学研究科，教授
上田博唯	（UEDA Hirotada，第19章）	京都产业大学计算机理工学部，教授
北村薰子	（KITAMURA Shigeko，第20章）	武库川女子大学生活环境学部，专职讲师
佐藤　洋	（SATO Hiroshi，第21章）	产业技术综合研究所人间福祉医工学研究部门，研究员
都筑和代	（TSUZUKI Kszuyo，第22、25章）	产业技术综合研究所人间福祉医工学研究部门，组长
宫本征一	（MIYAMOTO Seiichi，第22章）	摄南大学工学部，副教授
光田　惠	（MITSUDA Megumi，第23章）	大同工业大学工学部，副教授
矢野　隆	（YANO Takashi，第24章）	熊本大学大学院自然科学研究科，教授

日本建筑学会信息系统技术委员会

委员长　新宫　清志　日本大学

干　事　加贺有津子　大阪大学

鸢　敏和　有明工业高等专门学校

三井　和男　日本大学

委　员（略）

日本建筑学会信息系统技术委员会·感性工学系统研究小委员会

主　任　宗本　顺三　京都大学

干　事　堤　和敏　芝浦工业大学

柴田　泷也　东京电机大学

委　员

井上	容子	奈良女子大学
大影	佳史	名城大学
奥	俊信	大阪大学
加藤	俊一	中央大学
斋藤	笃史	（株）东洋设计事务所
谷	明勲	神户大学
都筑	和代	产业技术综合研究所
恒川	裕史	（株）竹中工务店
花里	俊广	筑波大学
松下	大辅	京都大学
松下	裕	金泽工业大学
宫本	征一	摄南大学

翻译者

韩孟臻　清华大学建筑学院，副教授

王福林　清华大学建筑学院，副教授

官菁菁　《住区》杂志编辑部

张立巍　广州大学美术与设计学院，副教授

陈燮君　万科企业股份有限公司广深区域本部项目管理部

序

于2005年成立的“感性工学系统研究小委员会”隶属于“日本建筑学会情报系统技术委员会”（主任：新宫清志），从成立至本书出版，已经组织开展了许多活动。研究“捕捉”感性的方法是本小委员会的基本课题，就此课题我们与不同专业的专家们进行了广泛的讨论。在如何处理感性的问题上有以下两种不同的立场：一种倾向于通过研究切实存在的表象来分析人类的感性本身；另一种则是将人类感性的内部系统看作是一个“黑箱”，这种模型化研究的操作性立场，更关注的是搞清楚感性的“输入端”和“输出端”。尽管这两种立场存在着巨大的差异，它们之间的鸿沟有时甚至让人联想起文化的差异，但是无论站在哪一个立场上，“在创造性活动中能够反映出感性”，这一观点毫无疑问是共通的。以该共通点为基础，诸多不同学科的作者们以感性作为经线，以各自的专业知识作为纬线，织就出本书的成果。

在此，我阐述一下出版本书的目的。

首先，若希望设计出更加美好的城市和建筑，就必须去理解生活在其中的人的感性。其次，在以前的学术领域，特别是工学专业中，一直将感性作为主观问题进行处理，将之视为形式知识与理论的对立面，然而感性同时也是人的行动和设计创造力的源泉，对设计者而言是一种极强的原动力。尽管感性是如同空间或其他具体设计问题同等重要的课题，但迄今为止还未有一本通俗易懂的书籍，能够广泛地将人类的感性与空间作为一个统一的系统加以总结。

本书以感性为纲，将城市、建筑、环境工程等各个专业贯穿在一起，相信能对从事此类专业的学生和年轻的设计师们有所帮助，期冀能够为他们日常的方案创作、汇报说明提供有益的启示。

在本书着手企划立案之时，有幸邀请到了多位专家亲自执笔，涉及诸多相关专业领域。本书以章节的形式组织，在各专业领域都有较为深入的论述文章。为方便读者更好地理解和阅读，以下对本书的结构与主要内容略作说明。

本书由三个部分构成：

第Ⅰ部由活跃在第一线的哲学家、脑科学家、作曲家以及设计师们来讲述感性在人类的情感活动、创造性等方面所发挥的作用，并明确感性的概念。

第1章，我们请桑子敏雄从哲学的角度论述了什么是感性，以及感性在空间、情感活动中所占有的地位。第2章，我们请久野节二从脑科学专业的角度用易于理解的文笔论述了感性在人脑内神经系统活动中的作用。

第3章至第7章我们邀请了活跃在第一线的创作者大村哲弥、和田雄志、藤本壮介、面出薰、土田义郎，分别从作曲、传统文化、建筑设计、光的设计、音景等专业方向讲述了在创作实践中所使用的一些极具冲击力的创作方法。

我相信读者通过阅读这些章节将对感性的影响范围，以及感性作为创作源泉所具有的作用，建立起相对鲜明的理解。我认为这些文章既可以作为感性设计的绪论文章，也可以作为对创作活动实践方法的介绍。

第Ⅱ部主要介绍了若干基础技术，借助它们可以将一直以来被视作模糊概念的感性转化为近乎可以明确表达的知识。该部分通过研究案例，介绍了在城市、建筑、社会等不同的研究领域中所应用的、试图融入人的感性的技术与系统。本章的目的是把人的行为和感性，与城市空间和建筑融合成为一个体系，开发出某种系统工学的方法，在城市、建筑设计中加以应用。通过该方法，即使不能把人的感性完全地揭示清楚，也可以通过对感性的作用方式的研究去探讨城市、建筑中各种设计问题的答案。第Ⅱ部中文章的作者均为感性工学系统研究小委员会的成员。成员们以各自关于设计系统的研究成果及已发表的论文为基础，针对感性与设计方法的相关内容展开论述。

第8章到第10章是关于城市空间和感性设计的介绍与案例分析，由宗本顺三、斋藤笃史、奥俊信、大影佳史、畠山雄豪5位执笔。第11章到第14章介绍了与建筑设计有关的策划和设计方法，由堤和敏、井上胜雄、松下大辅、奥田紫乃4位执笔。第15章到17章是关于感性与环境的模型化、解析法和系统的提案，由柴田泷也、花里俊广、木川刚志、加藤俊一4位担当执笔。第18、19章介绍了感性在办公建筑、智能住宅建设等具体个案中是如何辅助人的生产、生活等方面的内容，由仲隆介、上田博唯执笔。

第Ⅲ部的主要内容是关于在人们通过生理、心理（特别是通过感性）来评价城市、建筑的物理环境之时，作为其基础的各种环境工程学，此外也从建筑环境工程学的专业角度阐明了感性评价的证据。我们选择以环境中的热、空气、光、声为基础，对冷热感觉、色彩、气味、噪声、亮度等感觉的尺度，以及城市、建筑的物理环境的基础理论进行说明。

第20章到第22章是有关室内环境设计的部分，由北村薰子、佐藤洋、都筑和代、宫本征一4位执笔撰写。第23章到第26章，光田惠、矢野隆、都筑和代、井上容子4位作者执笔了关于生活感觉的部分。上述文章均属于建筑环境工程学的专业范畴，接触这些建筑学以外的专业知识，有助于我们去理解在更加广阔的领域中，通过对感性的研究如何更加有效地利用人的感性。如果读者在阅读中能够体会到这些，将会是我们的荣幸。

我确信对于书中介绍的在创作中融入感性的设计方法，以及对此类研究的重要性的认识，在今后将会不断地提高。从整体上看，也许我们的研究水平尚存缺憾，但是我们深切地认识到，在当今世界设计竞争愈演愈烈的情况下，将感性融入设计的方法是提高设计质量不可或缺的途径。

在此，我想对怀着一颗炽热的心、花费了很多宝贵时间来执笔撰写原稿的29位作者表示衷心的感谢，也对在短时间内认真给本书校稿的渡边俊和登川幸生表示深切的谢意。此外，也向为本书出版付出巨大努力的各位编辑委员以及朝仓书店表示诚挚的感谢。

日本建筑学会·感性工学系统研究小委员会主任

宗本顺三

2008年9月

目录

第 I 部　感性与设计的头脑

第Ⅱ部 城市与建筑设计中的感性工学系统

第Ⅰ部

感性与设计的头脑

1 感性是什么

1.1 感性是什么

感性是进行感觉的能力，或者说是获得感觉的能力。例如当外界环境使我们感觉到“冷”或“凉”的时候，我们就是通过感性来感受到寒冷或者凉爽的。

通过感性进行感觉的行为被称作感性的认识。西方的传统哲学将感性与理性（或者说是悟性）区别开来，将感性理解为感觉性的认识。

柏拉图在将人类的感觉能力与思考能力进行区别的同时，认为前者是人的身体原本所具备的能力，而后者是独立于身体而具备的灵魂的能力。亚里士多德认为，因为感觉是感觉器官的能力，思考是知性的能力，所以感性的认识应当被认为是身体的认识。

到了近代，康德认为感觉的认识是由感性得来的。他认为看到的、听到的、感觉到的都是由感性的直观来获得的。对康德来说，人的认识是由感性的直观与概念性的思考得来的，而感性的直观是以时间和空间为基础得以进行的。

例如，我们在说“真冷啊”的时候，有时也会包含着“我想烤火”的意思；当我们说“真凉爽啊”的时候也表现了“风吹得真舒服”的感受。“真冷”和“真凉爽”都与“20℃”的表达方式有所不同，它其实包含着一种价值判断。而感性的判断，经常包含着价值判断。

“舒适的风”这句话中包含着人对风所带来的快乐的判断。快乐和痛苦都是有关身体的价值判断，可以与非身体性的价值判断相区别。包含价值判断的感性判断是建立在环境与身体之间关系的基础之上而成立的。换而言之，感性的判断，既不是“对外界的判断”，也不是“对身体的判断”，而是对外界和身体之间关系的判断。“我觉得这水太冷了”、“我觉得这风真舒服啊”既不是对水的性质的判断，也不是对风的性质的判断，而是对风和水与“我”的身体之间关系的判断。

说到价值判断，当我们说“这个吸尘器的性能不错”，与说“风真舒服啊”时的判断构造有所不同。“这个吸尘器的性能不错”的判断不是对吸尘器与使用者身体之间价值的判断，而是对吸尘器吸纳灰尘效率的判断。相反，“风真舒服啊”可以说是对风与感受风的人之间关系的判断。也可以说是“这风让我感觉很舒服”。而对于吸尘器的判断而言，“这个吸尘器对我而言看起来性能不错”与“这个吸尘器的性能不错”的判断显然是不同的。

每个人对风是否凉爽，会有自己不同的感受，因为每个人的身体都与他人不同，因此得到的感受也是不同的。对事物感受的能力是每个人都具备的，但同时也被每个人身体所具有的个别性所支配。这种身体的个别性在思考有关感性的问题时是绝对不能忽视的。

康德对将时间与空间作为感性的直观形式进行思考是为了以感觉性的认识作为基础，进而保障科学认识的妥当性。经验的形式是指为了把感性的直观作为一种可以向科学认识提供材料的必须条件。通过这一条件才可以保证认识的普遍性。

但是，当进一步深入考察感性之时，则会出现与康德的认识有所不同的，关于时间和空间的现象。或者倒不如说，我们逐渐变得能够理解康德之所以将时间与空间以一种感性的形式来认识的理由了。

作为人类，每个人都是在某一时间、在地球的某一地点获得了生命的存在。虽然我们得到了生存的机会，但是并不能说这是我们自己意志的选择。我们不能通过自己的意志来选择获得生命。也就是说，我们是一种“被给予的存在”。因此，每个人在获得生命的同时，“时间、地点”也是同时被给予的。之所以这么说，因为我们是在某时、某地被诞生出来的。正是有了这个被给予的身体，才使我们对世界的感知和行为的选择变为可能。在被给予和可选择之间，还有着广泛的“遭遇”的空间。

我们的人生是由给予、遭遇和选择组成的。

“我”出生的时间和地点是被给予的，对此“我”既无法遭遇也无法选择。但是，“我”带着自己的身体移动，现在，在这里“我”可以选择“我”的活动。“我”的人生经历由给予、遭遇和选择三个要素组合而成。但是，形成“我”的人生舞台的被给予的空间、与人和物相遇的空间、选择的空间也同时影响了其他人形成其经历。

由此可见，“我”的空间知觉存在于一个复杂的过程中。感性的经验是以空间与“我”之间的关系为基础而成立的。这里的空间是指包含了由时间的沉淀和积累而形成的经验空间；“我”则是指具有在固有的时间、空间中所积蓄的经历的一种身体性的存在。因此，“我”的空间知觉与他人的有所不同，也不可能和他人的相同。“我”的空间知觉是这个世界上独一无二的，而“我”在这个世界上感知到的感性认识也是建立在这些固有的经历的基础之上而形成的。

感性是以每个人自身的经验为基础的。正是由于具有了作为个别性的这种契机，它才具有了个别性。所谓的感情丰富的人，无非就是将其个别性演变成了个性。

身体的经历是由给予、遭遇和选择组合而成。每次感性的知觉与选择的行为都是由这三种要素组合而产生的。当我们面对多个可供选择的方向时，行为者的意向、欲求、关心、挂念等全部都会指向某一个方向。在所面对的多个可选项中，往往有一个是行为者所最关心的方向。行为者进行选择和行动时，所关心的都是一些他们认为的某些具有“趣味性”的东西。我们经常会说，某些东西很有趣。所谓的有趣，是指这些事物具有吸引人的意识的力量。这就是感性认识的对象。

如何看待自身的存在是“给予”的这一问题呢？又是根据哪些推论来认识到自己的存在的呢？就像通过各种现象推论出了基本粒子的存在一样，我们通过发生在我们身上的各种被给予的现象推论出了自身的存在。亚里士多德说存在的知觉是“共通的感觉”。所谓的“存在”是指在不同的范畴中存在的，其共通性可以被人所感知的东西。对于类似于太阳的存在、颜色的存在、大的存在，这些共识不是我们靠推论得知的，而是通过感知来了解的。

那么，我们对自身的存在到底了解多少呢？“我”感知到自己在“现在”这个时间，“这里”这个空间的存在。“我”通过对时空的感知来认识自己的存在。也就是说，我们的存在是因为我们感受到我们存在于时间和空间之中。

可以推知：对于人类来说当“存在”由“给予”、“遭遇”、“选择”三种要素构成时，人类的存在就是一种时空的存在。正是在时间与空间中，人类方能对自己的存在进行理解，在选择中与各种各样的事物相遇。在这个过程中形成了诸多感性的经验。

我们的人生在某一时间点被给予，该时间点就是我们人生的起点。该起始点是我们无法选择的，它既是时间的起始点，也是空间的起始点。对于出生的地点，我们是无从选择的，于山间、河边、抑或城区中。

作为某个人人生起点的山间，与作为另一个人人生起点的城区有何不同呢？山的空间构造是自然赋予我们的，但是城区是人类建造的。与自然造就的山的空间构造相对，城区则是由人类的选择形成的。将之说为建设，或是建筑皆可。城市是人类的创造物，在这一过程中，人类改变了以往既有的、自然的居住空间的构造。并且，人类还在频繁地改变着现有的城市。从这个意义上来说，城市的空间是属于人类“选择”的范围之内的。

虽然城市空间从属于人的选择范围，但是“人”与城市的关系又是比较暧昧的。我们经常目睹人类把城市空间当作是“给予”的东西，在那里生存，甚至直到生命的终结。可以选择对都市空间进行改变的，是那些与都市空间的再改造相关的人士。那些对城市规划进行立案、决定、施行、维持管理的人，从业于行政、顾问、建筑系统、建设系统的人，以及议会等行政机构的人，都在进行着改变城市空间的行为。但是，任何某个个人都不可能完成所有的行为。

1.2　空间知觉的感性构造

正如前述，当人了解了自己是一种由“给予”、“遭遇”、“选择”交织而形成的存在时，就必须要去面对应该面对的空间、应该遇到的人、应该吃的食物。换而言之，就是要向前看。在空间中人面对一个方向，然后向前迈进。根据各人所面对的内容不同，获得的感性也是不同的。

向前走就是空间的移动，是向空间深处的移动。因为这种移动需要花费时间，因此这一过程包含着时间和空间的复合。在向空间深处行进的过程中，根据空间构造的不同，我们各自的“行进”也是不同的。因为空间构造的不同，其趣味点也是不同的。这种“前进”与“兴趣”的关系即是感性价值的根源。

前进的方向有其“深度”，如果能够让人产生继续向前探索的愿望，这种状况在日本古语中叫做“奥ゆかしい”（意译为含蓄），也就是“引起想要向深处探索的欲望”的意思。从这个意义上说，这是表现趣味性的词语。

“奥ゆかしい”指的是事物因为没有完全暴露出来，让人产生想要看到全貌的欲望。如果一件事物完全没有遮掩地暴露在外了，也就激发不起这种欲望了。例如：图1.1的情景应该是谈不上所谓的“奥ゆかしい”，或者是“有趣”。原因是我们一眼就能看到河的另一端。与此相反，图1.2的风景中河与中间的遮挡物重叠在一起，如果不走到尽头就无法看到河的另一端是什么样子。这种景色因而可以激发出我们想要“一探究竟”的欲望。

“一探究竟”是指想让我们产生想要进入到那个空间中去的想法。置身于空间和时间中是感性体验所不可或缺的部分。身体一直在通过时间和空间积累感性经验，但是这些时间和空间是由身体的运动为先决条件的。这并不是具有普遍性的直观的感性经验，而是根据个人的差异而产生的“给予”的时空、“选择”的时空和“遭遇”的时空。这里既有偶然性的遭遇和邂逅，也有由意志所决定的选择。由于这种个人身体的个别化存在的原因，导致了人们的行为在科学认识中表现出难以被一般化处理的多样性和无法预料性。正因如此，才有了即使通过“抽象”处理也无法抹杀的历史性和个体性。

“奥ゆかしい”即是引起人向纵深探索的欲望。“纵深”指的又是什么呢？在对感性进行思考之时，我们有必要深入研究一下感性与作为空间感性知觉其中之一的、“风景知觉的纵深感”之间的关系。

对于感性空间的认识而言，相互之间的配置关系是极为重要的要素。传统日本画的表现技法既不是透视法，也不追求大气磅礴，其基本技法是以事物的前后关系为依据对空间进行描述。空间的表现是以事物之间的相互配置关系为基础的，比如树木和山峦的重叠关系、人们与房屋的关系。依据对这些具有一定特殊性的配置关系的描绘，最终追求获得统一的空间表述。从空间的角度，与其说是由于事物的存在而建立起了空间，不如说是借助事物之间的配置关系创造出了空间。未建立物与物之间配置关系的空间是不存在的，画家通过对空间的表现，邀请观赏者进入到画境之中。

如果树木与山峦之间的空间关系是层层叠叠的，那么如果想表达这种重叠，可以将其描绘为前后关系，或者这一侧与另一侧的关系。这种表现可以叫做“相前后”。当绘画中运用了这种“相前后”的配置关系之时，观者即可以理解到实际中的“重叠”关系。

运用“相前后”表现手法对“重叠”进行描绘的代表性作品是《法然上人行状绘图》。

图1.1 野洲川的景观

图1.2 鸭川的景观

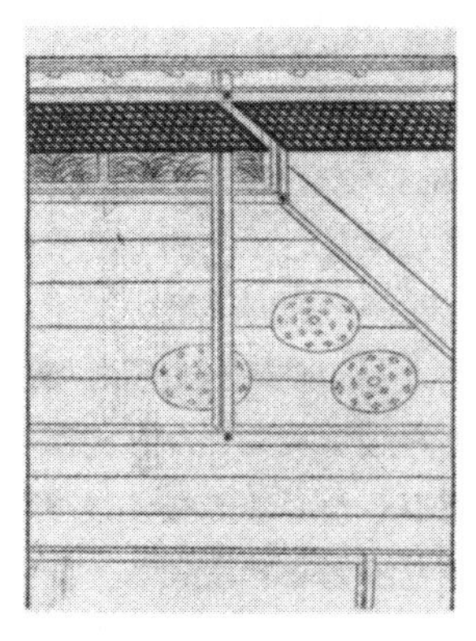

图1.3 法然上人行状绘图

《法然上人行状绘图》是这种作为对“前后关系”和“重叠”进行描绘的表现手法中具有代表性的作品。举其中的一幅画为例（图1.3）[4]，这幅画描绘了故事的一个场景，画面中没有人物登场，只描绘了室内的景况。这是使用日本画的技法描绘的空间，现实中以平行构造建造的空间在画面中也被平行的描绘了出来。画幅中没有使用远近透视法，而是通过对柱子与房间中所放置的物件之间关系的描绘表现了空间。在画面中绘有供人使用的蒲团，在蒲团的前边勾画了柱子。柱子的对面又有蒲团，再向后则是延伸的房间。通过这样单纯的构图，我们可以很好地认识日本人是如何理解空间的。依据事物之间的配置关系，特别是对前后关系的安排，使空间得以展开。

感性的经验就如这幅画所表现的一样，必然蕴含着一个“起始”的视点。如果存在多个视点，也必然会获得多样的感性经验。但是，这个所谓的视点正是作为感性能力载体的身体，每一个身体都有其所固有的经历。而经历是无法一般化、普遍化的。

1.3 感性的科学

康德认为，如果想要将特殊的、个别的经验作为普遍的科学经验进行捕捉，就需要以直观的形式捕捉时间和空间。这是为了将经验数据变成科学理论考察对象而必须进行的工作。

康德提出的能够打开通向普遍性道路的感性经验，是通过抽象化的方法，将包含着时空要素的经验（即融合了现场性和历史性的经验），变成一般性的、可以被处理的经验。通过这一过程，就可以把将人类与世界相连接的根源性的东西——感性经验，分解为主观与客观这样的二元要素。

感性工学中为了定量地测定人的感性经验，经常使用由C.G.Osgood研究出的SD法（semantic differential method）。这一方法常用于测定人对某个对象，或某个形象的印象。测定是通过使用一对表达相反感性意义的形容词进行的，给这些相反的形容词设定某种评价尺度，并据此来测定被实验者对实验对象的印象。

SD法是一种对由色彩、音色等引起的印象进行量化计量的心理学方法。具体来说，要求被测试者对强—弱、高—低、重—轻等对立的信息，或倾向性进行判断，是多次元阶段性评价方法的一种。例如，我们在景观研究中，针对景观心理印象的分析或评价课题，就应用了这一方法。景观评价实验中，通过给接受实验者看照片或图画的方法，收集他们对于该景观印象的评价。工学研究追求的是定量分析的结果，感性工学是用定量化的方法展示出对感性的特质进行定量分析的结果。

这种评价感性的方法的确可以将感性的特质明确地表现出来，但是它同时将感性所持有的重要特质都一概而论地纳入其中。在此方法之外，还有更着眼于感性的“质”的方法。

我对那些难以使用这种定量的评价方法进行捕捉的感性特质进行了研究，希望能由此开发出可以了解感性认识的方法。

以我们接触过的景观为例进行一下分析。景观是指与以身体的存在为基础、与人类相对而言出现的空间知觉。对于人类之外的动物，我们也可以将它们作为空间的知觉现象加以感受，比如蚂蚁和大象之类的景观现象对我们来说都不是问题。对于我们来说，与人类的知觉能力相对应的空间的展现就被称作景观。身体是一种自体空间的存在，这里的空间是指地面上存在的空间。作为人类我们无法感知地表以下的空间。我们对地表以下空间的了解仅限于对洞窟一样的、中空的空间的认识。此外，我们对空中景观的了解，也是限于通过飞机、宇宙飞船等辅助工具所得到的空间知觉。我们日常所了解的空间只是地球上极为有限的范围。地球上的或是说地表上的空间具有多样性和特殊性的特点。虽然这些都可以单纯地称之为“空间”，但是如果去除其独有性，就谈不上对空间的感知。也就是说，如果我们去掉“某个地方”这个概念，就无法对空间进行感知。而且一个人不可能同时存在于两个地方，只能身处一处，这是因为人只能通过感觉器官对所面对的一个方向进行感知。

对于人的存在来说，空间与人在某地被赋予生命之间有着极为密切的联系。生命必然降生在某一个地方，那么这个地方就成为一个人的空间知觉的经历。人类的成长和移动不断地形成空间知觉的经历。因此，人类对景观知觉的个性和固有性存在于其本质之中。我们虽然在某一个地方被赋予了生命，但是这之后的人生道路是我们自己可以选择的。我们可以“选择”移动到其他地方。在那里我们看到的景观就是与我们相遇的事物。也就是说，对人来说景观就是给予、选择和遭遇。在此三者交织的基础之上，形成了空间知觉。

如果是在由给予、遭遇和选择三者复合形成的空间知觉中，这种空间知觉在具有其性格特点的同时也蕴含着很深的时间性格。这就是我们所说的经历。这种经历既指被给予生命之后的经历，同时也包括诞生的场所、选择的场所、遭遇到的场所中所带有的历史性。也就是说，空间知觉就是人的一生的经历与空间经历相遇的场所。

我们可以把宇宙空间中空间知觉形成的地点特性称之为场所性。因为身体作为一种空间性的存在，在描述其存在于某地时，既可以说是在“某地”，也可以说是“在某一个场所”。如果具有所谓的个别性的时间性可以用历史性来指代的话，索性我们就把它称之为“历史性”。感性的认识，在本质上被刻上了场所性和历史性的印记。

由此可见，使景观知觉能够成立的感性认识，其主体既是建立在空间的、历史的存在之上，其自身也是一种空间的、历史的存在。当我们想要记述感性认识的场所性、历史性的时候，其记述的内容应是特殊场所的，或是历史的记述。刻上了场所与历史印记的感性认识，不存在两种同样的情况的可能。据此而成立的普遍性只是具有类似性而已。

如何将场所的、历史的感性认识带入到普遍的记述中来呢？关于如何回答这个问题，可以参考康德的感性论。如果将场所性、历史性的印记都过滤一遍，只将剩下的精华作为认知对象，这样，被过滤过的感性经验就可以在一般原理的基础上进一步理论化。由此，在任何时候、任何地点所获得的经验，都能够以普遍原理为基础进行理论化了。

景观研究所使用的SD法可以认为是一种过滤装置。拍摄具有场所性、历史性烙印的风景照片就是第一步。任何人、在任何地点对这张照片都可以进行感知。在对这张照片的印象进行量化时，记下这些印象的形容词就是第二个过滤器。

这样我们就可以说感性的研究是对知觉的场所性、历史性所留下的印记进行的定性研究，以及将它进行过滤后，进一步进行的定量研究。

1.4 感性的场所性与历史性

研究中重要的一个点在于如何记述感性经验的场所性、历史性。迄今为止，在科学研究中都是以定量的数据为基础进行的。现在，则很难想象如果不通过对感性经验的场所性、历史性的本质进行研究，而只通过对过滤过的数据进行研究就能明晰感性的本质。因此，我们倒不如将如何获得感性的场所性和历史性作为研究的课题去对待。

还有一个重要的问题是，假设能够将感性的场所性、历史性进行过滤而取得定量数据，但我们又该如何认识这种规定了数据特性的过滤器的本质呢？例如，我们可以将康德的感性的直观形式是什么作为研究的主题。此外，关于对在感性工学中，如何认识所使用的SD法中的过滤装置的本质，也将成为我们的课题。为了明确过滤器的效果与界限，这是必要的研究工作。

接下来，是如何获得兼具场所性与历史性的感性认识的问题。例如，如何规划修正一条街道的景观的问题。一般来说会按照以下的程序来进行。首先拍下所要改造的街区的照片，其次根据调查的结果确定改造方案，接下来以大多数人的意见为基础制定设计计划，最后加以实施。但是在如上的多层过滤器的作用之后，该空间的场所性、历史性就会被抽象的很严重。原来的某些必须要保留的东西也很可能被丢掉了。

在此，关于对景观的认识，我提倡“Field Workshop”方法。即邀请各种类型的人置身于将要进行景观改造的空间中，根据他们对景观的感性认识进行研究并总结出改造方法。也就是把“Field Work”和“Workshop”统合起来的一种方法。通过该方法，在拥有着特定经历的空间中，拥有着各自特定经历的Workshop参与者们同时地汇聚到一起。于是，如此产生的空间认知在双重意义上包含进了所谓的“经历”，即空间的经历与人的经历。在这种遭遇中，人们对于明显可见的空间意境，或者景观构造的认识，具有一定的共识。我把它称作“空间的价值构造认识”。空间的价值构造认识是对感性的场所性、历史性不加抽象而实现的空间认识。

包含身体在内的价值构造认识有如下3个要素：

① 把握空间的构造；

② 发掘空间的经历；

③ 探寻与空间相关的人们所关心或担心的事物。

为了捕捉感性经验的多样性，上述3个要素是必须具备的条件。所谓空间构造，是指包围在我们身体周围的地形、地理。空间的经历，是指在空间中积蓄的时间历史。人们关心或担心的问题，是指人如何处理自己的身体与空间之间的关系，也就是捕捉空间中的视点时所做出的努力。这3个要素既是关于时空与人的意识之间关系的考察，也是对人类的感性之间的关联进行把握的过程。

空间的价值构造认识，不像SD法那样通过过滤的方法把感性认识的“质”进行纯粹化，而是将感性本质的多样性、复杂性尽可能地保持其原状，并加以认识的方法。例如在景观修复的课题中，通过这一方法，就可以不必采用抽象化、一般化、统计处理数据化等方法来进行，而是通过使用将人们多样化的感性经验综合起来的方式来进行。

◆ ◆ ◆

通过以上的论述，我想表达的是，关于感性认识的研究可以通过两个方向来思考。如同在文中多次赘述的一样，感性的认识根据主体身体条件的现场性、历史性的不同，有着极为复杂的多样性。对于感性的认识，一个方向是基于一般的研究方法，它导致了对于多样性的舍弃，其抽象化处理的方法将研究结果导向一般化、普遍化的方向。另一个方向是基于如何把握现场性、历史性的构想去探索。后者所得到的空间的价值构造认识，是将上述的感性的多样性综合在一起进行捕捉的一种尝试。

（桑子敏雄）

参考文献

1）　プラトン：パイドン，岩波文庫（1998）
2）　アリストテレス：心とは何か，講談社学術文庫（1999）
3）　カント：純粋理性批判，岩波文庫（1961，1962）
4）　法然上人行状絵図（江戸期版本）

2 感性和脑科学

任何人都会通过自身的活动切实地感受到"心"的存在，没有人会对它的存在产生怀疑。而所谓的"心"，是由身体的哪个部分所产生的功能呢？又是什么样的机制在推动它的运转呢？这一系列本质性的疑问，即便通过现代脑科学的研究也仍无法给出明确的答案。但是，人类已经能够运用遗传基因技术创造出新生命，也似乎可以利用分子生物学技术克隆出具有独立性格的人，也许在某一天人类能够征服自己的"心"，并以自己的意志来操控它。

虽然现在普遍认为"脑科学领域还无法明确地论证心存在于身体的哪个部分"，但绝大多数的脑科学专家都在围绕"脑产生的精神活动被称之为'心'，而神经活动则是这种脑活动的根源"这一方向展开研究。但是，神经的每一个活动是如何组织成被称作"心"的精神活动呢？对于这些规律以及法则我们仍然一无所知。即便对于"心"的本质问题我们现在还无法明了，但是，将"感性"这种人类精神活动看作是被称为"心"的脑活动的一部分应该是没有歧义的。在此，我们将从"感性是'心'所产生的精神活动之一"的视点出发，介绍一些研究事例以及作者的研究成果，同时继续关于对"心"的论证。

2.1 "感性"可以培养

人们常在各种场合中使用"培养感性"、"被磨炼出来的感性"等语言。这些语言的字面意思明确地指出了感性不是与生俱来的，而是一种可变的、灵活的、适应性强的精神活动。可以想象，人们是通过实践体验来总结出感性的特征，并用语言来表达感性的特质。换而言之，可以说感性是每个人通过自己的人生经历塑造的"心"的功能之一。像这种可变的、通过体验能够被升华的特点则是感性所具备的特性。在日复一日的时间流动中，"心"会关注偶然产生的变化，这种关注与感性密切相关。反之，这种行为也会对感性的培养产生深远的影响。需要注意的是即使在相同的环境中生活，由于个体之间的差别，以及关注对象和程度的不同，也会有很大的差异。面对变化，一部分人的感性很激烈地产生相应的改变，也有一部分人完全没有感受到变化带来的波动。当然这种差异与人的兴趣及关注对象的不同有关。但是，基于不同的体验会培育出各种各样的感性。进而，作为感性活动所产生的结果——个人基础的不同（或者应该叫做个性）在外部的表现，我们是可以感觉出来的。假设感性是产生脑部活动差异的源头，那么造成这种差异的脑的动力又是什么呢？

关于感性的定义，长久以来有过各种各样的讨论，在这些定义中有共同点也有相异点，迄今为止还没有一个能得出统一的定论。顺便说一下，我记得某位心理学家说过："像'感性'这样非确定性的词语，即使作为'学术语言'仍没有新的定义，但作为专业用语早已在与高次脑机能有关的心理学现象中被充分的说明。"新学问的萌芽是指对即存的学问体系中被忽略的各种现象用新的标尺进行衡量，（在即存的现实中，找出没有被关注到的点，）作为一个新的概念，并对其普遍性、共通性进行理论化和体系化的研究。从这一视角我们可以预见到一个新的时代的来临：通过构筑新的方法论，并将其应用至心理学研究领域，针对那些即使过去已经作为研究对象的，但由于旧方法论的困难性、现象的复杂性而被忽视的、却很有意义的心理现象等展开研究，是可以获得超越以往不那么严谨的研究结论的。利用常年积累下来的心理学知识和分析方法，融合相关学科领域的知识与技术，确立新的学术理论体系，并将其应用至社会的方方面面，这种思路和行动是保障人类在现在、不远的将来以及遥远的未来得到安全、舒适的生活所必需的最好方法。

2.2 "心"的研究与神经科学

关于"心"的研究方法，也是笔者在长年所涉及的神经科学领域中的一个终极研究目标，现在正处于发展阶段。我想在此简单地阐述一下我对“神经科学”与“脑科学”之间的微妙差异的理解，希望能使读者对研究方法有初步的了解。日本的“神经科学”是建立在基础医学、生物学，以及其他相关自然科学领域之上来阐明脑功能的学术领域，这与美国的将心理学等丰富的学科包括在内的结构有明显的差异。正如在其他地方也可见到的相同论述，日本的神经科学没有包含心理学。作为其结果，神经科学隶属理科，心理学隶属文科的腐朽观念也许是造成日本脑科学研究落后的原因之一。此外，日本神经科学的专家在论述自己专业领域的研究时，几乎不使用“脑科学”这个词语，恐怕这是因为脑科学是包含神经科学并且不问文、理对脑部进行研究的原因。但是，在一般的社会中，“脑科学”比“神经科学”的研究得到了更多的市民权，并且当媒体介绍脑科学的研究成果时也更容易受到关注。

其实将“心”的研究归属于神经科学领域迄今为止仍是难以被接受的。说得极端一些就是这个方向的研究仍处在看不到量化评价方法的阶段，会被人们不信任。在这种背景下，就像刚才所叙述的神经科学的研究者们那样，在逐步理解每个神经的活动都是基于“心”的活动的同时，科学家们也在对类似于身体的运动、五官的感知等数据相对容易获取和分析的脑部活动进行研究，以求得到与其关联的遗传基因、功能分子的信息，并以此为基础来解析脑的各部位的功能。可以说现在对于脑内通道path的分析是一种主流。此外，对于像“闪现”、“喜好”、“创造性”等高次脑机能的研究被纳入神经科学当然是很有意思的课题，但是数据采集的方法以及如何进行客观分析等技术问题仍很难设定，因此这是此方向的研究进展艰难的原因之一。

关于脑机能分子研究的必要性不必再次赘述，将其从脑中分离出来，作为对单个神经细胞世界的研究，以及对与此相关的多样的生命现象及物质的深入讨论也非常热烈。相反，以往关于遗传基因、分子的运动对作为功能性器官的脑在运行时所产生的意义的研究是非常欠缺的。包含了感性在内的关于“心”的脑科学研究，以什么特定物质在脑的某个部位、通过什么样的刺激产生什么样的生理作用；以及从刚才所说的分子、遗传因子、细胞层次的问题扩展至个人、别人、团队以及地区、社会层面所产生的各种影响的研究都是很有必要的。因此，在“神经科学”领域，对于以系统论为基础的系统神经科学（systems neuroscience）的研究是必需的。另外，与心理学以及其他相关学科的联合研究也是必不可少的。

2.3　神经成像

人类发明的各种机器、设备中只有电脑在一瞬间改变了人类长年累月积累下来的生活模式、社会机构以及一部分的伦理规范。在这种加速进行的高度信息化社会的转变过程中，我们暂且不论其带来了许多负面问题，单是它在脑科学的研究方法上就带来了技术性的革命，并且在对以往难以掌握的各种活动场合中产生的高次脑机能的解析实现了前所未有的改善。但对于这种改善，也有很多反对的声音，他们认为神经成像技术的普及和一般化会使包括“心”在内的高次脑机能的研究变的平板化。

人们研究出了多种神经成像技术的手法，例如fMRI（functional magnetic resonance imaging，功能性核磁气共鸣图像法）和NIRS（near infra-red spectroscopic topography，近红外光脑测量）。这些代表新技术的脑功能图像解析法，在医疗现场也屡次作为对脑科学进行基础研究的工具被使用。这两者各有其长短，其共同的长处是，身体不受到外部创伤的伤害（非伤害性的）就可以真实地记录脑在特定活动中的（例如进行筋脉运动时或思考时）活动状态。脑图像解析装置的广泛应用，使某些课题的研究能够获得更具客观性的时间与空间数据。由此人们对脑的系统论的理解也有了很大的进步。例如，最近的fMRI研究中显示，内侧前头皮质（头前部的左右大脑半球相对的部分）和上侧头沟（脑侧面的沟的其中之一）的活动明显与“心”的理论（theory of mind）或感性相关[1)]。如果类似的研究不断发展，我们就可以明确了解脑的各部位所承担的作用，也许在不远的将来，我们就能得知“心”所在的位置（图2.1）。

但是，需要注意的是在fMRI或是NIRS的研究中取得的生物变化量是脑的某个特定部位的血流量的

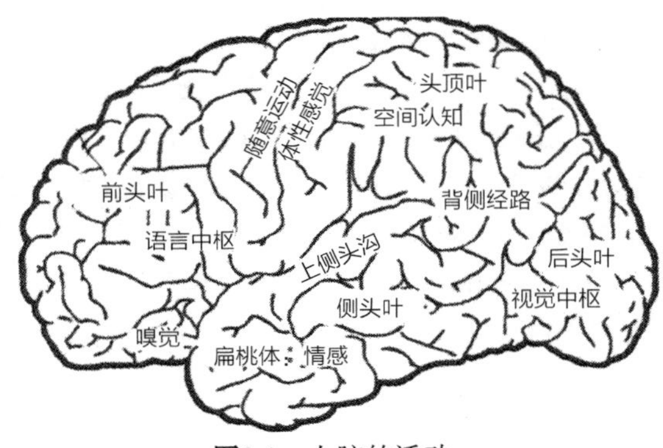

图2.1 人脑的活动

变化，并不是直接计测到神经细胞自体活动的变化量。实验显示，当神经细胞活跃时，会增加氧气的消耗量，亢进了的神经细胞向脑的某一部分提供的血量随之增加；反过来也可以证明，血液量的增加是以神经活动的亢进为前提的，并能够以此推导出结论。但是这里没有涉及活性化了的脑的特定部位的内部产生了什么样的信息。

如上所述，在神经科学领域，与神经成像的技术革新相结合，使用自然科学的方法论来解析“心”的趋势变的越来越明确。因为由此种方法获得的数据具有客观性，能够把各种与高次脑机能有关的现象统合到一起并建立理论体系。这完全表现了将“心”从文科类研究者的手中脱离，作为自然科学的对象进行研究的趋势。

2.4 再谈“感性”可以培养

在生命现象中，经过几个世代的传承、决定脑的基本构造的生物信息结构被称之为遗传。那么，单凭遗传基因就能决定脑的构造和功能吗？答案是否定的。举一个较为直观的例子，比如一对同卵双胞胎，众所周知他们从父母处得到的遗传基因是相同的，但我们经常可以看到在成长的过程中他们的性格及气质会变得不同。通过这种现象可以得知，即使拥有相同的遗传信息，脑部活动的一部分也会因为在成长过程中遭遇不同的环境和经历而产生变化。也许被称作“感性”的这种人脑高层次功能不仅由遗传基因决定，并且受环境（培育）的影响会有很大的变化。

通过一系列的思考，可以给“感性”下一个定义，即在脑科学中，“感性是受环境（自然、社会、教育、文化等）影响而变化的后天高层次脑功能。”与“培育”相关联，某些神经科学的研究指出人的高层次脑功能也许是可变的。这是因为研究发现，包括人类在内的哺乳动物的脑，不仅在母亲腹中的胎儿时期形成和发育，而且出生后的成长、成熟阶段其特定部位的神经细胞也一直在不断地生长（这个现象被称作神经源新生，adult neurogenesis）。

这一发现彻底颠覆了既往科学研究中认定的发育成熟的脑中不会有新神经细胞增长的理论，具有很大的冲击力。海马体（正确地说应该是海马齿状回）就是具有这种特征的脑的部位之一。在行动神经科学中，海马体被认定是与记忆、学习相关的重要部位，并且已经被证明它与承担着同感情有关的器官——扁桃体之间进行信息情报传递的任务[2), 3)]。根据以上分析可知，出生后的脑的变化与体验以及和感情相关的记忆有着不可分割的联系。这种结构似乎与“培育感性”有紧密的联系。

2.5 视觉空间认知、空间记忆与海马体

如果把“感性”作为根据接收到的环境信息进行变化的脑的高层次脑机能来考虑，那么与此直接相关的应该是源源不断地接收到的日常生活空间中的信息。所谓的信息，既可以是自然中产生的各种东西，也可以是作为人工物质的各类物品，如日用品、服装以及城市中无处不在的各类建筑等。面对展示出雄伟身姿的山川、海洋等自然风光和都市中高耸林立的大厦等景观，我们自身的位置、对象的空间位置、形状，以及对象与其他物体的相对空间位置都作为视觉信息被吸收了。这些信息在脑内被统合处理，对“美”、“壮观”产生出“崇敬”、“惊讶”的情感，有时，这些情感会被长久地纪录在我们的记忆中。

科学研究显示，脑中对空间认知和与记忆相关的信息进行处理的部位是大脑的前头皮质（大脑半球前方的表层部分）、后头部顶皮质（大脑半球中央稍微偏后的表层部分）以及前面提到的海马体，而扁桃体与感情记忆的形成有关[4)]。例如，实验中的老鼠或猴子的海马体如果被破坏，他们就会产生空间记忆障碍，人也是同样。在老鼠的海马体中似乎存在着一种在某个特定的场所能使神经活动提高

的神经细胞，被称作“place cell”。研究显示在人的空间记忆中，右侧的海马体尤其重要。在对某一物体进行注意时，以对象物的中心与自己的中心为基点进行工作的脑内体系在前头皮质和头顶皮质间大片的扩展，与空间的表现相关联。

此外，在视网膜接受视觉信息时，与空间关联的信息到达后头叶的视觉中枢后（大脑的最后端部），在向后头部皮质即被称作“背侧经路”的神经构造传递的过程中进行信息处理，最后传向海马体，这样就传入了由皮质获取的视觉信息。像这样，视觉空间认知和记忆，以及与感情相关的高次机能是通过大脑皮质（前头—头顶皮质）和海马体，以及扁桃体之间的共同协作来完成。

2.6 丰富的环境与压力

如果我们是通过从环境中接受各种信息来培养最终成为感性的高次脑机能的，那么这与什么样的脑部动力有关呢？通过和人类一样成熟的老鼠的海马体也能产生神经细胞的现象可以推断，这是哺乳动物的普遍现象。我们对神经细胞产生的数量和生存率更加关注，实际上这与老鼠在什么样的环境下被饲养有着很大的关系。实验显示在海马体的神经细胞诞生和生存的过程中，因受到不同饲养环境的影响而产生出差别。此外，这项研究也为环境可以影响脑构造的改变这一论点提供了依据，具有深远的意义。重新审视一下海马体的作用，可以得知环境对记忆、学习的影响实际上起始于细胞阶段所产生的变化。

实验证明，在被称作“富饶的环境（enriched environment）”中饲育的动物，海马体所产生的脑细胞数比在普通状况下产生的多，生存率也更高[5)]。这种被称为“富饶的环境”的实验场是以前在实验心理学的研究中就被确立的体系。一般的老鼠的饲养环境是30cm见方、20cm深的透明塑料容器，其中饲养3~4只老鼠，里面放有可随时取用的固体食物和饮水，应该称得上是无味、干燥的生存环境。而“富饶的环境”是一个2m见方的空间，里面放置着转轮车、各种管子和玩具，老鼠们可以根据自己的喜好在那里自由活动。人们给老鼠喂食的饲料是奶酪。从人类的角度来看，老鼠的食住可谓是生活在优雅的环境中。实验证明，这种饲养环境在刺激了神经细胞生长、发育的同时，通过连接眼睛的那一部分神经细胞，使神经信息传递的部位（synapse）增加，因此老鼠的学习能力和空间记忆能力也随之有了明显的提高。这一实验也进一步证明了海马体细胞的增加与空间信息处理能力之间的关系。也许可以这样认为，新生的神经细胞在海马体中形成了新的神经联络网，提高了空间信息处理的效率。此后，在仅放置了转轮车的普通环境下饲养时也显示了同样的试验结果。这说明了老鼠在转轮车中运动身体，使海马体发生了变化，由此提高了空间学习能力。

通过转轮车的试验，我们想说“感性是可以培养的”。但只要老鼠在转轮车上运动身体就可以出现上述的结果吗？答案是否定的。实验证明老鼠自愿与否是其中的重点，如果强制它运动则没有效果。因为如果不是自愿的老鼠会因为被强制而产生压力。事实显示，在具有压力的实验环境中，老鼠的海马体中产生神经细胞数量会减少。

虽无法马上证明这些研究结果是否可以套用于人类，但因为人的海马体也会生成神经细胞，因此这种推理并非是不合理的。类似于热衷于玩耍的小孩子被父母强迫学习的状况，像是我们在人类社会中经常遇见的各种事情。我丝毫没有劝说大家都去逃避不喜欢做的事情之意，为了“感性的培养”我们只在自主地想去做的时候才去做，运用自己的身体也许是很重要的一点。这对处在成长发育阶段的某些孩子们来说似乎特别重要。现在的孩子在户外活动的机会越来越少，因此获得“感性培养”的机会也大大减少，这种现状给他们带来很大的压力，令自己的“心”变得很难被看到，凸显出当今学校教育的环境的各种弊端。

2.7 绘画鉴赏与前头叶活动

为什么名家画作会经过日积月累的沉淀作为人类历史与文化传承的产物被保存下来呢？从单纯的角度思考一般会认为这样的绘画作品多是描绘了对大部分人的“心”能够产生深远影响的各种元素。这些元素也许是指画的主题，也许是整体构图、用色、画法等等。对于像我这样没有绘画天赋的人来说，面对画作，总是会产生像“这画的究竟是什么呢?”之类朴素的疑问。究竟是什么样的要素能够打动观赏者的心呢?即便通过理性分析，也无法在脑科学的范畴内解析绘画这种具有艺术性的高层次脑部功能问题。

因为我们无法将一幅画拆分成单元要素，假设即便可以这样做，但研究对象也就随之改变了。如果像某些实验者希望的那样，将绘画的一部分切下拿到别的地方，画作的整体艺术性就从根本上遭到了损坏，变成了失去灵魂的躯壳。

我很想调查人脑在欣赏绘画时的活动方法，并在完全没有基础知识的状态下开始了研究。幸运的是，现在身边既有像我这样以神经科学为职业进行研究的人，也有艺术学、设计学专业出身的人，因此，这使大家在各自的专业基础上相互协助展开研究成为可能。例如，以协同工作的形式进行合作时，由研究美术史的专家选择所要鉴赏的对象，并将实验任务交给研究认知技能的专家，对脑部活动和自律神经活动的测量则由神经生理学专家担当。经过反复尝试的结果，我们用NIRS调查了前头叶活动在鉴赏抽象绘画、具象绘画时的状态，艰难地总结出了一定的结果。NIRS不能像fMRI那样具有高度的空间分解能力，计测范围只限定在大脑表层。但是，因为它既不需要特别的设备和实验经费，装备也是小型的，因此足以在普通的实验室中发挥强大的威力。

我们观察到，有些实验对象在欣赏抽象绘画时，左侧前头部的血流量比其在欣赏具象绘画时多；相反他们在欣赏具象绘画时，右前脑的血流量则会增加。虽不能断言这种现象直接反映了前头叶的神经活动，但可以看到欣赏抽象绘画时左前头叶会优先活动的可能性。也许此时鉴赏者为了寻找“这幅画画的是什么呢?”的答案在思索画作的主题和含义吧。我对某位心理学家阐述了这个结果，他的解释是：“这也许是在将画的内容进行语言化的结果。”以前我们就知道左侧的大脑皮质（由多数神经细胞构成的大脑表层部）与掌管着“说话”的运动性语言中枢和“理解文字”的感觉性语言中枢相关。因此，前者在左前部的头部出现的这一状况可以被解释。但关于为什么欣赏具象绘画时右脑的活动变得活跃，现在还没有合适的解释。

然而，在对另一组实验者进行完全同样的实验时，却得出了不同的结论。因为在这次的测定中，欣赏具象画作时的人的左右脑的血流量都增加了。需要注意的是这次的实验对象全部是艺术学的学生（正在学习油画），而上次的实验对象是完全没有绘画经验的学生。乍一看，也许是生活在艺术世界里的人，在面对绘画时，脑部所运行的部位与一般人有所不同。如果将绘画的知识、技能、思想作为这个试验结果的背景，那么环境与“感性的培养”之间就显示出更深层次的含义。我们在试验中选择了康定斯基的抽象画作品和马蒂斯的具象画作品作为试验对象。也许我们可以将这些巨匠的作品认定为代表抽象绘画和具象绘画的一般性的“感性刺激”，但这在今后的研究中必须被进一步证实。

2.8 气味与前头叶活动

沿着环境影响“感性的培养”这一思路展开研究，最后我们还想简单地探讨一下另一个对环境有着重要影响的要素——“气味”。气味与视觉和味觉不同，很难像光和色的3原色或甜味、酸味那样进行区分。实际上，现代研究得知哺乳类动物的鼻腔里有1000种以上可以感受气味的蛋白质（被称作受容体），但人类在感觉迟钝时就无法辨别气味。这种实验非常艰难，只要想到刚生出来的小动物就可以凭借气味来识别自己的母亲，马上就可以理解“气味”这种环境因素对维持生命具有怎样的重要性。“气味”有很多种，既有让人愉悦的香味，也有令人厌恶的臭味。不过，因为我们的研究主题是“感性”，所以这里只选取令人愉悦的气味进行讨论。

能够自己感受到气味的能力被称作“嗅觉”。最近在与脑科学相关的书籍或网站上时而会看到“臭觉”这个词，但在谈及五感时没有“臭觉”这一说法（应为某些日本人在汉字应用上的错误）。嗅觉信息传达到大脑皮质的所经之路与视觉、听觉、味觉以及体性感觉（触觉、痛觉等）有所不同，它似乎是经过多个途径传达至中枢神经的。在人类的脑部结构中，气味信息被送达至大脑皮质的前头叶眼窝回部（眼球的正上方的大脑部分）进行处理。在某些传达途径中，信息会一时被传达至扁桃体。这种特点显示了“气味”被处理时与扁桃体之间的关系，具有很深的意义。根据有关扁桃体与海马体之间信息交换的研究结果可以推断，气味在与情感相关的记忆形成的过程中，扁桃体起了重要的作用。实际上在日常生活中，很多人都有当突然闻到某种气味就会勾起某段回忆的经历。

情动是指与食欲、性欲等本能有关的脑部功能，与此相关的扁桃体则是判断某一物体在其作为一个生物体存在之外是否还具有其他价值的器官。扁桃体接收到嗅觉信号时引起对回忆的联想，大脑皮质层则对这些信息进行处理。接下来，我们了解一下当人嗅到“令人愉快的味道”时，我们的前头叶是怎样活动的？根据NIRS的研究显示，当嗅到丝柏的味道时，右侧前头部的血流量显示了统计学意义上的增加，而左侧前头部的血流量则没有特别的变化。而同样的试验显示右头部对柑橘类的气味没有反应。虽不能直接判断特定的气味对前头叶的活动有某些特定的影响，但说到嗅觉对人脑活动的影响，不同的气味之间可能会造成很大的差别。这个结果是否是丝柏所产生的特有效果还有待研究。如果我们能够掌握特定的嗅觉刺激对人脑活动产生特殊的影响，就可以通过对生活空中的大气的改变，设计出令人愉快的居住环境和交流环境。

详细的有关“感性”的脑部结构我们还完全没有掌握，今后对其进行更加详细的了解并将成果有效地活用于生活则是以“感性”为视点的未来脑科学发展的依托。

（久野节二）

［感谢：衷心地感谢给予大力协助的图作者中森志穗（筑波大学大学院人间综合科学研究部感性认知脑科学专业）］

参考文献

1) Völlm BA, Taylor ANW, Richardson P, Corcoran R, Stirling J, McKie S, Deakin JFW, Elliott R : Neuronal correlates of theory of mind and empathy: a functional magnetic resonance imaging study in a nonverbal task, *Neuroimage*, **29**, 90–98 (2006)

2) 川村光毅：認知機構についての機能解剖学的考察ー正常と異常，生物学的精神医学４巻（日本生物学的精神医学会，小島卓也，大熊輝雄編：認知機能から見た精神分裂病），学会出版センター（1993）

3) Richter-Levin G, Akirav I : Emotional tagging of memory formation—in the search for neural mechanisms, *Brain Res. Rev.*, **43**, 247–256 (2003)

4) Kessels RPC, de Haan EHF, Kappelle LJ, Postma A : Varieties of human spatial memory: a meta-analysis on the effects of hippocampal lesions, *Brain Res. Rev.*, **35**, 295–303 (2001)

5) Kempermann G, Kuhn HG, Gage FH : More hippocampal neurons in adult mice living in an enriched environment, *Nature*, **386**, 493–496 (1997)

3 与音乐认知相关的感性

对于音乐现象（指在人类的内部创作出音乐的状态）的阐释是自古希腊时代开始就提出的问题，也是以美国为中心急速发展起来的现代音乐心理学和音乐认知学所迫切希望解决的课题。演奏家和听众作为音乐的欣赏者，他们通过感性来捕捉音乐是毋庸置疑的。但是作曲家，是否也像演奏家和听众一样是通过感性来对音乐进行思考的呢？笔者凭借对于音乐的修养和自己的作曲体验，通过对巴赫及其后的名曲乐章的分析，逐渐踏上了“音乐生成论”的研究道路。本文面向的是音乐专业以外的普通读者，试图以音乐为出发点，针对感性的课题能够提供些许的启迪，但文中并未涉及当今流行的脑科学角度的分析。文章的内容主要是关于作曲家捕捉到的“音乐的感性”，凭笔者所能只能一窥与音乐相关的感性领域，而非感性的全部。

语言学家乔姆斯基（Avram Noam Chomsky，1928—）于1957年出版了经典论著《句法结构（Syntactic Structures）》一书，该书被其后的研究界奉为“乔姆斯基革命”。其主要观点是“人类的语言能力并非通过后天教育习得，而是天生就具备的”，这在其之后的著作《生成语法》中得以继承，迄今已发展成为语言学研究中的一大流派。乔姆斯基预见性地研究了外部刺激与大脑之间的关系，该研究视角自然也波及了音乐研究领域，为数众多的研究者都从中汲取养料。已故的指挥家、作曲家伦纳德·伯恩斯坦（Leonard Bernstein）即为其中之一。1976年他在哈佛大学以《无解之问》为题的演讲描绘了“生成音乐论”的雏形，为其发展奠定了基石。伯恩斯坦的论点与内容的正确性即便在今日仍然受到很高的评价，但由于时代背景的限制，其研究并未能涉足音乐认知、脑科学等领域。这成为其近乎完美的逻辑推演过程以外的些许遗憾。生成音乐论存在着诸多未解之课题，向脑科学领域的跨学科发展是其中一个发展方向，而作为其借鉴基础的语言学也面临着类似的问题。

下面以举例的方式，说明音乐是与听众之间的交流这一论点（图3.1）。

在给人以宁静感的音乐《荒城之月》中，使用了包含着2个乐句（音乐的最小单位）的8{4（2+2）+4（2+2）}小节对称结构。该乐曲有意削弱了“运动”和“有力”的感觉，营造出独特、静谧的音乐世界。韩国民谣《阿里郎》给人的感觉与《荒城之月》截然不同。在音乐的开始部分，除了歌词所带来的热闹感之外，其运动感也来源于音乐的结构。《阿里郎》使用的是音乐动机（音乐最小意义最小单元）连续的、以奇数小节区分的8{3（1+1+1）+3（1+1+1）+2}小节不对称结构。连续的动机为音乐带来了运动性，该运动性在最后的乐句中被稳定下来。由此可见对称结构与不对称结构在运动性方面的显著差异。该差异是任何人都能够感知得到的听

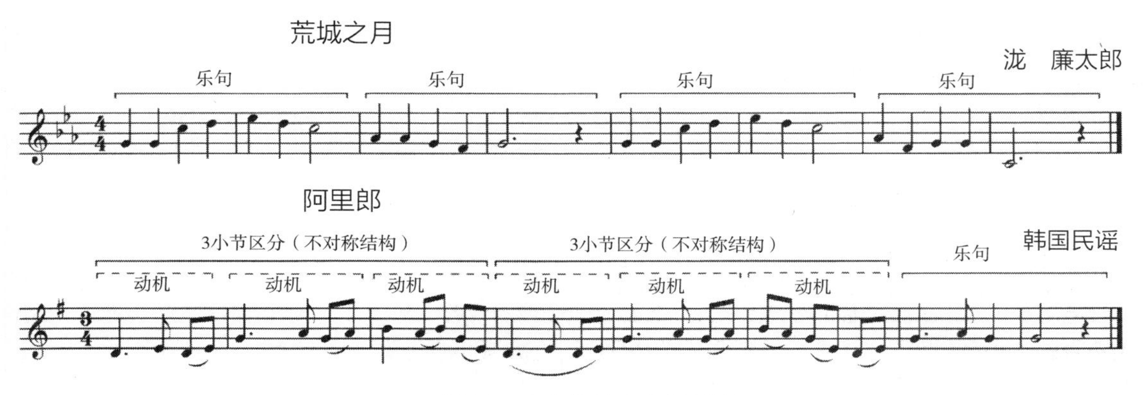

图3.1　歌曲的结构分析案例

觉现象，可以被认为是普遍音乐的基础。

上文所举的案例并非只属于我个人的感受，而是作为人类的一种共通的感受。正是人类对于音乐所具备的共通的感受形成了“普遍音乐”的原型。可以说对于这类事物的理解与认知是人大脑内的无意识活动，人的感受仅只是对该活动的结果的反映而已。或许由于其如此自然的属性，而造成了之前罕有研究者针对音乐认知和生成音乐论进行大加讨论。

我认为巴赫的出现在西方音乐发展史中具有分水岭般的作用，在他之后天才作曲家们才逐渐涌现出来。笔者曾致力于去探寻由所谓的“巴赫革命”所带来的音乐上的大变革，从而开始了生成音乐论的研究。通过对乐曲的分析，可以看出巴赫在有意识地利用听众的听觉现象，他是以音乐认知在脑内形成的过程为目的进行创作的。简单来说，巴赫的音乐不是靠灵感闪现或凭借感觉创作出来的，而是以促使音乐认知得以持续发生为目的，具有逻辑性地选择出了恰当的音符。然而即便是基于逻辑构建而成的音乐体，其结果仍必须与听众的感性建立起联系。可见名曲的创作与人类的认知之间具有紧密的联系，基于此再去理解音乐所追求的感性究竟是什么的问题也就变得明朗了。那么感性与理性逻辑又孰先孰后呢？或许这是一个愚蠢的问题。因为艺术所追求的最高境界就是感性与理性融为一体。

3.1 在作曲的现场

通过生成论来讨论音乐，就必须从音乐认知的角度来展开。如果音乐现象的基础可以被理解为人类意识的持续的话，即可以推导出统一的、具有一贯性的风格是其追求的目标。在作曲中追求彻底的逻辑性，就是为了保证在音乐时间内具有一贯性的人类认知活动能够持续地发生，理性逻辑缺失，将会造成上述认知行为的中途破坏。如果将作曲完全委托给理性的对立面——感性，使之变成一种非逻辑性的行为，那么人类对于音乐认知的持续性行为就会变得岌岌可危了。作曲的行为就是要发动并且持续地调动起听众的认知活动。而音乐理论则是要把感性这种“危险的”不易控制的东西加以理论化地捕捉，再将其转译进入具有实体的音乐体之中。

◉ 课程的开始——合理性

笔者曾拜两位先生为师。从1978年10月至1983年10月，师从于尹伊桑（Yun Isang）先生。另外一位是姜硕熙（Kang Sukhi）先生，我于1981年机缘巧合地在柏林聆听了他的10节课程。这两位作曲家均为韩国人，而且也都是由巴托克等人创立、至今已有48个加盟会员国的国际现代音乐协会（International Society for Contemporary Music，缩写为ISCM）的名誉会员。姜硕熙是尚健在的少数的几位作曲家之一。尹伊桑的音乐是对正统的西方音乐传统的继承，日本京都大学教授故矢野显曾在《20世纪的音乐——意义空间的政治学》一书中对其作品做了详细的分析。首先介绍尹伊桑先生。

课程的第一天尹伊桑对我带去的作品给予了全盘否定：“这个不好，那个不要了，不要这样做”等，且也未给出具体的解释，只是在乐谱上画满了大大的叉号。在严格审视了作品内容之后，他给我布置的课题是：“用合理的音程（和音）、合理的旋律去创作音乐”。尹伊桑犀利地指出了我作品中的重大缺陷，即缺乏通过逻辑性的作曲才能达成的合理性。的确，请他指导的那些作品除了舒缓悠扬的概念之外，其他部分的确都是跟着感觉走、随性而生的创作。坦白地说我几乎没有学过作曲，并不具备尹伊桑所要求的与“合理的音程（和音），合理的节奏”相关的知识与经验。我当时所能做的，只有基于自己贫瘠的知识储备，最大限度地去模仿被认为是最具合理性的作曲家韦伯恩（Anton von Webern，1883—1945）的作品。那时我对“合理性作曲”的认识，也仅仅停留在“用最小的音去构建能够被评价的构筑体的方式去作曲”，韦伯恩的作曲究竟具有什么样的特点，我并没有能够领悟。这或许由于在日本的音乐教育中，乐曲分析总是被放在最末一位。我之前甚至几乎就没有见过对于20世纪音乐的分析。因此，音乐分析所必须的缜密的积累和修为，是那一代日本人所不具备的。笔者在毕业论文中涉及到了20世纪音乐的相关内容，虽然身为创作着现代音乐的所谓现代作曲家，但对新维也纳乐派的分析，及以德彪西、拉威尔为开端的近现代法国音乐的分析，还都无法胜任。任教于柏林音乐大学的尹伊桑教授，不知是否了解日本作曲家们的这个共同的缺点，但我的缺陷未能逃脱他的法眼。身为修习作曲的学生，因为自身修养的欠缺，决定了我不能较好地完成老师所要求的“合理的作曲”。

在辞典中对合理性的解释如下：

合理性

① 符合逻辑的法则；

② 符合科学的认识，是科学的事物；

③ 非盲目地；有计划、有效率地实施的行动；

④ 事态与理想目标是一致的。

对合理性进行解释的这四点，可以说是人与人进行交流的基础。而作曲的终极含义一定也存在于这些与合理性相关的含义之中。

◉ 向音乐认知出发

接下来介绍一下姜硕熙老师的第一堂课。他在我手中的乐谱上指出了开始音、最高音、最低音、结束音，并归纳出了由此形成的单纯的三合音。他说：“人们对乐曲中这4种音的感受最为深刻，因此，作曲家要赋予这4种音以更深的意味，并深刻地思考在此形成和音的理由”。姜硕熙敏锐地指出了被我所忽略的这4种音的准确含义。即便作曲家忽略掉了音乐在听众中所可能产生的含义，但高水平的听众并不会受到作曲家意识不到位的影响，依然可以感受到音乐在此出现的“意味”。而感受到意味的人即会试图去探索它之所以出现的因果关系，这便成为认识的开始。但如果作曲家没能意识到上述问题，因果关系也就无从建立；于是听众自然就会变得失望，对认知的兴趣也就消失了。

姜硕熙曾对我入选荷兰高德阿姆斯国际作曲音乐会的乐曲《GAASO》进行了很多细节上的指导。他只是简单地看了一眼乐谱，就针对乐曲的导入部分提出了如下意见：“此处的6连音十分有趣，如果中间加上休止符，使旋律富于变化，会变得更有意思。”在第二堂课开始时，我尚未领会其修改的意图，但仍按照其意见做了乐谱的修改。具体情况举例说明如下。乐谱A以6连音创造出连续的旋律，这是原来状态的旋律与音型；乐谱B由连续的6连音改变为不规则地加入休止符，营造出仿佛虫噬般的感觉。通过排练发现，乐谱B显然更加有趣。其原因在于虫噬般的状态更能刺激听众的认知行为。听众会下意识地尝试去确认从不规则的休止符到休止符之间的音符数。通过休止符创作组织体的技巧，往往因易于被听众识破而变得无趣，但如此随机、无规律地创作则不必去担心被识破。顺便介绍一下我现在所采用的乐谱C，它是按照斐波那契数列的规律，将音符和休止符加以组合的案例（图3.2）。

上述的两次体验使我领会到：通过音乐与听众之间建立起的音乐认知，才是作曲的终极追求。作曲绝非是作曲家把认为必要的音响组合在一起，而是为了使听众能在其耳朵深处成就音乐现象去提供和组织素材。姜硕熙曾经宣称：“音乐就是基于音响的构筑物。”该论点表现出一种彻底的艺术至上主义。因此，他重视客观性，而反对将感情、主观性等通过音乐表现出来。姜硕熙教导的“艺术是超越了人的高明的存在，对于艺术，人只需去品味就可

图3.2　旋律的组合案例

以了”，大概是源于与艺术相伴的只有不自觉的、下意识的人的认知行为的思想。在短短的十堂课中，承蒙姜硕熙指导的四首曲子，居然在其后一年参加的四次比赛中全部有幸入选或获奖。虽然无法说清其中确切的原因，但通过他的指导在音乐中无疑浮现出精致细腻的质感。或许稍显乐观主义，但这些经历使我更加坚信“是金子就总会发光”的信条。

为了简单易懂地说明作曲技术的重要性，我把自己的亲身体验总结在一起加以说明。对听众的音乐现象产生妨害的最主要原因，是必须完全地依赖作曲家的耳朵来判断其作曲技法是否存在破绽，可见作曲家耳力优劣之重要。1982年，我参加了在德国中部小城达姆施塔特（该城市在战后作曲界占有领导地位）举办的夏季研习会，这次与会的经验给我留下了深刻的切身体验。会上我发现一份获奖的乐谱是我曾经见过的，这份来自日本参赛者的作品已被著名的德国前卫作曲家赫尔穆特·拉亨曼（Helmut Lachenmann）辅导修改过，而之前未曾修改的原作甚至未能通过日本某音乐竞赛第一轮的筛选。我还记得当初看到原作乐谱之时，惊讶地发现其中存在着的很多基本的技术破绽。那些在乐曲中存在的技术破绽非常明显地摆在那儿，而创作它的作者的耳朵显然没有听出来音乐正处于一团乱麻的状态。在乐谱中表现出来的音乐，反映出了作曲家内在的水平，从某种意义来说作曲家与乐谱可以看做是一体的。参加了作曲课程修习的学员们，能学到三成就很好了，其他大部分内容并未被理解吸收。课上教师常说的都是类似于“你的腕部力量还需锻炼”、“作曲家的耳朵与手腕的技巧同等重要”、“有必要继续提高作曲的技巧”等，而这些忠告与我内心所想的完全一致。我清楚地知道这些话语背后所指代的问题的困难程度，以至于难过得什么都说不出来了。在指导教师的言语之中，我能够听得出西方人的绝望，这些绝望来源于萦绕其耳边的学员作品，那些既没表现出技法的提高，也没反映出感性的进化的学员的作品。为了避免伤害学员的自尊，教师采用了一种相对温和的方式去强调基于合理性基础进行作曲修习的必要性，诸如风格的统一、客观的音响构筑等。作曲的修习与技法的学习过程实际上是同步的，也正是通过同一个过程去追求耳力的锻炼。因而，在西方音乐的最高境界之中，可以认为理性与感性是统一的。在作曲中，技法即是音乐本身。

3.2　时代与感性——感性的演变

艺术作品的评价和喜好，完全是由欣赏者来决定的。作为作品创作者的艺术家，其言语或解释都是徒劳的。通过对天才作曲家作品的分析可以进一步地印证该观点。换而言之，作曲家应如同世阿弥（日本室町时代初期的猿乐演员、剧作家）能够达到“离见之见”（舞台上的演员无法看到自己，要想成就完美的舞台表演就必须站在观众的视角上）的意境一般，善与恶、好与坏的标准并非存在于自身的内部，而需通过他人的感性和认知行为方能得以追寻。因此，作曲家必须经常思考和确认所处时代的感性究竟是什么。作曲家在考虑今日感性的现时性之时，是否“音色”就映入脑海了呢？与以往相比，当今音色的重要性无疑是被放大了，本文会将之作为感性的表现形式加以考察。生成音乐论是以人的信息分析为前提的，而信息分析又与知识和经验的储备密切相关。只有与大脑内的知识相联系，认知才会得以发生。对于简单的信息分析，人不会表现出紧张等特别的状态。反之在理解存在困难的情况下，人就会集中注意力、紧张地实施信息分析行为。这就是我们下文将会谈到的“情绪=力道”的问题。

◉《春之祭》与感性

在20世纪初期，斯特拉文斯基的芭蕾组曲《春之祭》撼动了整个音乐界，甚至引发了大骚动。在这一作品中斯特拉文斯基改变了管弦乐的演奏方法，由以往柔和的音色变成了狂野激昂的声响，这对于当时的观众而言无疑是个巨大的变革。在乐曲开始的部分，巴松管的音域使用了当时尚被视为禁忌的高音域旋律，全然陌生的乐器音色使观众感觉到迷茫。新生事物很自然地遭到了社会力量的抵抗。《春之祭》所引发的骚乱一度达到了械斗的境地，可见该作品的音色对于当时的听众而言的确是过于超前了。用现在流行的说法解释就是听众的信息处理受到了阻碍。一百年过去了，当现在的听众听到《春之祭》的音色之时，甚至都不会引起特别的注意，大家的耳朵对于类似的音色已经习以为常了。如今比《春之祭》更强烈的音色比比皆是，《春之祭》的音色已经随着时代的远去而成了过去。

意大利文化运动“未来派”的先驱们提出：人的感性的演化依存于社会的变迁。“未来派”的核心人物菲利波·托马索·马里奈缔（1876—1944），基于汽车在石头路面（当时的城市道路铺装）上疾驰而引发的环境音剧变等问题，观察到了20世纪初期的社会变迁，进而主张人对于艺术的关注也会发生巨大的变革。“未来派”的宣言在21世纪的今日已经变成了现实。20世纪60年代之后，日本的流行音乐一直处于急剧地变化之中。很多人可以仅仅通过旋律、速度、音响即听得出来某首歌曲的年代。上述急剧转变的深层原因与人的喜好、口味需要不断的新鲜刺激有关。仅能让耳朵觉得舒服的音乐，是无法引起人的兴趣的。人们对于音乐的速度和音色的喜好具有其背后的社会基础。

电吉他的出现，使得悦耳的、具有恰如其分刺激程度的音色成为可能。在20世纪60年代，摇滚乐改变了整个世界。年轻人的吼叫配上电声乐器的演奏，再经扩声设备放大，形成了强大的刺激。一个摇滚乐队主要由主唱、电吉他手、电贝斯手、架子鼓手组成，往往还会有一位键盘手操作电子音合成器。如果摇滚乐使用的是通常的乐器（不需电声辅助的现场乐器）进行演奏的话，应该就无法在年轻人中引发如此广泛的狂热了。电吉他的发声原理并非是将琴弦所发出的声音通过麦克风收集后放大出来；而是借助被安装在电吉他内的拾音器将琴弦上的振动转化为微弱的电子信号，进而通过放大器将电子信号再还原为声音发送出去。作为中间媒介的电子信号，提供了在声音还原时进行变调调整的可能，琴弦上的振动可以变成各种各样的声音，甚至是回声，这是传统乐器所无法实现的。这些经过变调的、具有刺激性音色的声音，经过扬声器放大形成巨大的音量，一下子就抓住了年轻人的心。这正是能够触碰现代人心弦的音色。新的乐器发出了新的声音，虽然也有人把它看做是传统乐器音的进化，但它并非以泛音频谱作为前提，因此新音色的流行应该说是一种具有全新频谱的音色的胜利。在这一伴有压迫感音量的刺激性音色面前，以往那些发出美妙声音的乐器的精致与纤细，都在一瞬间变得灰飞烟灭了。更应该指出的是：为当今人们所喜好的音色，与过去的音色截然不同了。只能用人的感性来解释这一差异。作曲家们必须顺应时代的潮流，去追寻现代人感兴趣的刺激的音色。创作出当今的音色已经成为作曲家技法的一部分。

现在让我们转换一下视角，以爵士钢琴乐为例，来探讨音色与作曲之间的密切联系。爵士钢琴演奏家上原广美具有高超的演奏技巧，由她领衔的三重奏组合因此获得了万人空巷的追捧。在《Edge》一曲中，合成器的声音从虚无之中突然迸发出来，这种单纯的声音是前所未有的。该声音是以单音演奏为主发出来的，迥异于合成器通常的声音；反而有些类似于使用传统现场乐器的情况中，通过同时演奏接近的若干个音，所获得的具有古典主义风格的音色。借鉴古典主义的巧妙手法，奏出了“浑浊的音色”。这种充实的音色中现代感扑面而来。听了上原广美的演奏就会明白，对于现代人而言的好音色，远非单纯的和声可以达到的。

在上原广美的现场钢琴演奏中，也可以听出其对音色的追求。在《Reverse》和《Edge》中，如果认真观察上原广美右手的演奏手法就会发现，大部分的弹奏都是和音，但却几乎听不出单纯的三和音。单音演奏法的演奏夹在厚重充实的和音之中，形成了强烈的对比。正是这种对比戏剧性地强调出单音部分的音色，使人感觉到其魅力所在。有时重复的4度和音会平行地上下运动。音乐后半部分希望显现的是这类充实的声音的连续表现。上原广美现在每年举办百场以上的演奏会，她之所以大受欢迎的原因，应该就在于她用和音为中心的钢琴音色唤醒了爵士乐的灵魂。只要听到她的音乐，听众的耳朵就能够判断出那些音色是为了“演化了的听觉”而准备的。从听众的痴迷狂热之中，我们可以总结出音色的又一次胜利。

3.3　音乐与情绪

除了音乐认知以外，音乐最为重视的就是通过情绪提供给人以满足感。姜硕熙把情绪称之为“力道”。这一说法是否准确地描述了情绪在本文中的实际状态呢？听众在紧张的状态下接受到的所谓“力道”，并非想象中的那么简单。下文通过对于音乐现场的考察，探讨情绪与认知之间的关系。

⊙ 情绪与音乐（和声）

要讨论和音与情绪的关系，爵士乐是最合适的。归根结底，爵士乐是一种感染听众情绪的音乐，爵士钢琴演奏家上原广美的音乐也别无二致。《Reverse》和《Edge》这两首曲子是连续演奏的，中间没有停歇，从拍子和音乐的制作可以看出，它们是按照组曲的框架进行创作构思的。构成了这两个曲子主体的都是以和音为主的充实的声音，其间则夹杂着单音演奏法的部分，以形成对比。

《Reverse》开篇于兀然而起的和音，在右手的单音演奏与之发生短暂的交叉之后，和音的规模逐渐变得越来越大。当声音由和音向单音转变之时，听众的身体会觉得仿佛轻松了一些。之后，当和音再度归来，并开始向激昂的方向发展之时，听众的身体又会变得紧张起来，进入到一种兴奋的状态，伴随着急促的呼吸和快速的心跳。

与《Reverse》不同，《Edge》始于单音演奏，但全曲的绝大部分依然采用了和音演奏。这种单音演奏与和音演奏的交替重复地出现，使得听众的情绪被完全地调动了起来。在乐曲朝着激昂的方向缓缓行进的过程中，和音演奏法起到了主要的作用。音乐的高潮即是通过大段的和音营造出来的，听众的情绪在此达到了顶点。在音乐达到高潮前的漫长行进过程中，听众只是在聆听音乐，丝毫没有意识到自己的情绪已经被音乐控制了。在达到高潮之前，插入一段很短的、呈现出对比性的蓝调音乐。这段蓝调的插入仿佛雨过天晴一般，顿时给人如释重负之感。等到爵士乐和音的再度响起，听众仿佛被带入了激昂的大海，徜徉于音乐之中。上原广美的音乐就是这样感染和控制了听众的情绪，它的确称得上是巧妙且具有魅力的音乐。

上原广美的音乐之所以能够获得现代听众的热爱，就是因为在她的演奏中能够为听众制造出高涨的情绪，而这在其他的音乐中是难以体会到的。她的音乐有以下两个主要特征。首先是和音。上原广美使用的是不强调音调功能、充实、连续的爵士和音，由此音调的功能即被削弱了。为了达到该目的，摒弃了终止式带来的结束，制造出长大的乐句。同时，上原广美那令人叫绝的、快速而连续的弹奏也给人以强烈的速度感。为了成就极度的激昂，甚至不给听众留下任何缓和的余地。非常有现代的节奏。在上原广美的7拍子的音乐中，通过甜美的旋律、怀旧的音型、单纯的拍子所带给人的节奏，是其他音乐所没有的。上原广美用短音型构建起来的音乐，是需要用斯托克豪森（Karlheinz Stockhausen）所言的“新的听法”来欣赏的音乐。可以说，她在音乐演奏中控制着听众的情绪。从作曲的角度来看，其创作并非复杂困难，最具现代性的是她的演奏过程。

音乐的情绪与聆听到的各种各样的素材全部存在着关联，但其中最主要的因素无疑是和声。作曲家把和声纳入到乐曲的构成之中。由此可见，音乐的情绪依附于乐曲的进展而展开。作曲家、音乐心理学者史奈德（Steven Snyder）曾说过：“传统的音乐形式从本质上来说具有既定的框架结构，而我们的作品想要提供的是能够使人知道身在何处的感觉。”是情绪在人的内部支持了音乐欣赏的过程，而在外部是和声控制着情绪。

⊙ 情绪与形式

音乐的形式与情绪之间存在着不可分割的关系。亚里士多德在《诗学》中提出“戏剧必须分为头、身、尾三个部分”。与此巧合的是，世阿弥也将其整个表演分为“序、破、急”三个阶段进行说明。亚里士多德的戏剧的头、身、尾可进一步的分为：头=导入，身=上升、高潮、下降，尾=结局的五幕形式；而世阿弥的序、破、急在具体剧目中细分为：序一段、破二段、急一段。这两部并无关联的戏剧论著为何具有如此的共同点？表演家寺崎裕则通过使用戏剧的抑扬图表进行了说明。在寺崎裕则曾就学的德国的戏剧学校，首先要学的就是戏剧分析。然后再去判断是否戏剧的情节主线被顺理成章地展开了。不同的戏剧采用了不同分析的尺度，西方戏剧分为五幕，日本能乐分为三段。基于戏剧分析的结果，即可以绘制出“戏剧上升线”了。在制作戏剧的“抑扬图表”之时，以戏剧的紧张程度作为纵轴（戏剧高潮的位置定为100），以戏剧展开的时间顺序作为横轴，如此绘制出的图形即可以表现戏剧所拥有的紧张程度。图3.3是从寺崎裕则的著作中摘录出的《罗密欧与朱丽叶》一剧的“抑扬图表”。如果将之与荷兰妇科医生范·德·费尔德（Theodoor Hendrik van de Velde）所著的《理想的婚姻（Ideal Marriage）》一书中的“性抑扬图曲线”相对比，即会发现两者在图形形态上的一致性。

在戏剧的“抑扬图表”中可以看到情节的波动随着时间而推移，但图形形态表现的只是结果而非目的，它的存在只是为了使戏剧表演能够流畅地展开，观众能够更好地品味戏剧的副产品而已。音乐也存在着类似的情况。从巴洛克到古典主义，几乎所有的乐曲都与图3.3所示的曲线大致类似，也就是最高音部或者高潮都被设定在了乐曲的后半部分。该设定有助于产生向着最高潮行进的昂扬之感，依然是源于音乐控制情绪的出发点。

然而对于音乐而言，抵达高潮的情绪发展过程并非是最核心的内容。在现代音乐中有相当多的创作甚至有意识地舍弃了音乐中的高潮。这种新形式的出现意味着音乐从情绪的束缚中解脱了出来。能将情绪的极致点的高潮从形式中加以解放，也标志着作曲家们已经能够通过音乐认知的手段来调动听众的情绪了。西方的作曲家们自从将巴赫的音乐作为范本加以借鉴开始，应该就开始认识到该问题了。只要对天才作曲家巴赫的作品稍加分析，就能够立刻发现他对于和声与音高的物理特性所可能带来情绪波动是何等熟稔。巴赫刻意摒弃了可能被听众轻易预知结果、简单的音乐展开方式，而采用了能够唤醒听众能动性，进而去主动聆听的作曲方法，这在其作品《创意曲》、《平均律钢琴曲集》，以及被誉为最高杰作的《赋格的艺术》和《音乐的奉献》中都有明了的表现。对于巴赫的时代而言，他的作品无疑是最为复杂的音乐了，当之后的作曲家们将其作品作为参照加以借鉴之时，自然可以领悟到音乐结构与听众满足之间的关系。也可以说，作曲家们开始认识到了认知过程的充实完备与音乐欣赏的满足感之间的联系，虽然尚未使用“情绪”这一具体的词汇。

巴赫的作品并未主动去迎合取悦听众（取悦或引发听众认知行为的退化），而是让听众去聆听被他精心消隐的音高线的推移，进而不断地去追问其与主题之间的联系，就是这样巴赫成功地调动起了人的认知行为。为这些提供了支持的是和声，巴赫的音乐构筑法可以从模式认识的角度加以说明。听众在专心地倾听音乐之时，即在其内部启动了情绪与认知行为。此处举《无伴奏小提琴奏鸣曲与帕蒂塔》中的帕蒂塔第1曲（BWV1002）的“库朗特”

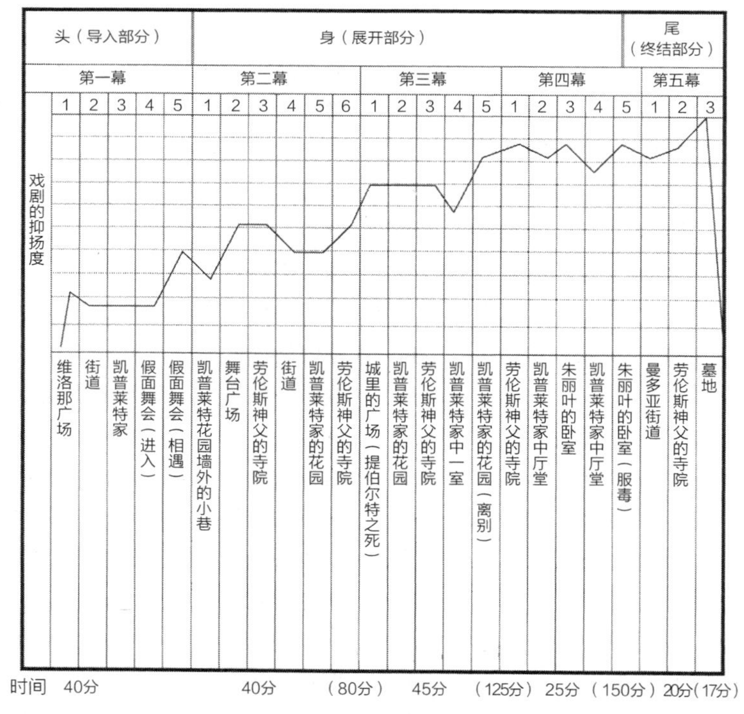

图3.3　戏剧的抑扬图（罗密欧与朱丽叶，寺崎裕则：三得利音乐丛书3性爱音乐，1983）

为例，来说明巴赫在不依赖音强（音量）和音高的情况下，如何去实现完美的高潮。在该作品中，巴赫运用的就是模式认识的方法。乐曲一开头就刻意地将两小节的音型（3/4拍子与6/8拍子并存）进行了彻底地展开。而到了高潮部分，则突然一改自开篇就一直严守的两小节区分周期，挣脱出听众熟悉的拍子，制造出不同的节奏，它与存在于听众记忆中的拍子和两小节周期（架构）发生戏剧性地碰撞，从而使人体会到了强烈的激昂之感。每当听到此处，就会一边享受着胸中的共鸣，一边感慨：这真是作曲的胜利！

直到第二次世界大战之后，被巴赫所坚信的构筑法和情绪的本质才逐渐变为广受关注的问题。当时在被称为现代音乐发祥地的达姆施塔特集聚了一批年青的作曲家，他们期冀能够创作出不被政治所利用的音乐。音乐是否已向听众传达了太多的激昂感？在此激昂的情绪与艺术作品之间的关系得到了重新地审视。反思的结果认为：音乐艺术中所重视的音乐情绪是伴随着音乐认知而生发的情绪；因激昂感会削弱音乐认知的本质，追求激昂感的音乐是危险的。音乐与情绪的关系自此被深刻而正确地界定清楚了。

并不是要刻意地无视情绪的存在。姜硕熙将音乐制造出的情绪形容为“能量（Energy）”。在他的创作中非常重视用音的组合来维持其所谓的“能量”流动，甚至将之看做是“作曲的终极意义”。虽然无法确切断言，但姜硕熙所追求的“能量”，是否就是人在高级认知过程中所生发出的情绪呢？按照他自己的结论：其音乐的体验就是通过听觉将愉悦与不悦引发出来，在这一点上与巴赫是类似的。基于上述思想，姜硕熙做出了如下教谕：“西方人所追求的并非美的旋律或声音，他们更关注音乐的构筑。”这句话犀利地指出了自巴赫以来西方作曲家们的传统——音乐的构筑，该传统正是通过一代代作曲家们将之作为本质和最终目标而不断追寻、积累的成果。

3.4　感性与教育

正如人之间的交流是将自身储备的记忆通过生成语法才能够成立一样，基于上述从音乐认知角度对于音乐现象的探讨，我们就能够理解音乐的沟通是如何造就了生成音乐论。作为本章的结束，将介绍一下将音乐认知的成立与否看得无比重要的大师们，对于感性又是如何看待的？

在尹伊桑决定收我为徒之时说：“虽然我的职业是作曲，但我有义务将我获得的知识传递给下一代的人，因此我教你。”我还记得他还曾断言：“通过教育可以造就以作曲谋生的作曲家，而无法成就名垂青史的音乐大师，成就大师靠的是才华。”因此在他那里经常会听到：音乐创作所能够教授的东西中，有很多都没有办法明确地用语言传达。为什么会这么说呢？那是对于教育的彻底信任的结果。有一次尹伊桑告诉我：“你知道什么样的教师才是好教师吗？首先应该允许让学生做自己喜欢的东西。在我年轻时，会对学生的创作稍加润色，很多经过我指导的作品在竞赛获得了正面的评价，但这反而往往将学生的人生方向导向了偏颇。因此必须纠正那些过于突出的偏好，将学生带回正道。然后继续让学生做他喜欢的东西，再纠正，直到最终能将音乐的正道传授给学生。这才是好的教师。”

尹伊桑具有令人叫绝的读谱能力。他的辅导课一般只有5~10分钟。当他携着强大气场读完乐谱后，就立刻能指出若干有问题的地方。面对我为“每日竞赛”（由每日新闻报社主办）创作的乐曲，尹伊桑只花了1小时就读了三遍。在读完一遍之后，他就指着音乐高潮前大提琴的1个小节说：“这个小节有问题。为什么你竟未注意到此处的大提琴会把之前蓄积起来的张力全部消解？”在严厉批评的数秒之间，尹伊桑同时也完成了对该小节的修改，并且维持着音乐的流畅。

1997年，姜硕熙接受法国管弦乐队的请求，创作了钢琴协奏曲，于1998年在巴黎首次登台献演。我后来听了现场的录音磁带，音乐演奏完毕之后，观众起立鼓掌的时间竟然超过了10分钟，在指挥的示意下最后演奏者们又回到舞台方才结束。之后，我去听了高桥晶在日本东京的公演，随后碰巧又观看了在韩国首尔的首演。现代的音乐会大约能容纳600多名听众，如此多的人用起立鼓掌的礼仪来表达自己对于作品的赞赏之情。姜硕熙曾说他从埃舍尔（Maurits Cornelis Escher）的视错觉绘画中学到了很多。我仍然清楚地记得与姜硕熙之间的那一次意味深长的对话，因为他说的唯一的那一句话使用了让我觉得不可思议的说法。“是否在什么地方存在着旋律呢。”面对已经对该作品听过三遍，依然表示未能完全理解的我，姜硕熙就是这么说的。按照我的理解，这句话的意思是他在乐曲中的某些地方，以能够让人感受到旋律的方式配备了音乐的素材。仅仅这一句话，就足以说明在1997年姜硕熙创作该曲之时，就知道了如果能够将旋律围绕辅助音展开，两回、三回地加以多次运用，那么旋律就可以被听众所感受得到。在21世纪的今日，我仍在努力试图将源于巴赫的生成音乐论进行理论的体系化，而姜硕熙竟然早就知道了这些理论。我由此而深感惊诧。所谓的音乐天才，应该就是那些可以把自己通过听觉器官所获得的感性转化为手法，再运用在其作品中的人了。

与语言交流相类似，音乐作品由作曲到听众的交流过程，也有赖于听众在大脑中的知识、记忆储备和经验积累才能够得以成立。与生成语法理论中所说的“由于大脑的发达，人才能够说出语言”同样的道理，在生成音乐论中我们可以说“由于大脑的发达，音乐才能成立”。第一个将大脑的听觉现象在作曲中加以利用的正是天才作曲家巴赫，其后的作曲家在参透了巴赫革命的本质之后，在自己的创作中继续谱写出与听觉现象相吻合的作品，成了后来的天才作曲家。我确信自巴赫之后，天才作曲家得以涌现的原因正在于此。

从贝多芬到舒伯特，从舒曼到勋伯格，每一位作曲家都通过巴赫音乐中的生成音乐论发现了成功的秘籍，将其运用到了自己的作曲创作中。这就是所谓“巴赫革命”的实质。天才作曲家们的作品之所以自然、流畅的根本原因就在于：在遵从于听觉现象的基础上创作优美的乐曲。这也是尹伊桑、姜硕熙两位师傅通过课程传授给我的东西。这两位天才作曲家已经达到了可以将自己的听觉体验升华为作曲技术的高度。身为作曲家的我为了证明自己，于2001年12月在日本东京首演了作品《层的音乐》。创作的目的是为了构建出一个音乐构筑体，一个能够维持听众被调动起来的音乐认知持续运动的构筑体。在作曲的同时，我通过身旁听众的听觉体验去确认其情绪的波动。对我而言《层的音乐》具有特殊的意义，在创作中我首次有意识地尝试了能够有效利用听众听觉现象的作曲法。但是，应该说我如今的关注点，西方的作曲家们在三百年前就关注过了，并通过大脑创作出了众多优美的音乐作品。

在首演之后，该作品有幸入选了两个国际作曲竞赛。又在日本、韩国、斯洛文尼亚、波兰等地被再演了10多回，每回都广受好评。自从开始作曲至今已经过去三十个年头了，虽然终于能够领会并达成了作曲的终极目标，但这一过程是否过于漫长了呢？“不掺入感情的、客观的作曲法”，这是当年姜硕熙先生对我提出的要求。本章的核心内容都是来自于对该作曲法的领悟，来自于对其重要性的认识，以及手法达成的结果。这就是我在本文的最后希望明确表述的意思。音乐扮演了人与人之间交流的纽带。演奏如此，作曲也是如此。

（大村哲弥）

4　传统文化与感性

为何当人们观赏只有石头与白砂的枯山水庭院之时，心灵会感觉到慰藉呢？

在汇聚着最先进科技的移动电话中，许多日本传统技术的经验知识与工匠的感性在其中复活了。本章试图探索在传统文化和现代技术中所栖身的感性的秘密。

4.1　从传统到革新——出云的铁的过去与未来

于1997年首映的宫崎骏执导的长篇动画电影《幽灵公主》，与2008年尚未公映即引发了纷繁社会争议的中日合拍的纪录片《靖国YASUKUNI》（李缨执导），这两部电影中均提及了“玉钢”。

“玉钢”是制造日本刀的原料，它是用砂铁熔化而成的钢。《幽灵公主》一片的时代设定为日本室町时代后期，片中生动的描绘了在深山中用木炭和砂铁生产铁的制铁集团——“达达拉城”的面貌。“玉钢”就是在这样的工场中制作出来的。而纪录片《靖国YASUKUNI》从多方面的视角切入，讨论了围绕靖国神社的各种各样的问题，其中就有现役负责打造“靖国刀”的刀匠登场。在电影的开头，刀匠在制刀之前取出的钢块就是“玉钢”。

◉ 造访出云的“达达拉城”

日本的铁是在绳文时代晚期传入的。铁器从朝鲜半岛传入日本之后，因修理镰刀等农具的需求促使锻冶技术逐步发达，以此为开端制铁技术也被带动起来了。最初的铁是用铁矿石与焦炭生产出来的。但是由于日本岛上的铁矿石不太丰富，作为稀缺资源的铁矿石须由大陆跨海进口，因而大都被豪族们控制在手中。

3世纪左右，作为铁矿石和焦炭的替代物，人们开始尝试着使用砂铁、炭和釜土制铁。一直到6世纪这一技术基本成熟了。日本盛产砂铁和木炭的地方位于出云。发源于大陆的技术，经历了大概300年的时间，演变成为符合日本风土特色的制铁法。这一过程中体现出技术的传承是支持人类造物活动的要素。

现在可以亲身体验古代“达达拉”制铁的地方是位于日本岛根县的山中的“日刀保达达拉”。

笔者在春寒料峭的二月出发造访了“日刀保达达拉”。在出云横田站下火车后，还需换乘出租车，一路上看到出云（岛根县）的山中还散布着残雪。现在“日刀保达达拉”制造出的“玉钢”，被分送到日本全国大概250名的刀匠手中，生产出作为艺术鉴赏品或神社贡品的日本刀。日本刀只能用这种“玉钢”才能打造成功。即便运用当代的制铁技术，要生产出同样的“玉钢”也绝非易事。

在皑皑雪景的阴冷中，笔者被向导引入了现实中的“达达拉城”。在工场的中央设立着用釜土制作的炉子，制铁现场的总负责人及其徒弟们，一边关注着炉下的火焰，一边默默地添加着炭和砂铁。

没有任何多余的动作和语言，这种全凭技术与判断的工作，需要匠人们把五感全部调动起来，而且一干就是连续的3昼夜。仿佛从地底涌出的风箱的重低音覆盖了整个工场，橘黄色的火焰偶尔会从炉中向着天空蹿升。在炉子内部砂铁与釜土正在发生着化学反应，铁被制造了出来。

图4.1　复活的“达达拉制铁”[1)]

◉ 达达拉的复活

“日刀保达达拉”位于日本岛根县出云町，它于1977年复建，其宗旨是保存与继承传统的制铁技术，现在其生产的“玉钢”作为原材料被分配给日本国内的刀匠。该场址曾经就是“靖国达达拉”（制造用于打造靖国刀的“玉钢”）的原址。“靖国达达拉”随着近代制铁业的繁盛，于昭和20年以后衰亡了。日本美术刀剑保存协会（简称：日刀保）出面修复了鸟上木炭铣铁工场（原日立金属株式会社下属的安来工场下的鸟上分工场）内残存的旧“靖国达达拉”的高大建筑物和炉床（地下构造物），新建了附属设施，更名为现在的“日刀保达达拉”，重新开张复活了。当时也请回了“靖国达达拉”的原现场负责人安部由藏和久村劝治进行了指导。如今继任现场总负责人的是木原明（日本的选定保存技术保持者），他是当时的现场总指挥。

复活可并非易事。在已经收归为国有土地的地方挖掘砂铁是不可行的，确保砂铁原料的供应就是问题。调集合适的材料，组建风箱，辛劳与苦难接踵而至。其间遭受了一次又一次的失败。刚开始的时候甚至连块像样的铁都生产不出来。功夫不负有心人，通过不断地改变材料，改进方法，改良设备，终于使“达达拉”得以复活。

在1899年，日本岛根县和鸟取县的5位“达达拉”制铁的经营者曾经集资设立了云伯铁钢合资会社，该社以砂铁为原材料，生产出虽然量少但品质高的“达达拉”制品。它就是现在的日立金属安来工场的前身，位于岛根县的安来市。现在融合了“达达拉”制铁智慧的特种钢材（安来钢），正作为原料用于制造众多世界一流的产品。

◉ 从传统到革新

以剃须刀的一次性刀刃为例。剃须刀刃越薄就越锋利，但同时也变得越脆。最初生产出来的剃须刀刃，因一折就断的原因引发了顾客的索赔。通过借鉴“达达拉”低温制铁的方法生产出的剃须刀刃，既薄又韧，且不易折断。这种剃须刀刃很快就占据了世界市场份额的50%（图4.2）。

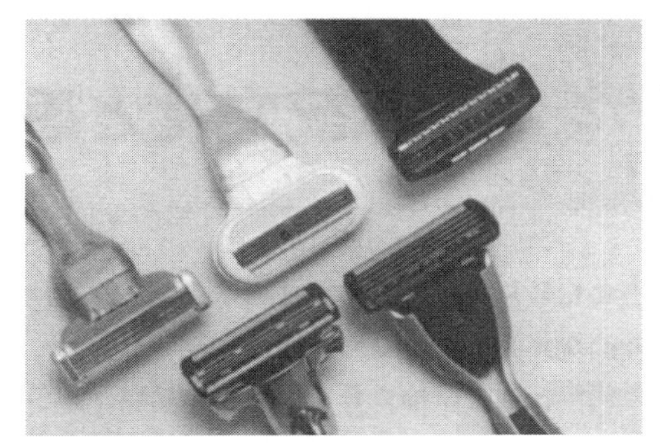

图4.2　安全剃须刀的一次性刀刃

在近代制铁方法中，首先使用熔矿炉把铁矿石原料制作成含杂质较多的生铁（含碳量高的生铁是不能直接利用的），再将生铁移入转炉精炼成为钢铁。至少要经过上述两道工序才能制造出钢铁。

“达达拉”制铁的特征是只用一道工序就能够生产出纯度极高的钢铁。“玉钢”的含碳量是1%~1.5%。这是作为刀刃最合适的化学组成，同时所含的杂质也极少。在缺乏现代科学知识的过去，是通过经验的不断积累才结晶出如此高度的智慧。

如今，从剃须刀、医疗器具，到帮助卫星脱离的断线钳等，铁的使用范围在不断地增加。迄今为止，“硬并且结实”虽然还是铁所必备的第一条件，“硬且柔韧，同时还要锋利，而且不生锈”等等，这种追求高附加价值的应用领域逐渐变得多了起来。要应对上述的要求仅只依靠近代制铁方法是不可能满足要求的。安来工场的产品在世界范围内被广泛认可的原因，正是它具有技术研发能力生产高附加价值的特种钢材，用以满足客户多样的需求。

2007年迎来了日本的婴儿潮一代的集体退休。这批生产一线的技术骨干一起离职，对于企业来说是关系到生死存亡的大问题。技术、技能的传承一直是困扰着制造业的问题。通过经验积累而获得的技术与智慧，靠编制技术手册是没有办法得以传承的。安来工场即是通过开展“制造学校”的活动，努力地把现场的技术一代代地传承下去。在“达达拉”这个事例中，我们可以发现日本造物活动的原点，它既包含了日本独有的风土，又有着自古至今传承下来的工匠的技艺与感性。

4.2　石庭之美的秘密——超越国境的美

日本京都的龙安寺石庭，是代表日本文化的庭园之一。不仅仅是日本人，全世界的来访者都因该庭院简洁朴素之美而感动。

龙安寺是由在室町幕府任官的细川胜元在宝德二年（1450年）创建的禅寺。枯山水庭院形式的方丈庭院在全世界范围内闻名遐迩。庭院内没有一草一木，铺着白砂的地面上设置了15块天然的石头。依据石头摆放的位置关系，又有“母虎携子渡河”之庭，“七、五、三”之庭等众多的说法。

南非共和国赴日留学的童达（TONDA的音译）博士试图从科学的视角来探究该石庭美的秘密。

⊙ 龙安寺石庭之美

童达博士（其先祖是丹麦到南非的移民）现在京都工艺纤维大学从事视觉认知科学领域的研究工作。他自幼对自然庭院、鸟巢等怀有兴趣，到了高中时代当他第一次看到日本“桂离宫”的照片时，一种莫名的强烈吸引力油然而生。

童达博士于10年前因获得日本京都大学的奖学金而赴日留学。此后他参观了日本各地诸多的庭院，而著名的龙安寺石庭，是在其赴日4年后陪着其访日的父母一起参观的（图4.3）。

童达博士在解读龙安寺石庭的时候，其着眼点并非石头的配置，而是关注石头与石头之间什么都没有的空间，即日语所谓的“间”（MA）。

⊙ 鲁宾的花瓶

在心理学教科书中一定会出现一幅名为“鲁宾的花瓶（Rubin's vase）”的插图（图4.4）。盯着插图中白色的部分看就会发现一只花瓶，而盯着图中黑色的部分看则会发现水平向的两张相对的侧脸。根据看图方法的不同，图与底的关系发生了反转，同一幅图可以看出完全没有关系的不同的事物，的确有些不可思议。

童达博士的研究正是基于类似的图底转换。他在研究龙安寺石庭时，不是去关注石头（常被看做是图）的配置，而是去探究石头之间空无一物的空间（常被当作是底）。

图4.3　眺望石庭的童达博士

图4.4　鲁宾的花瓶

⊙ 石庭的认知科学

针对上述的视觉的线索与刺激的问题，童达博士运用自己的数学模型解读了龙安寺石庭。

首先求出石庭中所有15块石头之间的每一条中心轴，其如图4.5所示。可以发现这些中心轴全都汇聚向同一个场所。而那个场所，正是自古以来作为石庭鉴赏场所中最恰当的位置——方丈室（下图中央的四角形部分，中央的圆标示了佛像的位置）。

通常情况下方丈室是不允许一般人进入的，人们只能坐在外侧的檐廊下鉴赏庭院。童达博士的研究揭示出：在龙安寺石庭的古典鉴赏地点（方丈室），观察者的位置与欣赏对象的中心重合在了一起。

如果进一步仔细观察中心轴的图形结构，可以发现在部分与整体之间遵循着类似树木分叉一样的，“一分二”的图形结构。该图形结构与树木分叉、河流分支一样，可以看做是一种“分形几何”的结构，即局部的形态与整体的形态呈现出

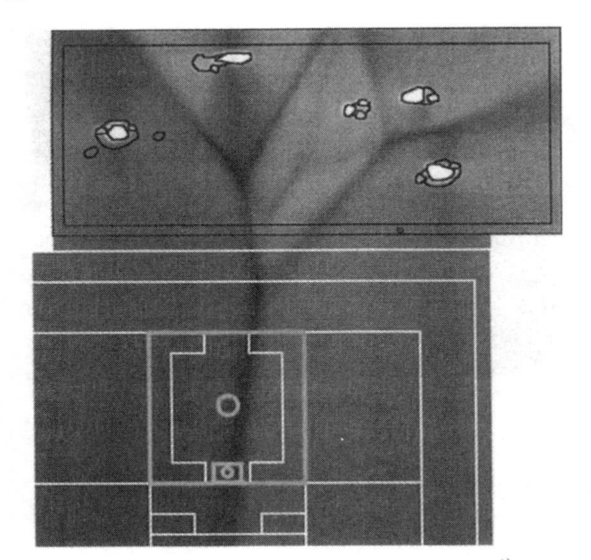

图4.5 石庭的中心轴向着方丈的房间汇聚[2)]

近似的关系。龙安寺石庭的设计者在配置15块石头的时候，是否是有意地融入了自然界的设计模式呢。

龙安寺的石庭是日本美的典型代表。作为一个“西方人”的童达博士，用科学的方法，揭示出石庭之美奥秘的一角，该发现在日本国内外引起了各种各样的反响。世界权威的自然科学杂志《Nature》即做了相关的报道。

童达博士的先祖的确是丹麦裔的移民，但最近又获知在其先祖中还有一位于17世纪前后远赴南非收购香料的男性日本人。童达这位从遥远的南非来日的年轻学者，揭示出了经历了数百年之久的龙安寺石庭之美的奥秘。难道是其体内能够感受到美的日本人的DNA，引导着他与石庭邂逅吗?

4.3 移动电话“解体新书”

在日本国内移动电话的总数已超过了一亿部，普及程度相当高。在凝聚着最先进科技的移动电话中，竟然也栖息着日本传统工匠的技术。你能够想象得出都是些什么技术呢?

曾在金屏风和“西阵织”中使用的“金银箔”技术，或是“清水烧”和“友禅染”的技术，它们都是在日本元禄时代的京都涌现出来的，正值市井文化的成熟期。进一步追溯的话，还可以提到在奈良时代就诞生了的传统的“和纸”抄纸技术。上述这些技术都与现在的移动电话紧密相关（图4.6）。

◉ 极薄的箔的提取技术

日本元禄十三年（公元1700年），在京都创建了福田金银箔粉工业。它的前身是手工生产金屏风与“西阵织”用的金银丝，佛坛、佛具用的金银箔的老字号店铺。现在，该公司的主力产品是电子器械的印刷电路板基板等使用的“电解铜箔”。尤其是在翻盖式移动电话折叠部位使用的可弯折印刷电路中，必须要使用极其纤薄的铜箔。该公司最得意之处正是生产这种几乎无限薄的铜箔[3)]。

尽管诸如铜配线的胶合方法，最优添加剂等诀窍都是该公司的长项，与竞争对手相比较，该公司的过人之处更在于在其久远的提取金属箔的传统中所培育出的——匠人们对于“薄”的异常敏感的感性，甚至是直觉。比如说，通过摸就能判断箔的品质好坏，通过晃动所听到的声音就能知道箔的精加工状况如何等，匠人的“经验知识”已经成为企业宝贵的财富。

◉“清水烧”与移动电话

在每一台移动电话中，平均使用到了200~300个超小型的陶瓷电容器。

在这一领域长期维持世界市场最高份额的是位于日本京都的村田制作所。该公司的起点正是“清水烧”。于日本大正时期（1912—1926年）成立的村田制陶所是其前身。此后，因接到生产特殊瓷器的订单而转变成电器绝缘子产品制造商。

在第二次世界大战之后的日本复兴期，收音机呈现出爆发式的普及，该公司受清水烧彩画技术的启示，研发出收音机用的陶瓷电容器。研发的过程十分艰难，仅只是陶瓷粉末就存在着数十万种的混合方法，生产也必须在严苛的温度管理下进行。为了获取成功的秘诀，研发工作经历了一次又一次的摸索与改进，其中既包含大学和陶瓷试验场的技术指导，也有对于清水烧传统工艺中的知识、见解的继承。

现在该公司生产的陶瓷电容器已实现了体积小型化，仅为其最初产品尺寸的1/2000。这对于移动电话的集成化做出了很大的贡献。

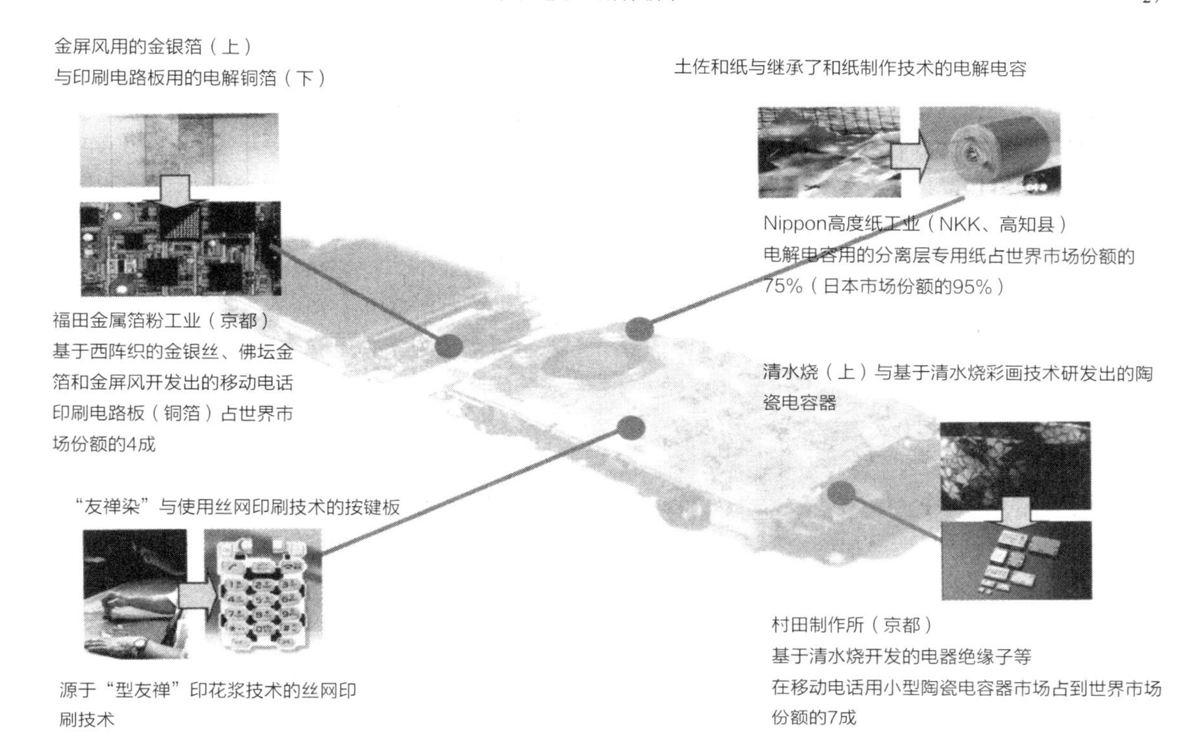

图4.6 移动电话中存在的传统技术

⊙“友禅染”与移动电话

传统的印染技术通过色浆把纹样印刷到底布上，现仍是转印设计图案到织物上的方法之一。日本京都的“友禅染”是其中的代表性案例。该染色方法是在日本的元禄时代由宫崎友禅斋发明的。到了日本的明治时期，因演变出了将图案通过镂空剪切的“型纸”进行染色的“型友禅”方法，“友禅染”得以在普通民众中迅速普及。诞生于欧美的丝网印刷技术的原型正是“型友禅”。除了美丽的图案，“型友禅”的生产技术本身也是世界级的、具有引领意义的优秀发明。

在移动电话的按键板（输入部分的周边产品）上，正因为使用了源于传统印染技术的多色丝网印刷技术，才实现了前所未有的、色彩鲜艳的文字和字符。

⊙“和纸”与移动电话

传统的“和纸”技术也在移动电话中被继承下来。从8世纪到9世纪，人们通过使用黏性材料与振动漉水方法，使得纸浆中的长纤维均匀地分布，终于漉出了薄薄的纸张。随着这种被称为“流漉”技术的不断完善，纤薄、均质、美丽、结实的“和纸”诞生了。

传统“和纸”的抄纸技术为现在生产高品质专用纸提供了参照，用以解决因合成纤维、芳纶纤维等黏性低、网络结构差而导致的抄纸困难问题。当前专用纸生产基地的分布与传统“和纸”产地是基本重合的。

日本高知县传统的土佐和纸是和纸中有名的种类。高知县春野市的专用纸制造商“Nippon高度纸工业公司”，现在开始生产用于电解电容分离层的专用纸，把土佐和纸的应用领域拓展到了IT市场。电解电容是基本上所有的电器产品都不可或缺的电子配件，移动电话、电压适配器等都必须用到它。此外，移动电话内部的锂离子二次电池和电容器里面的分离层也是使用了该制造商的专用纸。

传统的抄纸工艺也被有效地应用到了芳纶纤维层的生产上。芳纶纸常被用于生产日式照明器具，给人以温和、亲切的感受。同时，因其轻质、绝缘好的特性，也被作为印刷电路板的基板材料日益广泛地应用在移动电话等设备中。芳纶纸在最初形成纸张形态的时候，纤维的分散不好，难以形成均匀分布。这时借用和纸的传统抄纸工艺中一种液体，可使纤维均匀分散。

◉ 移动电话挂件与“根付”

不仅是在上述的高科技产品中，日常的移动电话挂件也是日本传统文化继承发展的事例之一。移动电话挂件的设计千变万化，充斥着我们的生活。

据说移动电话挂件起源于江户时代的“根付”。“根付”是当时武士和商人们把印笼（江户时代用于放印章的精致的盒子）、烟袋等系在和服腰间的小饰件。人们选择能够表现自己个性的饰件，来装饰类似于移动电话或者印笼这样的个人物品，大致都源于人们对于时尚感和乐趣感的追求。

◆ ◆ ◆

表面上看，日本的传统文化与先进的科学技术，仿佛呈现出与人们的常识相反的向量关系。但如果从“感性”的角度来剖析的话，无论是从过去到现在，还是更远的未来，生生不息的人类的睿智便浮现出来了。

（和田雄志）

［本章节是基于2004年度日本文部科学省的委托研究《日本文化に内在する科学的な知の再発見と科学技術文化に関する実証的研究》）的成果，并经过改写的。］

参考文献

1） 未来工学研究所：日本文化と科学が出会う—伝統から創造へ（2005）
2） トンダー他：龍安寺の石庭を科学する，電子・情報通信学会誌（2003.10）
3） 福田金属箔粉工業：福田金属箔粉工業 300 年史

5　原始的未来建筑设计

下面以实例来解释说明这3年间设计的三栋建筑。不同的建筑不仅用途不同，布局各异，使用者的愿望也是多种多样的。但是最终总会有如下的疑问：用于满足人类居住而建设的场所到底应该是什么样子的呢？该问题可以一直追溯至远古时期，而且总会引发对于什么是建筑，或者什么是场所的重新探讨。

5.1　T house

分离状态/连接状态/以及两者间无数的过渡状态/居住为目的的“场所”/或者具有可能性的地形。

在信息与环境的时代，我们需要思考建筑能够提供什么样的新价值。这听起来是老生常谈了，但它是我们无法回避的问题。信息是个有关于“关系”的概念，是事物与事物之间相互关联的东西。而环境又是什么呢？它可以被理解为相互依存的事物。任何事物都无法单独存在，全都是从与其他事物的关系中开始产生意义的。所以，在信息时代和环境时代的建筑可以被称作是关系性的建筑。那么，进而关系性的建筑又是什么呢？

◎ 抑扬顿挫的单一空间——距离感的建筑

已竣工的该住宅位于群马县的前桥市。它既是一个四口之家居住的场所。也是主人展示其所收藏的现代艺术品的场所。

基本上来说，这个房子是个单一空间，但又非普通的单一空间。它是一个抑扬顿挫的、呈现出放射状布局特征的单一空间。通过放射状空间远端的不同深度，以及它们和其连接处的不同空间关系，塑造出了以居住为目的的场所所追求的宁静、私密，步移景异等多样化的品质。

该建筑是一个有“距离感的建筑”。这里用“感”这个字，与其说是物理上的距离感，倒不如说是因空间的倾斜和抑扬顿挫所产生的一种人能体验到的相对的距离。由此，这种“分离的同时又连接”，“邻接的同时又被隔开”的形式，实现了在纯物理性方面不可思议的、丰富的距离感。借由该建筑，我们也得以感知“一直分开的东西突然连接起来”，“距离感的变化”这样的距离感。

图5.1

图5.2

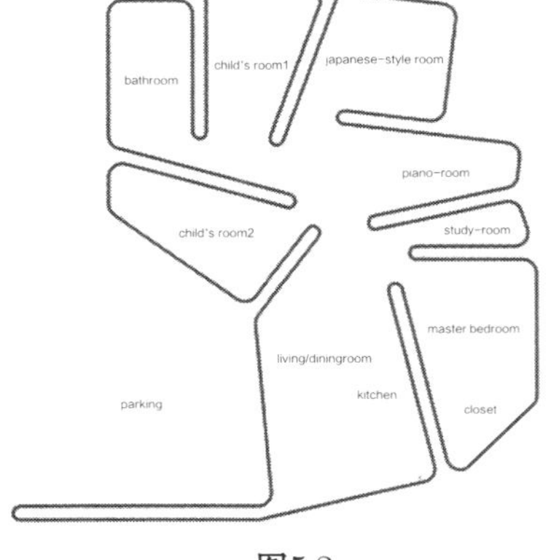

图5.3

如要溯源思考的话，建筑也可以说是用以创造各种各样距离的事物。单独的房间是被距离分开的状态。广阔的空间是被距离分开的同时又连接在一起的状态。人在家中活动时的连续画面也可以看做是身体周围的距离感的变化。如果像这般多样化的距离感能纯粹通过单一空间形状的抑扬顿挫而创造出来的话，这不正是一种新的、简单的、原创性的建筑设计提案吗？

⊙ 关系性的无数的层次

该住宅设计是“安中环境艺术论坛”（2003年）项目设计提案的原型。信息时代的关系性，绝对不仅仅是像互联网式的没有距离的关系。相反，它是有距离的关系，其丰富性也同样应该被发现。

该住宅有趣的地方是在某个领域里其单体不成立的这一点上。某些房间经常是从与其他场所的关系中产生意义的。距离最初应该是有两个以上的空间才得以存在的。而且，在分离和连接之间又有无数的过渡被实现。虽有少许的分离，也能看见，但其意识却是独立的。诸如此类的关系性的无数层次被创造了出来。在上述丰富的关系层次中，居住者通过选择各式各样的距离来获得自己的居住场所。

⊙ 混沌的秩序——关系性的美学

像前述的表现关系性的地方，家具、衣服、杂志等以居住为目的的杂物对于空间来讲与其说是碍事碍眼的，倒不如说是增加丰富程度的要素。从单纯的空间美学角度来讲这些或显多余的要素，但是场所的性格如果要依赖自身与其他场所的关系来确定的话，每个场所只需具有个性就可以了。书房里放满了书，卧室被收拾得干净整齐，这些特征和各个领域空间的个性相互作用，与其他场所产生了差异，同时又强调了相关联的新鲜度。在此，也可以说实现了真正意义上的混沌中的秩序。这里追求的不是空间本身的美学，而是关系性的美学。

⊙ 关于素材

在该项目中使用的12mm厚的构造用合板是一种非常普通的材料。但通过设计这种普通的材料却焕发出新的光辉。在放射状的平面中，它与45mm的角柱组合为特殊的构造系统，在合板的一面使用白色，而其另一面与角柱的表面均使用了木制饰面。某一个房间是白色的，其隔壁的场所必定要用这种木制质地的表现。全部放射状的领域都是像这样的白色与木制质地在反复交替出现。交接的部位通过分隔墙的12mm的厚度，以及上述的这种白色与木制的质感的差别，让人感到好像连接着被放在另一个维度的空间一样。空间的进深本来就不同，素材的表里关系进一步把两者进深的远近差异鲜明地映衬出来。

素材本身也成了关系性表现。当只是构造合板时并谈不上算是什么素材，但是通过反面的白涂料处理这样的组合，就成了新型的素材。也就是说在创新的平面布局中，新的素材的关系性被发掘出来，再通过新的构造系统组织，最终营造出全新的空间体验。

⊙ 踏出一步的变化——关系性的庭院

由于该单一空间因连续性而产生了无数的中间层次；以及用12mm厚度分隔的独特的邻接性的原因，在这个住宅里“一步”具有非常大的意义。请参照室内照片，可以想象从中迈出一步的感觉。走到一定的位置时，隐藏在墙背后的其他的空间，以不一样的进深进入到我们的视野中。刚刚看到的画藏了起来，10米远处又突现出另一个艺术品。对面开敞的空间徐徐地展开于我们的视野中。在作为日常生活的家中的一步一步地移动过程，却可能感受到不同的景观变化，有时是连续性的，有时是戏剧性的。在这种景观的变化之中，主人收藏的现代艺术品显得更加光彩照人。

打个比方来说，该住宅或许可以被比拟为像日本茶室的路地庭一样的场所。在断断续续的踏脚石上每前进一步，周围的风景就立刻变换起来。变换有时是连续的，有时又是突然的。虽然只在踏脚石上移动了一步，但各种各样的物体之间的关系性却每一回都在不断更新开来。在庭院中漫步、停下的感觉，与该住宅的空间体验是相类似的。而且就如同路地庭好像存在着无限的视点一样，该住宅也被无限的风景和无限的视点所包围着。

⊙ 新的简约度——具有可能性的地形

该建筑可以被称之为简约吗？其组织结构是简

约的，具有不同进深的场所，放射状的连接成一个单一空间。然而建成后的效果是单纯的几何学形态无法想象的，获得了无法用言语描述的复杂度。该住宅的简约度，更适合被比作生命体的单纯度和复杂度，或者是历经河水长时间冲刷的，大溪谷的单纯度和复杂度。

即便是基于简约的原理，精密的平面布局设计也是可能的。我们在决定调整墙的朝向和连接方法的推敲中进行了大量的研究。如此经过缜密的平面布局设计而最终创造出来的空间，竟然获得了像自然的地形一般的复杂度，这一结果与其说是偶然的产物，不如说是非刻意的。看上去像是突然存在的一样。我们刻意地创造出了没有刻意打造痕迹的空间。

本设计与其说是在创造建筑，不如说是在创造场所，或者说创造具有可能性的地形。在这里我们创造的是居住者能够选择不同距离感的地形。我们觉得建筑也可以以如此的方式存在。

5.2 情绪障碍儿童的短期治疗设施

最精密的事物最暧昧/最有秩序的事物最杂乱。

◉ 不能整理的东西

情绪障碍儿童的短期治疗设施是一个集中了因各种心理原因而不健康的孩子，同时慢慢地让他们重新回归自己的生活设施。上述描述可能会使人认为这是一个非常特殊的建筑。但究其根源，其实它是一个丰富的生活空间，是一个定员为50个孩子和服务人员共同生活的空间。

这个设施所需求的功能非常复杂。然而生活是复杂的、不确定的，是非常难以整理清晰的。所以，我们否定了把这种复杂的、不确定的东西仅仅整理为粗略的“功能”。与此相反，在这个项目中“不可能被整理的东西”就被视为不可能被整理的东西去考虑。在这里我们尝试着给暧昧的、复杂的、理不清的、不可能被整理的小社会，赋予一个形式。（图5.4~图5.6）

◉ 所谓随机的方法——精密的布局设计/偶然的地形

如果可以像把什么东西随处撒一样的来创作建筑的话，我想是否可以创造像梦境一般的建筑了呢？让所谓的功能主义的平面布局设计的概念不再起作用，这是我最初的想法。但在设计的推进过程中我吃惊地发现，在这样的设计方法中，精密的平面布局设计是可以实现的。我们发现一边按照复杂的建筑功能策划微妙地移动盒子，一边也可以无规律地灵活地推进平面布局设计。但是这一方法最大特征是在最初开始的地方。

虽然是经过特别严密的人为的设计而创造出来的空间，但是展现在眼前的却是无论怎么看都好像是没有被刻意设计过一样，非常自然地形成的场所。这是一个暧昧的、无法预测的、充满了意外的

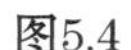

图5.4

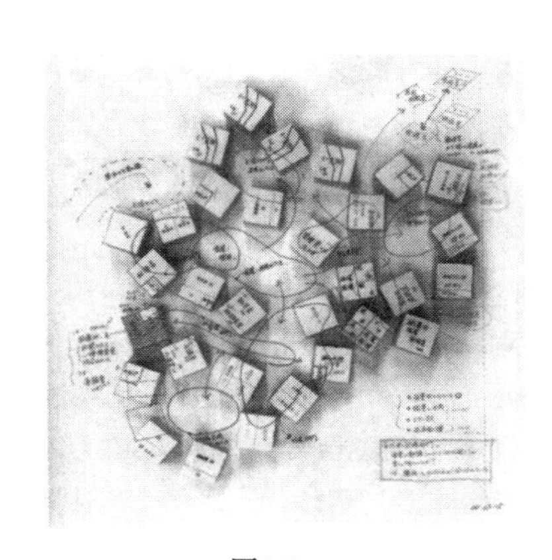

图5.5

图5.6

场所。作为最刻意严密的设计行为的结果，在不经意间却产生出了一些不一样的东西。这个场所也可以说是一个“不是巢而是洞穴一样的场所”。相对于巢是为了人的居住有意识地被布置的地方而言，洞穴是原本就存在的，在那里人是去发现它的居住性和功能性的。人为地去创造洞穴性的场所，让人预感到这是超出了功能性的丰富的建筑。这也让我们感到通过人为的方式创造出无为或许是可能的。

◉ 选择性与偶然性——自由度与不自由度

在被随机摆放的盒子之间，必然产生了不规则的凹室。这也是和客厅连接的同时“被隐藏的”一个小尺度的场所。这虽然是不可避免的、奇妙的、随性产生的空间，但却自由地诠释了这个自然地形的居住方式，孩子们可以像原始人一样和这个场所嬉戏。隐藏在物体的阴影里，露出脸，在里面休息，到处跑。分开和连接是相对立的，他们之间的选择性和偶然性，自由度和不自由度是同时存在的。于是，这种非刻意而形成的不确定性、意外性，不加任何强制，容许多种解释的放松的设计态度，实现了这种以居住为目的的场所的丰富性。

所有的盒子大小都是一样的，并不根据盒子的功能不同而改变它的尺寸。这也是不作任何刻意追求的场所的又一层显著的特点，也实现了居住后的心情舒畅。在这个建筑中，既可以说是没有中心的、相反的也可以说有无数个中心。根据光射入的方向和在这里居住的人的意识，这个中心经常是交替变化的“相对中心”。对工作人员来说工作室就是中心，对于孩子们来说，客厅呀，单间，或者凹室才是中心。在空间的不断变化中，不同时刻的中心也呈现出来了。

综上所述，这个平面布局设计是为了创造出偶然的精密的方法。最精密的东西也是最不确定的。最有秩序的也是最杂乱的。人类创造的东西反而超出了人类的控制，即可能给所谓的“无”赋予形态。这也是无法解释的、不必修辞的、非算法的、无规则的，仅仅是提案了一种事物的新的存在状态而已。

◉ 关系性的庭院

6月上旬我访问了京都。在久违了的慈照寺银阁之庭中，穿越了水池，步入庭院深处，眼前的景象卓然令我感到吃惊。在这里没有任何可见的构造物，但是每向前迈进一步，通过那些创造了庭院的无限的要素，所产生出的无限的关系性，竟然从“无”之中逐次地涌现到眼前。向前迈进一步，事物间的关系性就被重编，无法预想的状况突现在眼前。这个庭院可以说是具有究极的多样性的、关系性的庭院。

由此，前述的情绪障碍儿童短期治疗设施也可以比作是一个关系性庭院。在那个空间里，确实没有任何结构。但是一旦往前迈进一步，一旦开始了生活，这里就出现了“场所”。这里的场所不是被固定下来的东西，是随着光线的改变，人数的增加而时刻改变的场所。如果在头脑中把确切的实体构造定义为设计，把庭院定义为“无”设计的话，该项目就变成了“无”设计的建筑。而最终超越了这种“无”设计，涌现出来无数的所谓的关系性。

◉ 人为与无为之间

这个建筑好像是微生物的集合体形态；像是杂乱地散了一桌的东西；又像是很多的人站在一起的样子；像是山风将树叶堆积在一起的样子；又好像是从来没人见过的森林中的林木的姿态。可以发现这些都是不曾被人注意到的，事务所本来应有的状态。上述形态或许都不曾被整理过，但它们的确也都具有明确的形态和形式。这种杂乱的状态，不正也和与其相反的密斯的网格一样，是一种自然而然的事务所应有的状态吗。如果把密斯的方向看作是人为的完美标准的话，本项目的设计是对人为和无为之间的所存在的无限的丰富程度的探索。

5.3 House O

追寻家、城市和自然被分开以前的东西。

原始的未来的建筑。

这是一个从东京驱车2小时，面朝太平洋，建造在大海岩石之上的，供夫妇2人居住的别墅。这是他们将来要定居的地方。主人的愿望是一个能够感受到大海的家。这是一个简单而又含义深刻的要求。我们构思着要创造出“各种各样的海”（图5.7~图5.9）。

图5.7

图5.8

图5.9

◎ 各种各样的海

单一的大海就是一个全景画。对此，我们逆向地收缩视野，从洞穴的深处瞭望远处的大海，这样的视点不也有其独特的趣味吗？有了这样的设计出发点，于是就发展出了通过横和纵两个方向连接起大海的，变形的“L”形平面。如此一来，就可以一个接一个地看到各种各样的大海。辽阔的大海，被围住的大海，映在玻璃上的大海，各种朝向和各种颜色的大海。以比喻的角度来说，这个家是一个沿着海的，像散步小径一般的场所。走在弯曲回转的道路上，有时视野开阔，有时背对大海，有时又是从缝隙中看到大海。在这个散步的小径上到处都是让人感到平静、舒适的场所。因而在这个家中，存在着原来就在基地上的各种各样的场所，好像可以自由自在地在其中徜徉。这正体现出了建筑在不受任何限制的前提下，是如何扩展生活的可能性的。建筑，好像总是要制造出某些不自由的东西；反之，当这些不自由被摒弃掉的时候，将可能会更加自由地塑造出自在、本源的场所。

◎ 没有关系的关系性

这个住宅是由单一空间构成的。但从另一个方面来看，却是一个没有任何关系的多个场所，甚至是一个只是偶尔会碰面和一起居住的场所。人的生活本身的丰富性，正是来源于暧昧和首尾的不一致。所谓功能之类的词语所无法区别和整理的，也正是生活中所存在的不确定性。眼前辽阔无垠的大海，海风带来的大海的味道，都好像和人类毫无关系似的任意舞动着。在这个处于上述场所里的，具有真正丰富性的住宅里面，毫无关系的事物就这样毫无关系地并存着，以一种无关系的关系性连接在一起。这个场所是允许所有存在于此的事物存在的场所。

分支形平面布局具有明确的形式感，而其不明确的一面对我反而更具吸引力。平面共有3个分支，设计须保证它们之间保持一种没有关系的关系性。从客厅看过去角度稍有偏转的餐厅空间，由于关系的切断而带来的意外性和其微妙的分离状态，产生出虽然是毗邻的，却又属于另一个场所的丰富的空间感。通过这种分支形平面的设计，在一个连续的空间里可以创造出各式各样的子空间。在一个空间内既可以有连续的、徐徐展开的场所特质的渐变；也可以存在保持空间连续的同时，突然产生变化的所谓无关系的关系性。由于这两种呈现出对比效果的变化同时存在，在该住宅中产生出了丰富的空间的起伏。而正是基于空间的起伏，营造出的场所被赋予了“家”的感觉。在这样的家中就无法为每个房间写上名字了。居住在这样的空间起伏之中，人可以时不时地发现属于自己的场所，有选择地去生活。这给人一种在广阔的海边岩石中找寻自己居所的感觉。或许也可以做出如下的解释：在分支状的路上行走的趣味性，实际上来源于居住者通过选取目的地这类自主选择行为，在路途中发现自己的居住场所和通路。无论是狭窄的小路，还是宽广的大道，在各式各样的空间连接状态与分离状态的变化之中，居住者自主地去发现自己的居住场所。

本人认为建筑正如前文所提出的“分离的同时又是连接着的”那样，可以看做是拥有着各种各样的距离感的场。这种距离感不仅与物理性的距离有关，也和各种各样的关系性相关。基于这一理解，“没有关系的事物们就索性无关系地共同存在和毗邻着”的这种新的关系性，可以作为一种新的距离感添加给建筑。这预示出一种所谓的“无关系”的新的秩序。

◉ 原始的未来的住宅

我认为家并不一定就称为家。家是为了让人居住的场所。而为人居住的场所并不限于只有家。家不过是让人居住的非常特殊的一种形式。基于上述思考，我的想法是不局限于家的狭隘定义之下，而是用更开阔的思维去想象为了满足人居住的场所会是什么样子。过去，家和街道是没有被区分开的，而且家和自然也没有被区分开。家，如果仅仅被理解为所谓的遮蔽所，就把它作为“生活之场”的意义更加广阔的丰富性给舍弃掉了。

当然像我们这样的建筑师，最后或许不得不设计出具有形式表现的遮蔽所。但是，这样的遮蔽所在成为家的同时，也可能成为城市和自然的一部分。我想去追寻在家与城市和自然分开之前是什么样子。这个好像和岩石堆连接在一起的住宅，这个有着弯曲迂回流线的家，从场所的本质来看它就是一个岩石堆或一条道路，而非隐喻。在此，让我们再度思考什么是满足人居住的场所。它应该是个非常原始的场所。而我希望将这个原始的场所作为未来住宅创作的原型。

（藤本壮介）

参考文献

T house：「新建築」2005 年 5 月号より抜粋
情緒障害児短期治療施設：「新建築」2006 年 9 月号より抜粋
House O：「新建築」2007 年 11 月号より抜粋

6 迎合感性的光的设计

◎ 序言/可感知的光环境

20世纪人们每天对光的需求不仅限于深夜，甚至延续到天明。现在，人类开始有意识地反省这种对光的无限度的增量使用。

自从实施了城市景观法以来，近些年人们开始真诚地探讨起城市照明设计的作用。比起从前，现代城市的景观问题不仅是白天的12个小时，也涉及了夜晚的12个小时的价值。不得不承认日本开始关注该问题的时间比起欧美国家来迟了很多。在探讨现代城市的舒适性和文化价值时，夜晚的城市景观与光的应有形式是必然的课题。在夜晚日本的城市应该呈现出什么样的夜景呢？日本的城市和世界的城市相对比是被舒适的光包围着吗？是否提供出了具有个性的夜景了呢？伴随着经济发展的同时，光的使用量持续增长，日本的城市夜景是否是健全的？夜晚的道路是太暗了，还是太亮了？如今，关于城市和光之间的讨论错综复杂地呈现在了我们面前。

我曾说过，从4世纪下半叶前开始，在研究城市、建筑的照明设计领域中，"照明设计从创造景色的设计开始向创造心情的设计转移"。也可以非常明确地说，以满足五官感受为目的的现代照明设计要素中，主要的设计手段都服务于满足视觉感受的目的，因视觉获取了超过80%的信息量。在某个场所、环境，或者建筑空间中，我们通过对光的设计来迎合人们的感性。可感受的光能够在城市空间和生活空间中到处散播，将是一幅多么美妙的场景啊。为了营造这样的实际感受，我们必须学习人类的知觉是如何作用的。人类对什么样的光会产生什么样的感觉，是研究的出发点。

本章从可感受的光环境，以感性迎合为目的的照明设计，特别是夜景创造的视点展开探讨。

6.1 从创造视觉作业的光到感觉之光——照明设计的作用

照明设计的作用追随着时代的发展而不断地进化。从依赖灯火照明的时代发展到将电能转换成光的时代虽然已有超过一百年的历史，但是使用照明设计这个词汇还仅仅只有半个世纪。在这半个世纪里，人们寄托在照明设计上的期待在加速地转换着，照明的作用也在逐渐慢慢地洗练精简中，不断地提高着其文化品位。下文通过4种假定来说明照明设计的作用变迁。

◎ 确保舒适的视觉作业

第一个作用是确保舒适的视觉作业。通过使用电器，劳动空间和生活空间都非常简单地变得明亮起来，这样我们就可以无论昼夜地工作了。照明是提高生产不可或缺的东西。工厂或办公室中所追求的照明，是均匀的，完全不受遮挡地照亮作业面。荧光灯的诞生使得作业照明得到了飞速的发展。这种以作业为目的的照明就是所谓的工作照明。

为了工作，光的绝对量是必要的。尽管日本工业标准规定了推荐的亮度标准，但实际上不仅是光的绝对量，光源的特性、作业面上的光的入射角度，作业空间的刺眼程度等，都是确保舒适的视觉作业所必须要考虑的问题。

基于大量的与视觉作业舒适性相关的试验结果和照明光学理论的研究，开发出了许多的技术。但它们与本文所讨论的感性工学几乎是没有关系的。

◎ 确保治安，防范与安全

照明的第二个作用是关于城市的治安防范和交通安全。以此为目的的话，城市道路自然还是应该到处通明的。在交通安全上有这样的理论，即街道的照明如果达到了均匀度非常高的亮度标准，司机就能够更快地发现突然冲出的人，车辆也可以立刻停下来。换句话说，提高路面的亮度，也就提高了与突然冲出的物体的鲜明对照，相反在不均匀的照度下情况就会变得糟糕。另一方面，从夜间道路的犯罪防范的角度来说，当然适度的路面照度和能够辨别往来行人表情的亮度是有必要的。在治安状况不太好的国外城市，有数据报告显示通过对照明的改善，犯罪的发生得到剧减。但是从能源的角度来看，我们不可能把所有的道路都照得灯火通明。也有这样的报道，虽然提高了照明的街道的治安得到了改善，犯罪又移向了其他的街道。仅靠让街道到处都灯火通明是无法对治安有根本性的改善作用的。除了提高照明，更有效的治安防范，以及确保安全的照明方法也是一直在探讨的课题。更何况，在交通安全的课题上，伴随传感技术的发展，车辆性能的提高，安全道路的建造，人们携带的节能型照明物品的发达，我们期待着能找到不再依靠能源浪费的方法。

◉ 创造出舒适的视觉环境

第三个作用是创造舒适的视觉环境。其中包含了丰富的，以感性工学为中心的话题。能够看清楚事物，能够安全地在街上行走，满足这些初步的功能是上文提及的照明设计的最重要的作用。获得舒适的视觉环境并非什么奢侈的事情，它既非必须使用高价的照明设备，也不必要无穷无尽地耗用能源，仅仅是在人们眼睛所看得到的世界里，通过控制光的给予方法和接受方法，平衡地、美观地、舒适地进行采光设置就可以达到。为了能够让夜晚的街道看上去漂亮，夜晚环境的光应该是逐一地、非常柔和地发射出使人悦目的光。因此，重要的是必须要清楚地了解哪些是可能导致人们的心理或生理产生不快感的光和景色。日本的民众对于让人不舒服的、刺眼的眩光比较迟钝，而一味地倾向于喜好纯白的、大量的光。这是创造舒适的视觉环境的大敌，也是一种恶习。因而是时候好好反省下这种倾向，并认真地学习究竟什么才是舒适的视觉环境。

为了探索舒适的视觉环境，我们必须考察人类对什么样的光有感知。在这里，我们把照明设计师经常有意识地进行运用的“可感知的光的制作方法”分解成5种关键词来解释说明。

（1）感觉到的亮度与水平面照度的差别/铅直面的辉度

虽然在铅直面上辉度的设置有时会产生生硬的感觉，但对于室内空间的墙面照明设计手法，和城市空间的室外照明设计手法来说还是有其意义的。人类的视线经常是大致朝向水平方向的居多，视线面朝向天棚或天空，地板或地面的时候比较少。所有，通常占据视野较多的是和视线垂直的铅直面。在铅直面上设置适度的辉度，只需很少的能量就能够使人感觉到光亮感。因此，如果在室内的话，不是靠增强地面的亮度，而靠提高墙面的辉度即可使人感觉到明亮；如果是在室外环境的话，不是靠增强路面的亮度，而是通过在建筑立面上投上柔和的光线，就可以使人感觉到街道的舒缓柔和的明亮。

（2）区分使用蓝—白—黄—橙的范围/色温与心理

在自然界，从蓝色到橙色的色谱中充满了无数让人感动的情景。有时，颜色之间有那么一点相互融合就会产生出富有戏剧性的对比和变化。自然光所具有的色温的魅力，也教给了我们应该如何去创造能够感知到的光。

我们知道太阳的光朝夕都呈现出橙色，在正南的时候从白变成蓝白，天晴时候的傍晚又一瞬间变成透彻的蓝色。上述的色调和幅度也集合了可感知的光的原则。实验证明人具有以下的心理现象：一般来说，当光接近白色和蓝色的时候，人活动的紧张感就会增加；而当被黄色和橙色光所包围时，紧张感则会消除。自古以来，夜晚都是只有暖色的火焰。这种暖色火焰的橙色和深夜里天空残留的蓝色形成了鲜明的对照。在照明设计中，我曾多次人工再现了这一从自然规则中学到的方法。

（3）人与绿化看上去健康吗/颜色的再现性（显色性）

人工光源的进步虽然是非常惊人的，但最大的难题是自然色的再现。这是因为我们没办法获得像自然光那样的连续的波长。在制作可感知的光的时候，其品质是非常重要的。在建筑施工现场或者隧道等地方或许并非必要，但在创造夜景之时，非常漂亮的光却是不可或缺的。曾经有过道路旁新绿的树木经颜色再现性很差的高压钠蒸气灯的照射，叶子的颜色如同冬天枯萎了一般。还有在情侣约会的公园里，情侣的面部呈现出不健康颜色的情况。为了能够看到健康的路边植物的绿色和男女老少的肤色，我们必须注意很多细节的设计。这也是可感知的光所隐藏的智慧。

（4）光源的位置

如果光是从上面射下来的，人就会感到紧张；而从水平方向射过来之后，再慢慢变成从下面射来的光，人就会从上述紧张感中被释放出来。由于室外路灯的位置越高就越能平均地照射地面，所以无论是在公园里还是在散步小径上，都为了能够最大限度地发挥灯具的功效而在高处安装照明。但像这样一味只追求功能性的照明方法是创造不出可感知的光的。故意做的稍微有点不均匀，光源的高度放偏低一些，把照明设置在人手可及的位置等，这些做法有时也是非常重要的。根据场合，将照明埋在地里，使其光辉铺满地面，也是种有效的方法。在城市环境中创造可感知的光的时候，我们必须在光源的高度和安装的位置方面多花费心思。

不仅是光源的高度，在平面的照明配置中，除去必须要均匀照明的情况外，美丽的光和影，明亮与黑暗的场所对比，以及对节律的把握都是非常重要的。夜晚的照明设计不应追求与白天的世界几乎一样的再现，而是应从积极的角度去阐释夜晚，提出能够赋予黑暗以生命力的照明设计。如果都市照明计划并非都是完整统一的，灯具的高度和配置也可以随机调整，从这一独特的思考角度去设计的话，应该可以产生不错的效果。

（5）移动变化的光的速度/感觉变化的速度

我相信愉快的光通常是伴随某些变化的。为什么这么说呢？因为自然光（太阳光和火光）这两者都是经常在移动变化中的。无变化的，均匀的，一定的光仿佛可以让时间静止下来，对于人来说会是极其不合适的。

如果想让可感知的光能够接近愉快的光的话，就应该好好地设计光的变化速度和形式。近来许多商业设施以抢夺消费者的视线为目的，设置了许多毫无品味的、异常醒目的运动的光。比如有的光会慢慢地变换，一会儿像空中的流云，一会儿像极光的飞舞，一会儿像流星的华光，一会儿又像夕阳落日……这种让人感觉到变化的光有时也颇受欢迎。作为设计师，我们经常会讨论诸如上述这般的光的变化是否能被人们有意识的理解。有时整整一个小时的演出，这种光的变化也未必能使人真正地感觉到。人所能够感知到的光，即便很微妙也应该能进入人的视野。

⊙ 治愈人的心理

被分成4种的照明设计的最后一个作用是能够治愈人心理的光。这种作用和前面论述的3种作用有着本质上的差异。它或许脱离了照明设计的范畴。但是非常明确的是，从未来的光与迄今为止的光的性质将是不同的，光终将能够直接深入人心，起到非常强烈的作用。

在一些北欧国家，由于冬季日照时间短，会相应的多发精神障碍类的疾病。为了治疗和预防这些疾病，会通过利用强发光面在一定时间内刺激视觉来进行治疗。或者光在医疗上的应用从今以后也会越来越多吧。与长时间使用电脑的办公室一族因视觉疲劳而需要休息一样，为了缓解疲劳振作精神，我们试验性的设计制作了音乐、光、香气组合在一起的装置。通过光的强弱的缓慢变化和摇动效果的演出，我们很容易地就可以想象接触到这种光的人的心理也会产生各种各样的变化。

太阳光和火光能直接飞入到我们心灵深处。如果我们深入思考一下这种像麻药或巫术一般的光的作用的话，就无法否定照明设计对于治愈人的心理的作用将会是不可限量的。反之，如果照明设计稍有不当的话，也会引发危险的作用。

6.2　二维到四维的视觉环境——什么是可感知的视觉环境

这里我们略微探讨一下视觉环境。因为照明设计是对所有状况下的视觉环境的设计。视觉环境用最简单的词汇表达，就是通过眼球在视网膜上形成图像，经过知觉神经传送到大脑来判断处理视觉信息的总体。随之，在眼前展开的不仅是所有视觉信息和影像，而且时间的推移和个人的体验记忆也影响着视觉环境。我在设计照明的时候经需考虑到3种视觉环境，即二维的视觉环境，三维的视觉环境和四维的视觉环境。

二维的视觉环境指的是平面的图像。无论是城市照明还是建筑照明，很多情况下我们依据它们二维图像化的画像或者照片来进行认识和评价。摄影技术高超的摄影师，通过精巧的光线捕捉，讲究的构图组织，可以拍摄出比实际情况更具魅力的视觉环境表现。在杂志上刊登的美丽的建筑空间和城市环境，实地去参观后常常会让人产生失望的感觉。那么出色的空间上的设计工作结果，依靠的竟是作为记录媒介的画像和影像。当然光的设计不可能是二维平面化的工作，带着这样的意识，我经常在工作中注意分辨出哪些是靠摄影手段产生的美妙结果。在努力设计美丽夜景的过程中，我们必须充分考虑与实际相对应的，可以激发人的感性的二维以上的事物。

光的设计如果无法满足立体的、空间的和环境性的知觉需求的话，就变得不值一提了。没有什么比通过书籍和网络来判断照明设计更危险的了。一旦进入实际的空间，映入眼帘的是远远超出你的视野之外的大量的光的信息。视线也是一时无法集中的。虽然从视野的中心开始，越是向外偏移视觉信息量应该越少，但是可感知的光也会从信息量不多的周围视野，甚至眼镜边框的反射光中受到强烈的影响。光的艺术家James Turrell 曾经说过“在脑袋后面也可以感知到光”，虽然没有同样的感受，但是我也惊叹于自己在三维空间中对光的感知能力，这个三维空间以眼睛、头和身体为中心，向XYZ三个方向延伸出去。

上述论述虽然重要，但照明设计的真谛并非在于三维的感知度的营造上，如果不加上时间的变化，即不创造四维的视觉环境，设计项目也是无法成立的。光的设计可以认为是对时间的设计。可感知的光也是在不同的时间轴中被创造出来的。与刚刚过去的时间相比“现在”应如何调整地位呢？如同品味美味汤汁之时盐海菜的不可缺少一般，品味光也只能通过连续的光的变化来做评价。这里不仅仅与时间经历的概念有关，也与在场所中的移动、顺序的设计具有同样密切的关系。特别是在城市环境中，人们对于夜景的评价正是在连续的场所中、反复的移动中开展的。照明设计可以比作是制作光的连环画剧，把情景的变化周到细致地加以视觉化，其中还屡屡通过策划设计手段有意识地把光的变化加入其中。视觉环境的设计就是如此这般在二维与四维之间来回往复地进行的。

6.3　舒适、独特和环保的夜景

近年，人们开始逐渐认识到用光来表现街道的个性并不等同于气派的路灯设计变奏曲。就在距今不太远的时代，在代表地方城市的照明设计中，通常使用的设计方法是将地方特性转化为某种特定的形态，然后通过定制照明器具的方法表现出其个性。路灯的发光性能和形态当然是非常重要的，但我们必须明确地认识到决定夜景形象的是路灯之外的光的集合。

纽约曼哈顿的夜景，伦敦、巴黎、里昂的夜景，上海、香港的夜景，在很多城市中都有以夜景为主题的明信片在出售。但明信片上的城市夜景中，没有一张是用来表现路灯的容姿的。有的表现了金碧辉煌的摩天楼外墙，有的是设计精到的室外照明下的建筑物立面，还有的描绘了流水中摇曳的城市灯火。有时就连用规模宏大的、重叠在一起的霓虹灯群作为街道的个性表现，都能使人感到愉悦。以上述方式将光的个性赋予街道，既便于人们理解街道的城市文脉，也能使人意识到建筑和景观是如何被作为一个整体来描绘的。路灯只是诸多能够发挥性能的道具之一，其目的终究还是用光来表现街道的个性。在如今的21世纪，路灯的作用正在发生巨大的变化，将会超越过去的诸多认识局限，例如：要满足国家规定的照度功能要求以达到均匀照射效果，或是特意地设计成具有某种装饰性的形态（图6.1~图6.6）。

对于20世纪日本的城市照明，我在路灯设计和照度计算方面做了总述。促进了经济高度发展的照明设计的作用，现在看起来或许是十分必要的；但是今后的照明设计绝不能够止步不前。那么，必须超越以往的、新的城市照明到底是什么样的呢？我认为应该是一种“舒适、独特和环保的夜景”。

首先，我们必须寻回在20世纪被无视了的照明的舒适性。损害舒适性的城市照明的最大原因是眩光。日本环境省厅虽然颁布了《光害防止条例》，但日本的国民对这种刺目的眩光依然没有足够的重视。我们应该彻底清除掉室内外所有的眩光。为了追求好的、舒适的照明，美丽的夜晚景观，首先须从不刺眼的照明环境入手，这一观念应该广泛地渗入到全社会范围去。其次，在夜间过剩的光的照度也是让人产生不快感的原因之一。总会依照惯例打开所有照明的便利店，就连在深夜都有1000~1500勒克斯那么异常的高照度。人的眼睛在夜间有能力适应室外的黑暗，便利店只需开启1/3照度的照明就已经足够了。如此不得不说是在浪费能源的事情如

图6.1 北京天安门广场上耀眼的路灯眩光

图6.2 在铅直面上的打光设计的里昂R é publique大街

图6.3 （上中下）东京六本木之丘Keyakisaka路随着时间变化对照明的操作

图6.4 上海的夜景，位于黄浦江两岸的浦东新区和浦西老城区

图6.5 东京塔上眺望的东京夜景

图6.6 新加坡进行中的城市照明整体设计

今仍然还在持续着。此外，无论在什么地方，都把路面均匀照亮的、陈旧的道路照明模式，也值得我们重新思考。在城市中追求照明的均匀度并没有那么重要，还不如利用光和影的韵律组合演绎出更好的道路。进而，再加上显色性（基于光源的颜色的再现性）的改善，和色温的配置设计，舒适的城市照明品质就离我们越来越近了。只有在高度发达的当代都市中才会对这样的舒适的光提出要求；而对于电力还不是十分充足的发展中国家城市，这一理论是不成立的。一般来说，只有实现了量的满足的社会，才会向质的满足方向过渡。

从理论的角度上说，如果前述的舒适性能够成功地得以提高的话，这之后如何通过光能够准确而又强烈地表达出地域或者城市的个性和可识别性将是我们所面临的最大的课题。怎么能通过光的设计反应些什么呢？是否应从抽象出街道固有的个性入手呢？为了探求街区的个性，持续实践的照明研究会自从1990年开始，使用“照明侦探团”的调查方法开展了研究。照明侦探团针对都市照明的个性调查了日本和世界上60个以上的城市。虽然在调查中也使用了照度计、辉度计、色温计等特殊的测量仪器，更基本的是以摄影照片为参考绘制了很多的草图，记录关于夜景的意见。以下是在调查过程中的基本工作。

①黄昏的时候从高处俯视城市的灯光

②分析城市的构造和地形，寻找有代表性的视点场所

③检查城市中醒目的自然景观和建筑物

④捕捉城市的明亮度与色温

⑤判断分析地理特征和气象学的特征

⑥考察城市的历史和住民的特质

如果能聚精会神地观察俯视角度的夜景，通过光的作用，白天并不清晰的城市的轴线被强调出来了，自然与城市之间不同的光的领域也显现出来了，在宏观层面上应如何表现城市的形状和特征的设计想法自然地在脑海中涌现出来。展开城市地图的同时等待着黄昏的来临，一副鲜活的城市构造呈现在眼前。在街区中，我们从各种不同的视点来探讨作为城市地标的建筑或其他构造物的透视画面。我们在捕捉街区全体的光的色温的同时，也在考虑与其对比的方法。自然光照在高纬度城市和在距离赤道较近的城市中是截然不同的，因而当地居民所希望获得的舒适性的光是不同的。不同的民族、不同的城市历史，也会对光和明亮有着不同的理解。如果把上述所有的因素都作为各自街区的光的个性输入设计之中，那些期冀通过设计表达街区个性的表现，应该是理所当然的就可以获得了。为了创造可感知的光，首先要磨炼自己对各式各样光的状态的感知能力。在思考今后夜景应有的模样的时候，还必须拥有正确的、批判性的眼光。

◉ 结语：善待地球

最后，我们再来解释一下“对地球环境友好的夜景”的意思。从高处俯瞰地球夜景，到处都是像散落的宝石一般闪闪发光，耀眼美丽。每当听到如此美妙的评价，我就会感到担心。因为从高处往下眺望时像宝石一样闪耀夺目的夜景，实际上往往是对朝上的方向毫无控制的、发射出无用光的路灯和广告灯。在日本这种闪闪发光的城市夜景比较多见，与此相对比，在欧洲城市中则少见此类状况。欧洲城市的做法常常是在建筑立面上打一些比较模糊的光，仿佛是光的水彩画一般。

在年末街角的植物上挂着的小灯饰也是同样的情况。通过大量的光的集合，营造出闪闪发光的样子，对于任何人来说都是易于接受的、美丽的事物。但我们都知道，与这种令人心动的美丽相矛盾的是地球环境的保护。在必须控制毫无节度地能源使用的同时，我们依然希望创造出具有舒适性和个性的夜景。权衡这两者之间的关系是非常重要的，其答案也是简单明了的。设计师应该脱离对于光的数量的一味追求，在节约能源的前提下，用智慧和心去创作美丽的夜景。是时候彻底终结城市夜景的光亮之战了，格调高雅、时尚美丽的夜景才是创作的方向。

当然，随着照明技术日新月异的发展，人们现在经常提及一些更加节能的新光源，诸如LED和有机EL等，它们已经在夜景照明设计的可选菜单中变得十分活跃。而且随着照明控制技术的进步的运用，城市夜景也将不仅仅只有一种表情，而会发展出更加多彩的变化，甚至类似演出一般。在24小时全天候化的现代生活中，能够迎合人的感性的光的

用途会不断地发展、进化。我希望现代人能够进一步发展对地球环境友好的夜景设计观念，用较少的能源，积极地创造出美轮美奂、富有个性的夜晚景观。

（面出　薰）

参考文献

1）面出　薰：都市と建築の照明デザイン，六耀社（2005）
2）近田玲子，竹内義雄監修：照明事典，産業調査会事典出版センター
3）面出　薰：あなたも照明探偵団，日経 BP（1998）
4）面出　薰：世界照明探偵団，鹿島出版会（2004）

7 声景

7.1 声音的感性

声音的感性仅从音乐的角度理解其含义是不全面的。通过欣赏管弦乐演奏，或者聆听流行歌曲，所能激发的乐趣固然都是感性的。但不仅限于音乐，有些日常生活中的声音会令人感动，有些大自然中的声音使人愉悦，有些人为的、用于传递信息的声音令生活便利，所有这些使人的心感觉到丰富的声音也都与感性相关。基于上述前提，声景是在人的心中浮现出来的。声景的定义是指：人对于通过感觉所获取的、蕴含着声音的现实环境的读取方法。它并非预先存在的客观事物，而是需通过主体来发现的东西。

人们已经习惯了蜂拥而至的人工的声音，即便对嘈杂的噪声也都没有了感觉。对于那些潜藏在安静的空间里，美丽动人、令人愉悦的微弱声音更是视而不见了。在现代社会中，像这样的人并不少见，如此是无法感受到声景的存在的。若想感受到声景，丰富对于声音的感受能力是最首要的课题。

作为一个例子，让我们试着分析一下脚步声。是什么样的行走方式？有几个人在走？路面的材质是什么？这些都会产生不同的声音。而设计出可以使人听到不同的脚步声的有趣的方案也正蕴含其中。即便都使用木地板也会产生显著的不同，而且就算是同样的木头，因铺装方法的不同所产生的响声也不一样。

在本章里，我们要阐述的是声景概念在建筑技术中的应用。对于感性而言首要的是要具备敏锐的听觉。为了能在城市中形成良好的声景，无论具备多少相关的音响技术和建筑技术知识都是不够的，只有带有感性去设计才能创造出更好的环境（图7.1）。

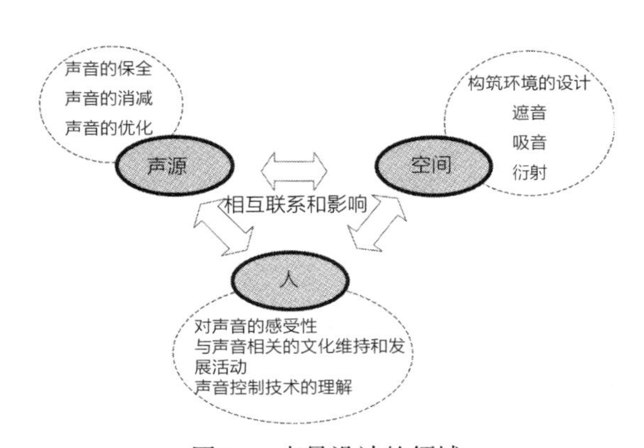

图7.1 声景设计的领域

* 实际上对于时间轴的考虑是非常必要的

⊙ 听觉世界的地平面

当拥有了能够感受到声景的感性之时，世界将会以什么面目展现在人们眼前呢？从前一说城市的声音，马上就让人联想起道路上的交通噪声或者飞机的噪声，谈论问题的角度总是集中在如何控制对日常生活有害的噪声方面。“假如能去除掉噪声，声环境就会变好”，这种想法未免有些幼稚和单纯了。而且，所谓要控制的也仅是噪声水平的高低，这是一个量的指标；而忽略了从更本质（对人有意义的）的视点来探讨问题。

再来看看建筑内部的声环境，往往是在限定的建筑空间内，对特定的声环境指标的设计，比如在音乐厅中的扩音器的清晰度等。逐个空间环境的设计固然是必要的，但实际上能听到什么样的声音，从什么地方听到，有多大的响声，有多大的响声才能听到，诸如这些声音状态的组合条件，也都是左右环境气氛的重要因素。

在餐厅里应该有过如下经历吧：

· 在视觉上虽然被隔开，但还是可以清晰地听到旁边座位人的谈话。

· 与对面的人讲话就像有什么障碍一样被周围的噪声干扰着。

· 由于过于安静反而又不敢大声说话了。

如果全部能从声音的角度展开设计的话，创造令心情更加舒畅的空间是可以实现的。不仅是餐厅这样的空间，还有令人心情舒畅的空间、繁华的空间、静谧安宁的空间等等，空间可以给人留下各式各样的不同印象。

我们生活在声音的世界里。因此，高质量的空间设计与声环境的设计是紧密联系着的。好的建筑绝不是最低限度地满足了建筑功能就能够成立的。如果能从声音的角度进行环境设计，也会使得以视觉表现为主的建筑设计看上去更加生动。

7.2 不可见的设计——声景设计

“声景设计就是让人能听见某些有趣好玩的、令人愉悦的声音吧”，这种理解完全是一种误解。我们须要通过应用各种策略来控制声环境，其中包括了对物理性的、所谓噪声的消减。这里还包括控制那些让人感到不合适的声音。从设计这个词条上，我们往往总会联想到人为地给声音添加些什么就算是创造了愉快的声环境了。仅有这些是不够的。方法论之一是去理解那些对于声音来说并没有直接地增加任何东西的社会活动，最终却会改变我们对于声环境的认知。这也被定义为设计中的一个环节，这也正是声景设计的特征[1)]。

现在，越来越多的人开始谈论声景这一专用名词。但是，与这个词的真正含义背道而驰的设计却比比皆是。创造与全体声环境组合都相连的实际环境不是随随便便就能实现的。因为对于“质”的捕捉方法非常重要，它就不可能像物理性问题那样抓住一个问题点来表现，也很难用某种单一的模型来解释。但是我们还是可以依照原则或者法则，通过具体的案例实践，把诸如构筑手法之类能够阐释明白的知识一点一点地积累起来，进一步地普及声景设计。

◉ 声景设计的方法和案例

注重声景设计的建筑计划到底是什么样的呢？下面通过两个实例加以说明。

第一个例子是建造在临海地域的一个主题公园的声环境设计[2)]。我们进行了定量的噪声控制和传送预测，生成出了声音的基础情况。与此同时，我们着重安排了几种声音的表现，设计了作为综合的度假性主题公园所应有的更加愉快的声环境。这个设施不单纯只是个提供快乐的场所，它还是一个今后将被社会认可的，环境共存型的主题公园（表7.1）。在这个项目中声环境被作为问题点来构思，将声景的概念引入设计之中。

表7.1 在主体公园中实施项目（根据文献2制作）

（1）针对园内噪声源的对策	针对园内通行的汽车所发出噪声的制定规定和运行规则。对航行的船只所发出的噪声制定规则。研究作为演出性声音的警笛和汽笛声的位置、声色和声量。垃圾车类的车辆的低噪声化。对于排风机和大型游具等其他噪声源，也要考虑到其机型和配置
（2）针对临近地域的噪声对策	防止园内能源中心的噪声对于临近美军住宅的干扰。预测举办各类活动时声音的传播
（3）自然环境声音的导入计划	通过种植草木保全自然界生物的声音
（4）广场空间的音响计划	以创造园内广场的环境气氛为目的，在代表性地点预测声音的混响时间（开业后实测调查）
（5）组钟声音的演出计划	预测作为园内标志性声音的组钟的声音传播（开业后实测调查）
（6）其他	研究街边风琴，木鞋声，各种演奏，举行活动的声音。全面研究信息系统，包括禁止个人大声喧哗在内的

在大分县竹田市的泷廉太郎纪念馆的庭院设计中，试图通过装置设计来恢复当时廉太郎可能听到的声音，以使观众能够进入廉太郎所说的“时代的声音”[3)]。比如说，按照原状恢复了曾被使用过的井，侧渠中的水流，通往深山的石阶等，同时也恢复了穿着当时普通的木鞋就可以走的道路。此外还设置了洗手盆，并通过种植竹子来恢复自然的声音。这种做法虽然没有进行任何定量的预测和评价，却非常成功地营造出富有意境的空间（图7.2）。

上文所展现的声景设计是一种“不可见的设计”，有某种稍不留意就无从把握的感觉。但是假如我们能够沉下心来，好好品味一下空间中所蕴含的“质”，感觉敏锐的人即会发觉出其中所存在着的一些不同寻常的、深刻的意味。

图7.2 在泷廉太郎纪念馆的庭院中的声环境设计（照片摄影：土田义郎）

7.3 声音教育是声音感知的基础教育

为了能够更好地设计感性的教育是非常必要的，这一观点不仅在建筑设计专业中成立，在所有的设计专业中或许都是成立的。在建筑学科中，设计师们尤其关注视觉方面的设计意匠，对于该方面训练被公认是非常必要的。但是，视觉以外的环境要素被放在不重要的地位上，甚至于有时被忽略和遗忘了。在实际的设计中，这些要素往往只作为优先度非常低的设计考量。

如果说声景是客观声环境通过与感知主体相关联的方式而成为“能被发现的东西”，那么从声音的角度进行设计的时候，设计者们需要注重的是对于声音的感知能力。这是仅仅靠案上读书就可理解的，并不是非要通过实践才能获得。什么都不如锻炼自己“耳朵的力量”这样的实际训练来得更重要。这种训练名曰声音教育。声音教育的内容主体，也就是行为的要点，可以总结为：深入地听（以听声音为目的的活动）；和把听到的声音用自己的表现方式传达出来（以表现声音为目的的活动）（图7.3）[4]。

这些训练并非以增强生理性的听觉能力为目的，而是为了提高能够细致地认识、分析和判断人所听到的声音的能力。相对于眼睛健康的人，有视觉障碍的人可以从空间的声音中获取更多的信息。这绝不是天生的，他们也是通过艰苦的训练才能达到的。我们或许达不到他们那样的水平，但是对眼睛健康的人进行听力训练也是可能的。我们考虑把这种训练作为“声音教育”的一部分，列入声景设计的整体框架中去。以具体实例的形式，我们出版了几本针对成年人或者孩子的训练用书[5)~8)]，也在声景研究协会的杂志上刊登过几个实例[9]。我们也有把声音教育作为“音乐”基础教育的想法，当然会不仅仅局限于音乐。

声音教育并非直接意义上的针对物理环境的设计。声环境不是某一个人能够设计出来的。我们任何一个人都既是“声音的聆听者”，也同时是“声音的制造者”。如果声音教育跟不上，声景设计也就会希望渺茫了。假使有一万个人有了上述的感知力，可能就会成为重建当前失衡了的声环境的原始

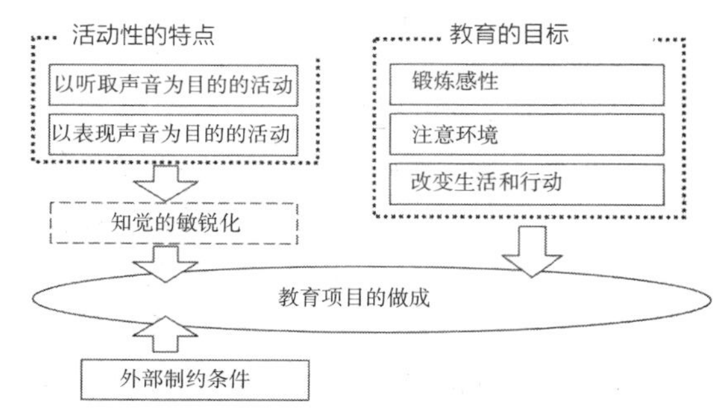

图7.3 在声音教育中教育项目制作的思考方法（出处：文献4）

动力。近年来这方面的各种活动逐渐地为人所熟知，在设计教育领域开展声音教育是非常重要的。

◉ 声音教育的构成和案例

以听取声音为目的的活动中最简单的就是所谓的“耳朵清洗”的活动。它是聆听某个场所的声音，并区别声音的训练。这种训练要求把所有关于声音的信息都以书写的方式记录下来，无论是声音的大小、发声源、还是发声地等。进而，按照声音的模式进行分类，并对比对于声音大小的感觉。通过反复地、主观记录与分析，人们就可以以一种所谓结构化的方式听到声音了。其中也包括了就连本人都没有意识到的一些声音，这虽然很简单，但却具有一定意外性。看起来不是很复杂的训练，如果能够有意识地加以不断积累，即可以获得教育的效果。

以表现声音为目的的活动，是把声音作为抽象的图像表现出来的活动。通过与创造性的活动的结合，可以促使人们听到更加深奥的声音。如果能产生出多种多样的表现声音的想法，也就能够扩展人们感性的幅度。而且，被表现出来的东西也可以被第三者所认识和理解。这种发现与共鸣是与全体参与者的一种相互交流。进而，具体表现结果的存在，也让对于某种声音的感觉能够脱离开时间与空间的制约，成为大家共通的基础。上文所介绍的“耳朵清洗”活动基本上就只是听，然后用语言的方式记录下来。语言的方式虽然简单，但也是一种表现的手段。

图7.4是命名为“四格声音草图”的活动的例子。作为一个环节，它被嵌入到一个针对小学六年级学生，名为“了解地域环境”的综合学习活动中[10]。学习的内容是让学生们认真地听取学校周围的声音，然后用拟声词和草图来描绘听到的声音。在听的时候，让学生们注意变换场所的同时，“尽量去听细小的声音”，“尽量去听较远的声音”。要求同学们一边作笔记，一边使用与平时不同的、更具分析性的方式去听。这可以说是以“听取声音”为目的的活动。回到教室之后，再综合地回想这些声音，表现出学校周围的环境和声音，如图7.5就是学生完成的一个案例。这个作业可以说是以“声音表现”为目的的活动。该学校地域环境的特点是周围有一个湖，附近还有机场。所以，在这个例子中儿童捕捉到了水边的鸭子叫声，和飞机飞过的声音。

7.4　庭院和声景

众多美丽的日本庭院都同时也实现了完美的声景。但非常遗憾的是，由于现在严重的噪声问题，许多庭院的声景都被破坏了。但是由于很多人仅仅通过视觉去观察景观，他们并没有意识到空间的真实状态已经遭到破坏了。

当初在建造现在被称为名园的这些庭院时，自然还没有所谓声景的概念。在《作庭记》一书中系统化地介绍了庭院的具体创作方法，但其中并没有触及声音形成的部分。但通过对实际的庭院的调查，可以发现一些对声音的思考[11]。可以认为，能够使得这些庭院得以达成今日所谓的声景成就的，

图7.4　工作营开展的情景（左：在校外听取声音，右：制作“四格声音草图”的状况）

图7.5 “四格声音草图”的完成图例

左侧的四格是只用拟声词表现的样子，右侧的四格是表现声音具体状况的草图

是在庭院设计技术中隐没着的一些智慧和知识。模仿自然是庭院设计的根基。比如说泉池的设置自然而然地就会伴随有流水声的出现，这也应该是一种基于声音的营造方法。

作为实例，我们对加贺藩前田家为夫人建造的成巽阁作了考察。文久3年（公元1863年）在兼六园建成了巽御殿，又由13代齐泰修缮改造而成为现在的成巽阁。这是他为了表达对母亲（12代夫人）的尊敬而修建的。每个房间的家具陈设都别具匠心，非常具有参观的价值。在该建筑的庭院中，我们发现其在声音设计方面也颇下了一番苦心。作为卧室使用的“龟之室”面对着“万年青的绿庭园”，庭院中放置着一个用树木表现的大龟，弯曲的溪流发出了流水的声音。据说这种潺潺的溪流声，能够起到诱发困意的作用。而与此对比的，在作为起居室使用的“蝶之室”面对的“土笔的绿庭园”中，也同样设置了弯曲的溪流，但是流水却以一种不发出声音的方式缓缓地流淌着。因为据说主人喜欢听小鸟的声音，所以更加注重安静的背景。两处的对

图7.6 成巽阁庭院（万年青的绿庭院）的曲水

比说明了，在空间设计的创作中，庭园和建筑是如何被当做一个整体来考虑的。即便从当今的视点来看成巽阁，也是成就了非常高品质的居住空间环境（图7.6）。

7.5 声景与感性工学

在感性工学中，是利用心理学的计量方法把感性数值化，并基于这些数值推导出最优解来辅助解决设计问题的。但是，对于能够激发人的感性的设计而言，也有许多场合不必要使用定量化的手段也可以发挥作用。在声景设计中是不可能把所有的相关因素都定量化地预测出来的。但是通过那些作为可明示知识的定性判断的，是能够提高设计空间的质量。

为了把存在于人们心理中的感性，用科学的、可明示的知识来研究，有必要假设一个心理的模型。为了把声景设计向着可明示的知识体系推进，需要开发出一些基础性技术，以期能够把声景中的以“质”的形式出现的、暗示性的东西，转变为以“量”的形式出现的、可明示的东西。上述的基础性技术的重要性毋庸多言，但这方面的知识储备却非常不足。[12)]

今后，我们应该更加系统地积累可明示的知识，需要不断努力地发展能够反映空间设计的系统。尽管目前用于搜集定性知识的方法依然并不完备，通过借用心理学、社会学等领域的各种研究方法用以扩展更具客观性的知识，也是非常必要的。

（土田义郎）

参考文献

1）R.・マリー・シェーファー（鳥越けい子他訳）：世界の調律—サウンドスケープとはなにか，平凡社（1986）
2）安岡正人ほか：臨海テーマパークにおける音環境計画（その1～4），日本建築学会学術講演梗概集D（環境工学），565-572（1993）
3）鳥越けい子：サウンドスケープ—その思想と実践，鹿島出版会（1997）
4）力石泰文，土田義郎：サウンド・エデュケーションの構築法に関する研究，サウンドスケープ，2巻，9-14（2000）
5）R.・マリー・シェーファー（鳥越けい子，今田匡彦，若尾　裕訳）：サウンド・エデュケーション，春秋社（1992）
6）R.・マリー・シェーファー（鳥越けい子，今田匡彦訳）：音さがしの本—リトル・サウンド・エデュケーション，春秋社（1996）
7）長谷川有機子：心の耳を育てる，音楽之友社（1998）
8）鳥越けい子：サウンドスケープの詩学—フィールド篇，春秋社（2008）
9）特集 音・音楽・生きる力—感性を育むこととサウンドスケープの可能性をめぐって—，サウンドスケープ，3巻，1-30（2001）など
10）「鳥の耳，虫の耳　音から地域を考えよう」，石川県加賀市立湖北小学校の総合学習の一環として行われたワークショップ（2006年11月13日実施，指導担当：土田義郎）
11）曽和治好：對龍山荘庭園の水音と環境音，ランドスケープ研究，62巻，5号，661-664（1995）
12）土田義郎：音風景の記述・記録・測定の方法に関する一論考，サウンドスケープ，8巻，31-38（2006）

第Ⅱ部

城市与建筑设计中的感性工学系统

8 城市的感性复兴

为了使人们在城市里安全舒适地生活，同时也为了创造出必要的、丰富的城市空间，显然我们所追求的、对于当代城市空间的再构筑是十分必要的。通过巨大的开发建设而形成的城市建筑是否的确为我们人类提供了丰富的城市空间了呢？在日本建筑学会[1]中对于该主题的探讨已经是很久以前的事情了。在像日本京都这样的历史性的城市空间里，杂乱无章的居住建筑群与历史性城市反差巨大的不和谐共存状态，不免令人顿生困惑。这种不和谐性或许可以通过很多方法证明，而且去除掉这些看起来不和谐的建筑也是非常简单的。即便简单粗暴地把这些不和谐物清除一空，但对于居民和社会的需求而言它们具有相当的必要性，这样的手段显然没有实现建筑的责任。由此可见，在建筑的设计、生产等所有领域中，设计者和技术者们是在各种异常微妙的选择中开展着工作的。如若无法找出能够持续满足社会需求的答案，就几乎等同于放弃了建筑所应担当的责任。

为使人们能在城市里以安全舒适的生活为目的，追求营造丰富的城市空间的问题，也即对于城市空间的质的追寻。在评价城市空间的质量之时，如果将人们感性的一面排除在外，我们是否还有可能去设计城市空间、建筑空间，乃至其中的物品呢？为回应这些问题，我们不仅寄希望于感性所具备的本质性的诉求力；而且立足于现代人还须延续寄望于造物行为的立场之上，从人所具有的追溯力的角度，对于感性的捕捉也是非常重要的。本文所提及的感性，并非单纯的情绪化的东西，或者工学研究的东西，而是指奋斗在设计一线上、持续进行着创新工作的设计者们所应该专心致志投入研究的重要课题。

8.1 城市的感性

对于城市的感性而言，最敏锐地捕捉了人类各种各样现象的当属瓦尔特·本雅明（Walter Benjamin，1892—1940）提出的Passage论。在此试着作一个简单的概括：被称为哲学诗人的本雅明说过城市的自由应把人类从之前的束缚羁绊中解放出来，至此城市的自由才成为文化的根源，成为城市的魅力[2]。正是城市的自由，把人们从地域的羁绊、农村压抑的社会人际关系、社会制度和身份制度等束缚中解放出来。自压抑状态下的解放，使得城市成了裹挟着各式各样人们的生活活动和欲望的场所。在这样的城市空间（Passage）中，本雅明一边通过剪切各种各样现象的情景进行片断性的记述，一边揭示出城市空间是使得文化得以发展成熟的培养器。对于用铸铁和玻璃屋顶覆盖着的Passage空间（拱廊街），本雅明既把它视作城市空间的一部分，也把它看作内部空间。他认为Passage空间组成巴黎城市的部分之同时，也反应出其全体，这正体现出城市的本质。

以人类解放为前提的城市，为城市居民的欲望和由此磨炼出的感性提供可能的城市，应该具有什么样的城市空间呢？人们又是如何接受这些城市空间的呢？在建筑学专业的城市研究，尤其是空间研究领域中，我们希望在概述如何捕捉城市空间的同时，能够展望一下感性与城市的研究。

8.2 作为经验的城市空间

在针对城市空间的研究中，对于广场的研究，或者说对以广场为中心的街道形态的研究已经有很多了。1889年，卡米洛·西特（Camillo Sitte）在《City Planning According to Artistic Principles》[3]（日译名为《広場の造形》）一书中所呈现的研究，可能是最早的这一类对于城市空间的研究了。西特认真地调查了诸多的广场，并用画图的方式记录下那些作为空间造型基础的历史沿革与设计方法。正如西特在其著作中所写的："必要时要把铁也砸碎"，他这种形态论的研究与设计方法，将隐藏于造型背后的、源于各自时代的社会与经济的要求直白地展现出来。在20世纪60年代到70年代之间，日本国内的宏大设计计划与提案层出不穷。人们不仅朝着创造巨大结构和巨大城市原型的方向展开了城市形态论的探索，还以超越技术界限为假设，开始了自我增值式的无限再生产。人们经常可以看到那些秉持着乐观主义态度，将城市描绘成为巨大构筑物的设计案例，例如丹下健三的“东京计划”就是其中的代表性作品。本文尽管不会展开针对上述提案的具体解析，但在这些由巨大构筑物构成的空间之中，可以一瞥那些被层层叠叠地描绘着的未来城市图景。然而，在无论有多么了不起的宏大设想中，都无法觅寻生活于其中的人的情景。或许去发掘由人与城市空间交织在一起而形成的丰富的感性，是相较而言更加困难的一件事。

针对这一问题，拉斯姆森（Steen Eiler Rasmussen）的《体验建筑》[4]与凯文·林奇（Kevin Lynch）的《城市意象》[5]是最早的两本具有影响力的著作，开始关注人所体验到的建筑和城市与建筑空间或者城市空间的本来面目之间的关系。虽然不应该简单地认为两本书中的研究方法是一致的，但它们的共同点在于：均通过置身城市空间之中的空间体验，借助对于空间的感受与知觉来再现空间，捕捉在记忆和知识中积聚起来的空间构造。进而，在以生态学的视觉论为基础的戈登·卡伦（Gordon Cullen）[6]的Townscape（城镇景观）的研究中，和埃德蒙·培根（Edmund Bacon）关于城市设计的论述中，均从城市的尺度出发列举了诸多建筑广场的案例，以草图的形式说明了在城市空间中基于视觉美的体验的重要性（图8.1）。劳伦斯·哈普林（Lawrence Halprin）把上述概念反映到了自己的设计之中。哈普林的重视人的感性体验的设计方法在其他地方多有论述，本文仅截取出与城市空间相作用的人的感性的一个部分，或曰“城市的感性”，来研究人的感性中的这一个方面与城市空间的关联性。

在日本，芦原义信的《外部空间设计》[7]和此后出版的《街道的美学》[8]中，提及了城市空间中美的经验的重要性，以及通过其实践，在建筑围合出的城市空间中形成美的景观的可能性。在以广场和外部空间等城市的实体性空间为对象的研究中，他采取了通过分析空间的尺度、比例、视角等手段来解读城市空间的研究方法。依照芦原义信的著

图8.1 通过示例方式表现的某假想的城市光影变化[6]

述，如果把城市空间中具备围合感的空间称作N空间，不具备围合感的空间称作P空间，视线距离与视野角度是会产生影响的两个因素。在论述外部空间的宽度与高度的尺度方面，该书可谓是一本名著了[7]。此后，芦原义信在《街道的美学》中对日本以外的国际城市街道进行了调查，川崎清在著作《策划的意匠——京都空间的研究》[9]一书中对日本京都的传统街道空间开展了详细的实地测量。在川崎清的书中所描述的空间中，基于以空间要素形成围合感的基础，针对京都传统街道建筑的连接方式和外部空间中微妙的光影变化进行了研究，从中发现了符合格式塔心理学的效果体现。从上述效果的角度所再现出来的空间，其形状、比例与人的视角是相互依存的，或者可以说能够产生视觉效果的空间构造与人的空间认知之间具有一定的统一性。在方法论上两本著作具有共同的立场，它们都与城市空间的格式塔心理学具有相近之处。

8.3 城市意象

凯文·林奇在其著作《城市意象》[5]中记述了对于城市不同的感受方法，他认为对于城市的意向是人们把部分的、片段化的、各种各样的视觉体验

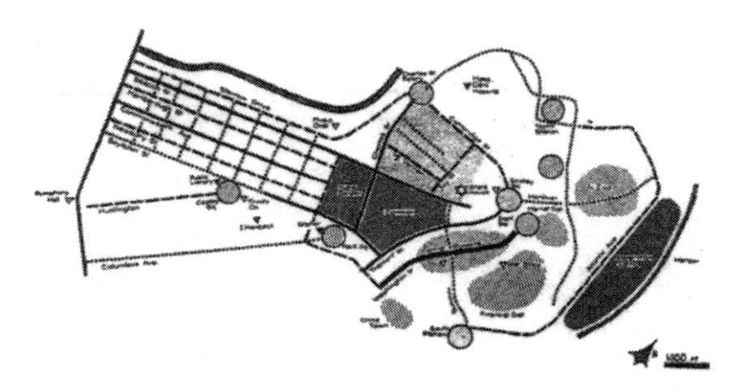

图8.2　凯文·林奇从地图简图中导出的波士顿的意向

和身体体验综合在一起的东西。对于环境的印象包含着可识别性（Identity）、结构关系（Structure）和所赋予的意义（Meaning）等方面，当人们捕捉某个环境的印象之时，其结构关系是起主要作用的部分。林奇的著作中以波士顿、泽西城、洛杉矶三个美国城市为案例，通过调查员手工绘制地图，加之对市民的走访调查，揭示了构成城市意向的结构关系，这正是该书的显著学术成果。由此，推导出了构成城市意向的五要素（道路、边界、区域、节点、标志物），以及市民所共有的集体记忆、公共记忆等（图8.2）。林奇指出了上述意向形成，或者说营造意向（building the image）的重要性。继而，论述了在导出上述意向之前，作为被感知对象的空间，首先应该具有可被意向的能力（image ability），也就是该空间所固有的能否给人留下印象的能力；其次还需具备易读性（legibility，即具有容易记忆、容易理解的、明确的构造）和可见性（visibility，易于被看到的程度）。这也是我们认为城市空间所具有的性质，与人的感性和知觉非常强烈地联系在一起的，形成一体化的交互作用（transactionalism）的原因。但是，事实上到此为止尚未触及意向所具备的含义（meaning）。此后，立足于凯文·林奇的研究成果，该类研究又有了长足的进展，有的研究从探究意向的结构关系入手，有的研究考察了城市空间所具备的含义的结构，还有的关注城市空间的象征性等。

8.4　从语言尺度看城市的意向

以捕捉存在于人们内心的印象为目标的研究，促成了一种心理学方式的空间解析方法的飞跃发展，该方法结合了图像视觉试验和统计数理分析两方面内容。这也是利用“语言”——这一人类的思考道具，来评价对象空间的方法。

该方法以SD法（Semantic Differential）为代表，SD法的发明带来了计量心理学的飞跃发展。具体方法如下：（以城市空间等对象空间作为例子），在对空间进行评价之前，首先需设定相应的成对的形容词反义词对（bi-pole adjective）。然后，再设定这些形容词对的评定尺度，一般分为5~7档（大于7档的过细划分因超出了人类的判断能力，所以不具意义），通过视觉试验等手段让复数位的接受实验者，针对对象空间作出评价。通过SD法，可以从受验者的反馈数据矩阵中，找到主要的影响因子[10),11)]。试验的原则之一是使用易于理解的形容词对让受验者们凭借自己的感觉去进行评价。在每个尺度中，再根据受验者们的评价分布情况假定出的密度函数，用间隔尺度来替换原本的名义尺度。在使用多变量解析方法抽取因子的时候，固有向量被转变为经概括了的复数尺度的正交矢量来使用，按照其固有值的大小顺序抽出第1因子、第2因子、第3因子等。因为各因子之间成正交关系，从而排除了它们之间的相关性，使问题分析过程变得容易。作为概括了复数尺度的各个因子，是把人的感性评价通过线型1次转换而合成出的一个矢量（图8.3~图8.4）。

关于该方法详细的介绍可以通过参考书借鉴。SD法以复数个人的集合作为实验对象，通过概括诸多的评价尺度，得以达到涉足于人的意向或印象中具有相当意味的水平，从这一角度来讲是取得了重要的进展。对于针对城市和建筑空间的感性评价类的研究而言，SD法可以说是一种可行可靠的方法，因而可以在广泛的研究领域中进行应用。近几年来，通过引入模糊（Fuzzy）理论，能够在评价中反映出各种各样说明变量的相互作用的方法也得到了发展[12)]。笔者在城市空间评价研究领域中多次应用了该方法。随着个人电脑的普及发展，原本复杂的多变量解析变得易于操作了，因而这一方法也得到了更广泛的应用。同时，人们也很难就实验数据的统计处理方法的客观性方面提出什么质疑。但是，诸如“该方法是否真的如此万能”的质疑声也相继涌现出来。首先，语言的尺度是调查者在实验开展之前所准备好的，受验者却对此没有准备。针对不同的受验者，标着数字刻度的尺子本身也存在有不同的可能性。但是SD法中作为模板使用的尺子却是事先就被准备好了的，因此无论受验者的评价如何，都将会反映出调查者的意图。同时，对于用多变量分析的线性模型来替代人类复杂的智能思考结果的方式也存在着疑问。此外，基于对复数个体的研究结果不一定能符合个人的感性评价。为捕获人的感性而开发出的这样的一个单纯、有效、明快的方法模型，在其反面所存在的限制也是明确无疑的。

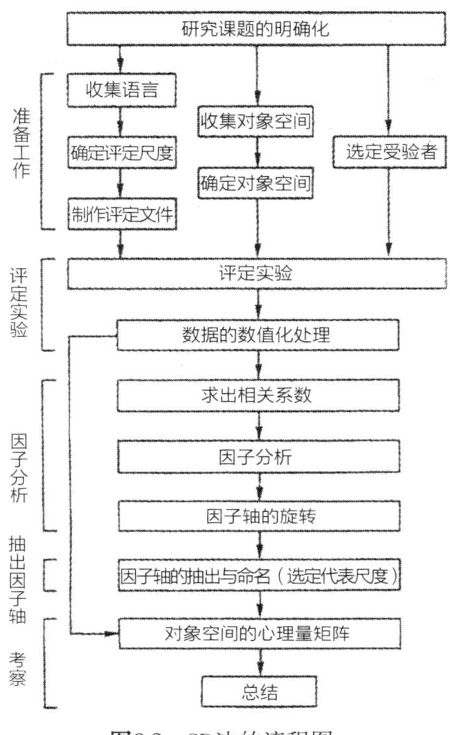

图8.3　SD法的流程图

8.5　向感性的设计知识的转换

上述的SD法通过了定量化的计量准确地捕捉到感性，对感性进行记述，其本来的目的仍然是能够把感性在设计中反映出来。但是也有人认为所谓正确地记述感性原本就是不可能的，我并没有要改弦易辙的意思，但这也是颇具说服力的经验之谈。在感性工学学科的方法论中，把感性当作黑箱看待，从输出的角度而言，有如下的思考方法："即便不知道究竟什么是感性，人类还是能够以感性为基础来评价事物"。近年来，在手机、汽车等人们日常工业制品和众多商品的销售方面，设计师们开始注重能够激发消费者感性追溯力的市场营销和广告效应手段。尽管还存在诸多的不明之处，但是好卖的商品和不好卖的商品，在质量和性能上没有多少区别的情况下，通过该方法的使用在实际上所取得的效益本身就具有相当说服力了。粗略地说，如果我

评价尺度			因子负荷量			图示
			第1因子	第2因子	第3因子	
			质量	复杂度	广阔程度	
有亲近感的	——	疏远的	-0.917	-0.035	-0.208	
特征明显的	——	无特征的	-0.882	-0.247	-0.073	
古老的	——	新的	0.850	0.050	0.393	
有活力的	——	沉寂的	-0.850	0.244	-0.236	
平面化的	——	立体化的	0.824	0.108	-0.487	
温暖的	——	寒冷的	-0.804	-0.255	-0.403	
美丽的	——	丑的	-0.768	-0.527	-0.331	
不干净的	——	清洁的	0.703	0.558	0.342	
明亮的	——	昏暗的	-0.689	-0.342	-0.610	
绿化少的	——	绿化多的	0.531	0.360	0.337	
杂乱的	——	统一的	0.618	0.741	0.038	
阴郁的	——	清爽的	0.598	0.627	0.467	
嘈杂的	——	安静的	-0.052	0.913	0.192	
能静下心来的	——	不能静下心来的	0.434	0.859	0.224	
整洁的	——	脏乱的	-0.295	-0.771	-0.515	
复杂的	——	单调的	-0.413	0.752	0.191	
拘束的	——	自在的	0.284	0.528	0.783	
狭小的	——	广阔的	0.203	0.307	0.885	
固有值			7.540	5.085	3.374	—— 全体平均
贡献率（%）			41.891	28.248	18.742	------ 校园平均
累计贡献率（%）			41.891	70.139	88.881	-·-·- 城市街道平均

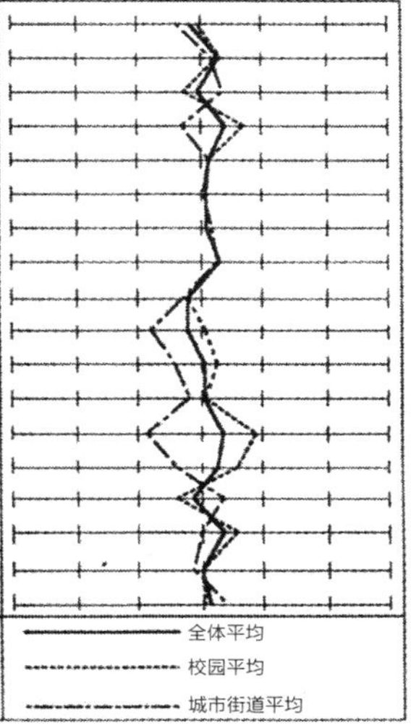

图8.4　以SD法评价城市空间印象的案例[10)]

们搞清楚好卖的制品与不好卖的制品在设计上存在什么差别，或者搞清楚广受欢迎的制品与不怎么受欢迎的制品到底存在什么样的差别的话，我认为这些知识即是对设计有用的设计知识。

笔者开展了若干研究，参见参考文献中的列表[13), 14)]。该研究以学生为受验者，通过感性评价实验，以了解人们是如何评判一栋房屋是否属于传统房屋。研究以粗糙集的方法，从集合的角度研究了构成各个建筑立面的要素具有什么样的差异。研究的具体内容将在其他章节展开。该研究帮助我们获得了在建筑修复和景观修复时，对于那些具有传统建筑意象的建筑，如何选择建筑要素和材料的知识。进而，我们希望把这些建筑要素，利用本体工学的方法进行构筑，以而实现知识的再利用[14)]。

8.6　寻求城市感性的依据

前文已经记述了在街道或者城市空间中，专家学者和一般人对于城市感性的美的经验，也演示了对其的评价方法。如前所述，城市的感性既可以通过文学文本的方式，也可以用语言尺度的方式来进行捕捉。但这并未揭示出关于美的经验和空间的经验在人脑中是如何被处理的，以及空间性的差异又是在人的什么部位被处理的。与前文中介绍的方法相比，有些方法能够客观地捕捉人们在无意识状态下的心理与知觉变化，比如通过调查脑电波、脉搏、血压、眼球运动等一些生物体信息的方法。在上述的生物体信息中，如果我们能把表征了人类心理、知觉状态的脑电波（头皮上电位）的变化，作为城市空间之间的差异性描述量来获取的话，就可能会得到更加客观的证据了。这里所谓的证据，就是依赖权威与个人的经验，从反思既有医学的立场上（evidence-based medicine）所诞生的。我们的研究立足于把随机的实验结果作为证据来重视的立场之上。

脑电波是通过在体表安装的电极所记录下来的大脑神经细胞群的生物电活动。正常成年人在清醒状态下的脑电波主要由θ波（4~8Hz）、α波（8~13Hz）、β波（13~32Hz）三者构成。在人处于安静清醒的状态下时，α波在以后脑部为主的区域中出现。而当人处于心理紧张状态下时，α波会减少，并替换成频率非常高的β波。因此α波的被激活程度，可以用来描述人的平静或者安宁的状态。下面介绍一则比较传统街道与现代街道的实验结果[15)]。

（1）传统街道的案例选择了位于日本京都市内的祇园新桥、祇园甲部、东山八坂和嵯峨鸟居。在这些传统街道中，两层建筑或平层建筑彼此相连构成了街道。街宽4~5米，没有设置人行道（图8.5）。

（2）现代街道的案例选择了同样位于京都市内的桂千代原、桂坂新城和祇园（传统建筑区域以外部分）。选取时注意了挑选与传统街道案例规模相似的街区（图8.6）（参考第9章）。

本研究以视频动画的方式记录上述街区空间，在以每小时2公里的移动速度下，拍摄了每个时长均为40秒的场景视频。实验中将视频以随机的顺序放映，受验者是14个健康的成年人。

（3）实验的结果是可以如下概述：认为传统街区优于现代街区的有8人；相反，认为现代街区优于传统街区的有5人；认为两者情况差不多的有1人。

但在正式实验数据中，对于每一个受验者而言，相当于α波波段的那部分峰值，在其大脑的全部区域中，对应于传统街道的峰值均优于对应于现代街道的值（图8.7，图8.8）。如图所示，右脑前头

图8.5　传统街道的案例（祇园新桥）

图8.6　现代街道的案例（桂坂）

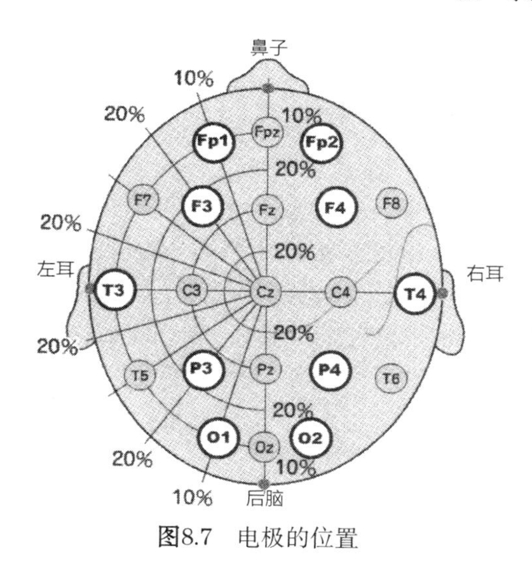

图8.7　电极的位置

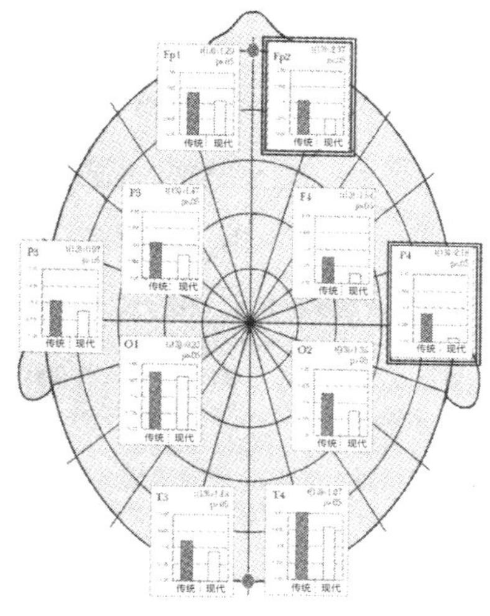

图8.8　传统街道与现代街道中α波的被激活度[15]

部到侧头部的区域，对应于传统街道的α波峰值，比对应于现代街道的要活跃。但也不是所有的传统街道都有优势，案例中的祇园新桥和嵯峨鸟居就存在着显著的差别。

由此可见，街道空间的差异会影响到受验者心理上的平静或者安定感，从这一角度可以说，通过赋予街道空间新的感性可以发掘出设计的价值。

本章论述了城市的感性存在于人类对于城市空间的经验和体验之中，以及人们对于再现的城市空间的评价之中。在人与空间的关系方面，如果有从知觉开始转移至记忆的过程存在的话，也许也会有相反的，从记忆到知觉的相乘作用或者相杀作用过程存在。正如文章的最后一部分中所介绍的，我们正在试图判明：人对于城市空间的感性的差别何在，又会带来生理反应上的何种差异。如果舒适宜人的城市空间环境能够波及人的生理机制的话，就无法否定人的视觉体验有可能会在不知不觉之中影响了人们的生理机制，并有可能会不断地积累。今后关于城市空间的研究与设计中，应该更加重视能够激发人们感性共鸣的那些层面的问题。

（宗本顺三）

参考文献

1)　日本建築学会叢書：都市建築の発展と制御シリーズ
2)　ヴァルター・ベンヤミン：パッサージュ論，岩波現代文庫（2003年）．1巻『パリの風景論』，2巻『ボードレルのパリ』，3巻『都市の遊歩者』，4巻『方法としてのユートピア』，5巻『ブルジョアジーの夢』からなる未完の著書
3)　C. ジッテ（大石敏雄訳）：広場の造形，鹿島出版会（1983）
4)　S. E. ラスムッセン（佐々木宏訳）：経験としての建築，美術出版社（1966）
5)　ケビン・リンチ（丹下健三，富田玲子訳）：都市のイメージ，岩波書店（1968）
6)　G. カレン（北原理雄訳）：都市の景観，鹿島出版会（1975）．Gordon Cullen vision of urban design, David Gosling 著は1930年から1990年に至る約300枚のゴードン・カレンのスケッチを収めた集大成版である．
7)　芦原義信：外部空間の構成，彰国社（1962）
8)　芦原義信：街並みの美学，岩波書店（1979）
9)　川崎　清，小林正美，大森正夫：仕組まれた意匠，鹿島出版会（1991）
10)　宗本順三，崎山　徹：外部空間の「印象」とその要因となる空間特性についての研究－九州芸術工科大学キャンパスとその周辺市街地の外部空間について－，日本建築学会計画系論文集，453号，95-104（1993.11）
11)　宗本順三，中野信悟：居住者の住区イメージと住区の空間特性との関係についての研究－福岡市街地の拡大における南北方向の住区を対象にして－，都市計画，190号，74-81（1994.10）
12)　孫　京廷，吉田　哲，宗本順三：金沢近郊居住者の好む都心の住宅類型及び周辺環境－一対比較による写真の選好度と町並み雰囲気のファジイ分析，日本建築学会計画系論文集，590号，25-32（2005.4）
13)　齋藤篤史，宗本順三，松下大輔：感性評価に基づく形態要素のラフ集合を用いた組合せの研究－産寧坂伝統的建造物群保存地区を事例として－日本建築学会計画系論文集，594号，85-91（2005.8）
14)　朴　鎭衙，宗本順三：オントロジーを用いた家屋の構成要素の記述と感性評価の研究－韓国の羅州市金安洞の伝統家屋を対象として，日本建築学会計画系論文集，第73巻，625号，535-541（2008.3）
15)　佐賀淳一：脳波解析を用いた伝統的街並みと現代的街並みの視環境の比較研究，京都大学修士論文（2008）

9 传统立面的构成规则

日本的《景观绿三法》等正在以“建设美丽的国家”或“创造美丽的城市”为目标，在全国性地完备着各项制度。本章针对被制度性地保全下来的传统景观展开研究，以京都传统的建造物群保存地区（以下略称为传统建筑地区）之一的产宁坂传统建筑地区为研究对象，通过人的感性评价的方法对建筑物的立面进行评价，获取传统景观建筑立面得以形成的构成规则。

针对构成了景观的建筑立面，人们凭借自己的直观感觉作出类似于“具有传统性”这样的评价，但是如此评价的作用机制却是隐晦、非明示的。基于这样的人的感性判断，不仅存在着非常多的暧昧含混之处，而且基于理论层面的理解也是非常困难的。有关于景观或建筑设计中人的认知与思考的主题，虽然人们已经逐步意识到了应该针对伦理和感性进行理论化研究的重要性，但是尚未涉足的研究领域依然有很多。笔者希望针对建筑立面设计的理论化研究方法，能够不仅局限于以传统建筑物作为研究对象，也能扩展至现代建筑等其他对象的研究之中。对于基于人的感性基础以创建美丽城市景观的课题而言，该手法具有必要性。

◉ 什么是“具有传统性”

针对城市景观，“具有传统性”这样的评价通常是非常重要的评价指标。但是，所谓的“具有传统性”的这一概念的普遍性定义却十分含混，该概念的绝大部分依赖于评价个体的主观意识，它是作为隐性知识形成的。主观意识不仅隐晦，而且无法明示，在设计作为城市景观构成要素的建筑立面之时，这往往也是问题的症结所在。

人们在理解建筑立面的时候，知觉性的信息不能被简单地认为是颜色与形状的集合，还有屋顶和墙壁等组成部分，以及包含在这些部分中的门、窗等具有意义的形状，立面即是由上述要素综合在一起所构成的。换言之，建筑立面可以被理解为：由屋顶、墙壁、门、窗等具有意义的形态要素，综合地集合在一起形成的。对于该对象，如果“具有传统性”这一概念能够从构成建筑立面的内在形态要素的层面进行捕捉的话，那么针对所谓的“具有传统性”开展具体化的研究就成为可能。

◉ 人的直觉性评价

通过观察建筑立面，人们可以在直观感觉的层面上获得“具有传统性”的概念，这是以复杂的、高等级的知识为基础的。而且这种“具有传统性”的概念，会受到每个人的个体背景和知识体系的影响，所以并非一定的，而是因观察主体的不同而多样存在的。但是，即便存在着多样的解释，也并不是说根据不同的观察主体其概念完全各异，其中也存在不少集体性的、为人们所共有的部分。很多人都感到传统建筑地区的建筑立面“具有传统性”，这可以理解为对该概念的共有。传统建筑物具有经过漫长时间所形成的诸多形式，其开洞部分和房檐的形态要素可以被分为少数的几种形式。可以说传统建筑的立面是由那些一定的、少数的形式要素，经多样组合而形成的。如果能够揭示出在建筑的立面上，那些能够激发人们在直观感觉中产生“具有传统性”的形态要素组合及其各组合的重要程度的话，或许会有利于在建筑立面设计的方面探讨如何更加积极地应用人的感性的问题。

◉ 知识的共享

建筑设计行为是通过个人和集团的努力，把所追求的概念、形象、式样等翻译成具体事物的行为，该过程受到问题所固有的专业性知识与经验性知识的支撑。上述知识自然是重要的，它们把个人的和集团的“暗默知”结合在了一起，但试图将它们进行一般化处理的尝试往往是困难的。如果在知识记述的时候没有预先作好共有和再利用的准备，不仅会表现出缺乏一贯性，而且经常会出现其他人或者计算机无法解释的情况。对于前文提到的“具有传统性”的建筑立面的知识，获取它们并有效地

图9.1　连续立面（桝屋町二年坂下西侧 节选）

利用它们都是非常困难的。其中一个原因是用于捕捉对象世界的方法，因研究领域的不同而存在着不同，尚未被模式化。比如说，用于表述某个概念的所使用的结构框架（也就是那些描述知识的语汇和语法）一旦发生了变化，会使得被表述的知识跨越学科领域的边界而成为相互共有之物，这给在计算机中的运用造成了困难。为了解决该问题，从共有和再利用的角度形式化地表述所获取到的知识是非常必要的。如果能够建立起可以确切地描述和积累知识的结构框架，或许就可以发展出活用这些知识的、合理的设计方法了。

基于上述背景，本章将理论性地阐述建筑立面的设计方法，并尝试将其应用在景观评价和设计活动中。以日本京都市产宁坂传统建筑地区的建筑立面为研究对象，提出了能够在理论层面阐明那些“具有传统性”的建筑立面所具有的内在规则的方法，并获取“具有传统性”评判的知识。继而，也将阐述在设计中如何有效利用这些知识的方法。

9.1　制作立面数据

⊙ 制作立面模型

为了制作数据库，我们制作了建筑立面模型（图9.1，图9.2）。在这个模型中，立面被分割成屋面（r）、二层墙面（2w）、一层庇檐（e）、一层墙面（1w）等部位。分割后各部位的内部开洞处及其附属物等作为形态要素，按照其造型设计进行了分类。各个部位是构成立面的形态要素的集合，而这些部位的集合则构成了建筑的立面。

研究还对必要的形态要素进行了整理。所整理的形态要素都是在建筑学中惯常使用的要素，而且在产宁坂传统建筑地区的建筑中具有共通的，在日

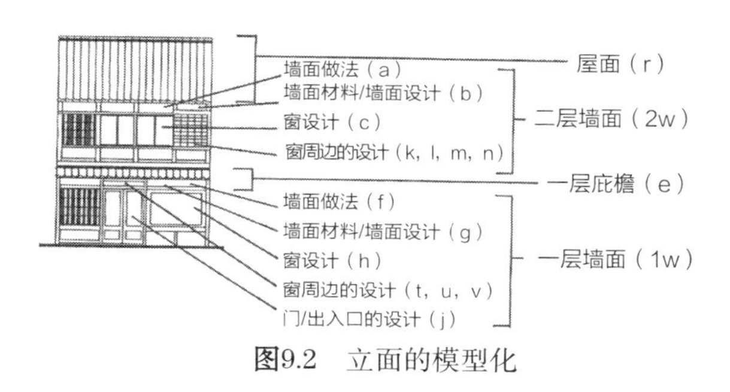

图9.2　立面的模型化

本的各个地区也可以作为共通的形态要素。图9.3列举了本研究所整理的，作为构成建筑立面的17个项目、99种的形态要素。

⊙ 感性评价实验

我们不仅拍摄了评价建筑对象的立面角度的照片，也拍了由一定方向角度透视看的照片。每个受验者通过观看这些描述建筑立面的照片，作出感到“具有传统性”或者“不具有传统性”的主观评价。

⊙ 搭建数据库

数据库的制作基于三个部分，包含：我们在产宁坂传统建筑地区进行的建筑立面调查结果；1994年至1995年在京都市实施的产宁坂地区的调查报告书；以及被保存在京都市城市计划局的过去10年（1993—2003年）中的修理或景观改造等的记录。

9.2　基于感性评价获取传统建筑立面的形态要素组合

⊙ 导入粗略集理论

在此我们将介绍一种研究方法，通过它可以捕捉是哪些建筑立面的形态要素组合能够激发人们产

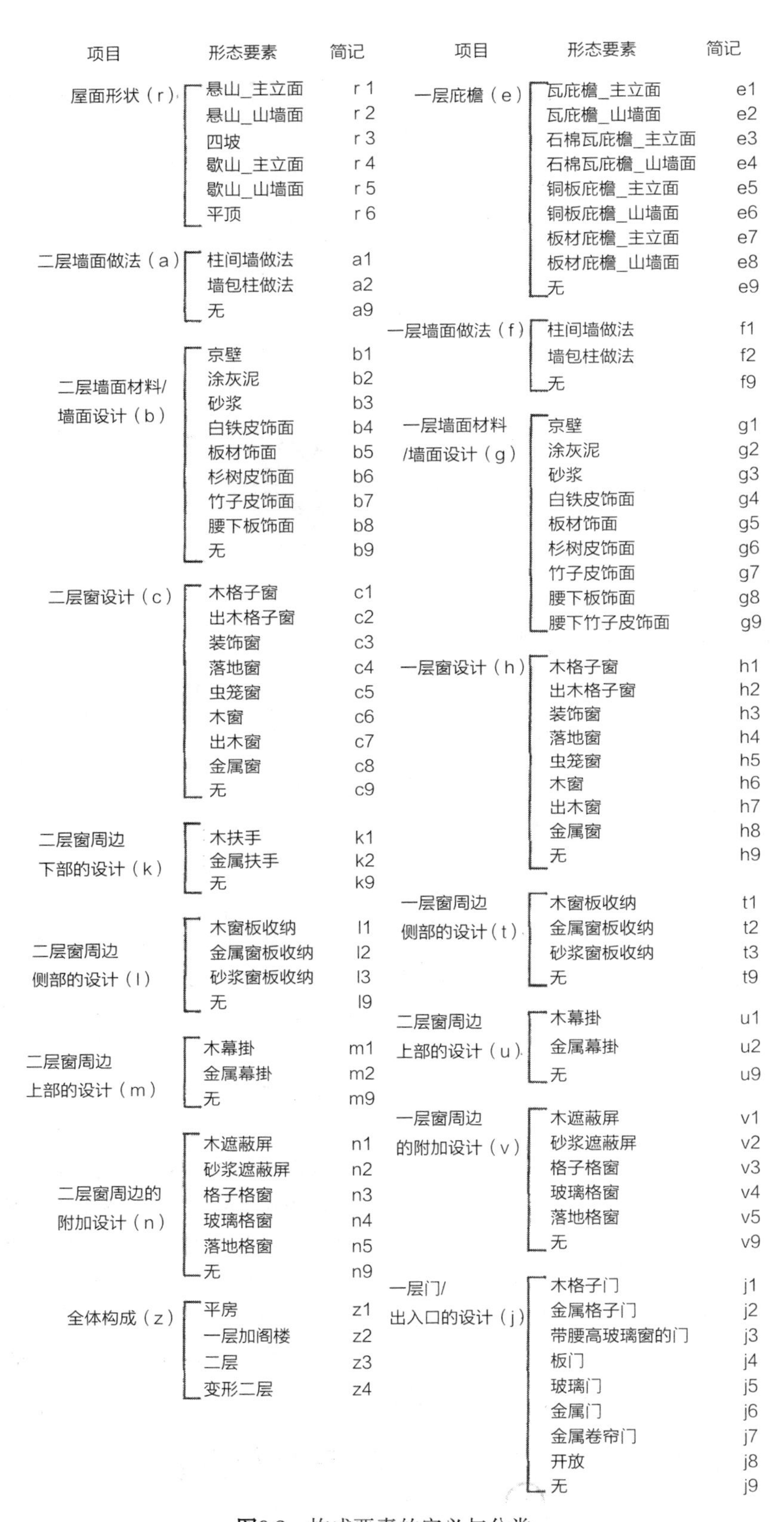

图9.3 构成要素的定义与分类

生“具有传统性”的直观感觉，以及这些组合的重要程度。对于设计实践而言，这些知识信息是非常有价值的。

在研究对象的特征经由若干属性的表现所展现的情况中，获取能够对研究对象的特征进行有效说明的少数几个属性（粗略的，rough）的组合的知识，就是粗略集理论（rough set theory）。在研究对象与其复数属性之间关系的方法中，线性回归模型是最广为人知的。但对于各属性之间相互依存，呈现出复杂的非线性关系的情况，线性回归模型是无法适用的。粗略集理论基于类别与近似的概念进行数据分析，多应用于近似类别、机械学习、多基准意思决定等研究领域[1)]。

比如说如果在建筑立面上出现某一种窗的造型与屋檐形状的组合，很多人就会期待这个建筑物立面被评价为“具有传统性”。正如此例，人们通过直观感觉到的“具有传统性”或“不具有传统性”是可以通过概括那些建筑立面上的构成要素组合信息来获得的。理解了人如何通过感性去判断传统景观是否形成的知识，可以为建筑立面改造，景观改造提供一定的基础，这对设计实践是有贡献的。

◉ 获取形态要素组合

基于前述的感性评价实验中获取的数据结果，通过应用粗略集理论，我们获得了使人感受到“具有传统性”的建筑立面的形态要素组合的约简。表9.1是对一部分结果的总结。“被给予同一评价的案例的总数”中“所获得的约简中的案例数”所占的比率——CI值可被计算出来，按照CI值的大小，记录下了排在前面的20组约简。对于约简来说，其中所包含的属性的数量越少其一般性就越高，CI值越高其可信赖度就越高。

由表9.1中可见，对于以 a 项和 f 项描述的墙面工法，我们可以看出：在被判断为“具有传统性”前几位的约简中，代表着“柱间墙做法”的 a1 和 f1 表现得非常突出。对于以 e 项描述的一二层间庇檐的形态，代表着“瓦庇檐-主立面”的e1与其他形态要素的结合占据着前几位。对于与立面开洞相关的形态要素，我们发现代表着“木窗”的 c6 往往与窗户周围的造型要素k、l、m结合在一起出现在

表9.1 获得的约简与CI值（摘选）

“具有传统性”的决定规则（受验者1）		“具有传统性”的决定规则（受验者2）		“具有传统性”的决定规则（受验者3）	
决定规则	C.I.值	决定规则	C.I.值	决定规则	C.I.值
a1c6z3	0.509433	a1k9m1r1	0.241379	a1f1m1u9v9	0.267605
a1m1z3	0.490566	f1k9m1r1	0.224137	a1e1j1	0.253521
a1e1m1r1	0.377358	b1k9m1r1	0.206896	e1f1j1	0.253521
b1m1z3	0.358490	e1f1j8k1	0.189655	a1e1m1u9v9	0.253521
b1c6e1z3	0.358490	f1l1r1z3	0.189655	a1l9m1u9	0.239436
b1e1m1r1	0.301886	g5r1	0.172413	c6f1m1u9v9	0.239436
c6e1m1u9z3	0.301886	l1m1r1	0.172413	a1c6l9m1	0.225352
c6f1m1u9z3	0.301886	b1e1j1m1	0.172413	a1f1k1v9	0.225352
c6e1f1u9z3	0.301886	c6e1j8k1	0.172413	a1e1l9m1	0.225352
a1c6e1f1r1v9	0.301886	a1j1m1z3	0.172413	b1f1m1u9v9	0.225352
f1l1z3	0.283018	f1j1m1z3	0.172413	c6e1m1u9v9	0.225352
f1k9m1z3	0.283018	c6l1r1z3	0.172413	c6l9m1u9	0.211267
b1c6e1f1r1v9	0.283018	a1c6e1h3k1	0.172413	a1e1k1v9	0.211267
c6l1z3	0.264150	c6e1f1h3k1	0.172413	a1l9m1r1	0.211267
a1b1k9m1	0.264150	r1u1	0.155172	a1j1m1	0.197183
b1f1k9m1	0.264150	e1u1	0.155172	f1j1m1	0.197183
a1k9m1r1	0.264150	g5z3	0.155172	f1j1z3	0.197183
e1l1z3	0.245283	k9l1r1	0.155172	b1e1j1	0.197183
f1k9m1r1	0.245283	g1h3l1	0.155172	c6k1l9u9	0.197183
c6e1k9z3	0.245283	a1e1j8k1	0.155172	b1f1k1v9	0.197183

前位。上述形态要素都是通过与其他要素的结合而位列前位的，可见在“具有传统性”的判断实现之中，形态要素之间的结合起到了重要作用。

对于以r项描述的屋顶形态，我们可以发现代表着“悬山–主立面”的rl和位于二层窗上部的“木幕挂”设计ml结合在了一起。由于这两类形态要素的位置相互临近，所以有可能人们在感性评价之时将二者合二为一地、作为一个形态要素去感知了。

至此，通过在感性评价实验的结果中粗略集理论的应用，研究获得了若干建筑立面上形态要素组合的约简，这些形态要素组合的方式左右着人们的直观感受，作出了“具有传统性”或者“不具传统性”的评判。该研究使得以往作为隐性知识的感性判断得以明示。研究结果中所呈现的约简，通过计算“被给予同一评价的案例总数”中“约简中的案例数”所占的比率，进行了信赖度检验。研究揭示出：使人感觉到“具有传统性”的建筑立面，使用了重要的、少数的形态要素组合。尽管研究中所应用的概念比较复杂，但作为建筑物在实践中被具体化之时，也会必然地被简化、转译为若干有限的形态要素组合。

9.3　传统建筑立面概念的表现方法和知识的共有化

◎ 本体论的导入

上文探讨了如何去获取人们在评价建筑立面“具有传统性”时的感性的、非明示规则的方法。该规则对于设计实践来说是具有价值的知识信息。但是文中揭示的知识由于遵循着研究问题所固有的记述方法，尚无法达到将它们有效地与他人共有或再利用的效果。针对该问题，我们将阐述如何把获取到的知识通过与共有、再利用相吻合的形式表现出来，同时提出可以将这些知识加以积累的模式（图9.4）。

在此，研究以本体论的角度，把被评价为“具有传统性”的建筑立面的知识系统，以一种构成建筑立面的形态要素之间关系的形式来表现[2)]。通过合理的形式化的转换，对于设计实践而言，迄今还存在于隐性知识领域的那些知识概念，将可能被共有和再利用了。而且，由于如此被记述了的知识具备了一贯性，未来可以期待运用计算机辅助设计的方法进一步展开研究（图9.5）。

◎ 通过本体论进行记述

通过建筑立面上的形态要素来探求包含了人的直观感受评价的概念之成因，将其明示出来，进而提出进一步利用的方法。

在整理与记述知识之时，困难在于对其进行概念化和分类的方法存在着太多的可能，无法预先知晓到底其中的哪一些蕴含着本质性的东西。冗长的记述经过还经常会导致一些不理想的状况出现，比如基于了某个非本质性的属性进行了分类；或者原本应被分解开的要素却被不经意地整合在了一起。本研究通过前述的那些被认为是构成建筑立面所必要的形态要素，去构建本体论。

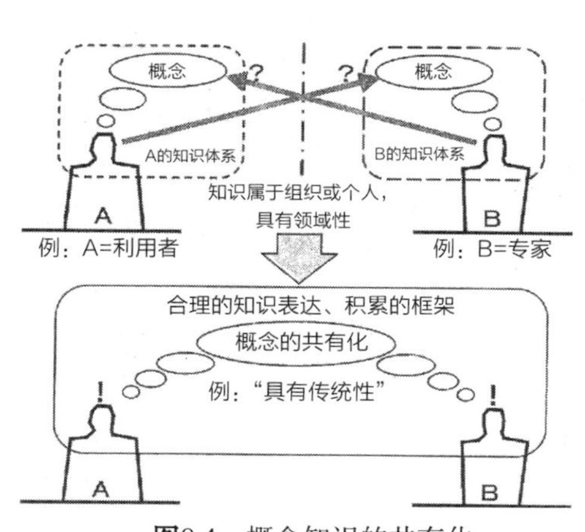

图9.4　概念知识的共有化

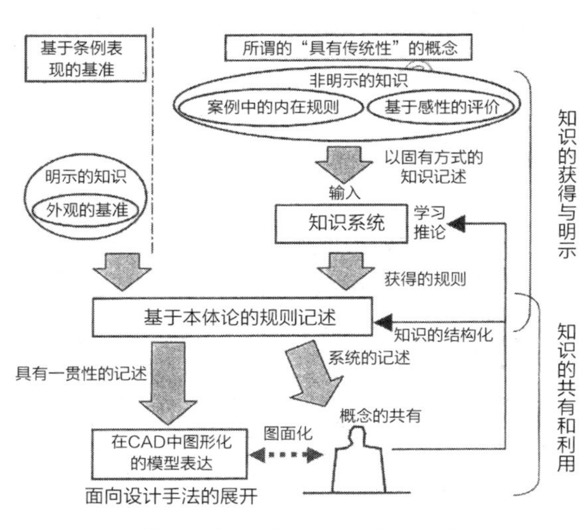

图9.5　知识共有、利用的框架

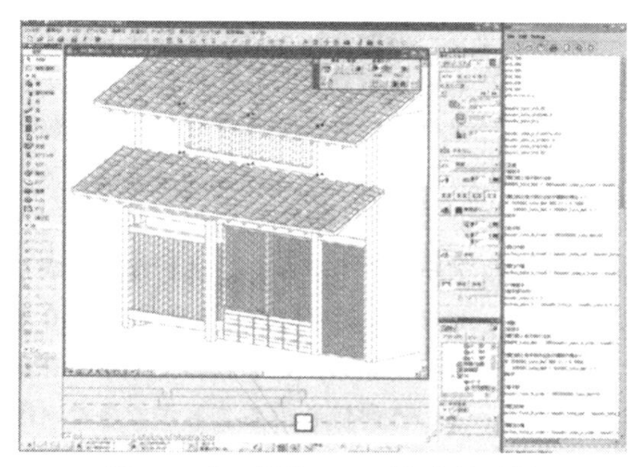

图9.6 在三维的CAD系统中的示例

⦿ 记述知识的再利用

在三维的CAD系统中，读入以本体论形式记述的知识，进行再利用（图9.6）。以本体论方式表达的知识主要包括了建筑学的意义和广义的与建筑立面设计相关的知识，在通过本体论把所表示的概念进行图面化的过程中，关于建筑构件物体的尺寸信息非常不足。为此，利用GDL（Geometric Definition Language），记述了包含着尺寸规则的信息。这里记述的建筑构件物体都是符合建筑学惯例的形态要素，并且在作为研究对象的产宁坂传统建筑地区中为众多建筑物所共通，在日本的其他地区作为共通的要素也是可能的。

⦿ 记述知识的在设计行为中的适用性确认

下文将通过邀请非建筑专业的受验者，再利用前述的以本体论方式记述的专业知识，来检验研究结果是否可以适用于设计行为之中。

我们邀请了不具备产宁坂传统建筑地区相关知识的受验者（非建筑专业大学生），使用上述三维CAD系统，利用以本体论方式记述的知识制作出三维的、所谓的“具有传统性”的建筑物立面模型。然后再邀请建筑专业的10名大学生针对这些立面模型进行主观评价，结果是所有的模型均得到了“具有传统性”的评价（图9.7）。

由此可见，这些用于设计“具有传统性”概念的建筑立面设计知识，被并不具备相关知识的受验者在其设计行为中有效地利用了。通过本章的方法，我们可以发现：突破个人所固有的知识和背景界限，知识的共有与利用变成了可能。

通过今后系统性地开展利用，前述的这些被记述下来的知识将得以完善、更新和积累。我们期待以本体论方式被积累起来的知识内容将得到进一步的充实。而且，被积累下来的知识在CAD系统中可以三维模型的方式进行演示，CAD格式的数据也便于编辑与储存。总之，本章所提出的研究方法，对于设计实践而言提供了具有实用性的资源。

基于体系化的设计知识的应用，本章提出了一种研究方法。通过它，即便是不具备专业知识的人，也可以和拥有建筑专业知识的专家一样，制作出被评价为“具有传统性”的建筑立面模型。该研究成果显示出：设计行为中达成“具有传统性”概念的知识可以被共有和再利用。这些关于如何才能设计出传统性立面的知识，原本仅属于那些具备了丰富设计经验的专家才具有的隐性知识。

本章探讨了在建筑立面设计与景观形成中，积极导入人的感性的可能性，同时也尝试展开如何合理应用这些知识的设计方法的讨论。

（斋藤笃史）

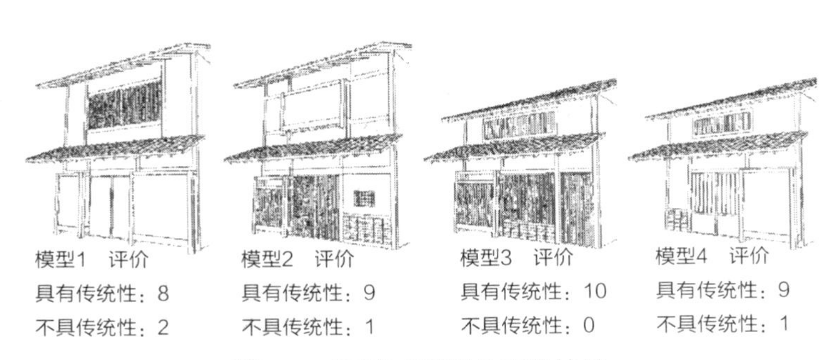

图9.7 对于完成模型的评价结果

参考文献

1) 日本ファジィ学会：ファジィとソフトコンピューティングハンドブック，共立出版（2000）
2) 來村徳信，溝口理一郎：オントロジー工学に基づく機能的知識体系化の枠組み—，人工知能学会論文誌，17巻，61-72（2002）
3) 齋藤篤史，宗本順三，松下大輔：感性評価に基づく形態要素のラフ集合を用いた組合せ推論の研究—産寧坂伝統的建造物群保存地区のファサードを対象として—，日本建築学会計画系論文集，594号，85-91（2005.8）
4) 齋藤篤史，宗本順三，松下大輔：オントロジーを用いた伝統的ファサードの概念の表現方法の研究—産寧坂伝統的建造物群保存地区を事例として—，日本建築学会総合論文誌，4号，101-105（2006.2）
5) Atsushi Saito, Junzo Munemoto, Daisuke Matsushita： Acquiring Configuration Rules of Form Elements from "Historic" Architectural Facade Employing Inductive Logic Programming, New Frontiers in Artificial Intelligence, Lecture Notes in Artificial Intelligence (LNAI), Springer, pp.190-200 (2006)
6) 齋藤篤史：産寧坂伝建地区における設計知識獲得法に関する研究，京都大学博士学位論文（2006.1）

10 景观的样相与其变化模型

论及景观评价人们就会有如下的争论：与美和感性相关的东西都是主观的，没有办法客观地进行评价。的确，对于景观的评价很多方面均基于个人的直观感受，因而会出现因人而异的评价。但是，人的评价与鉴赏并非随随便便地就能作出来，而是通过景观对象、景观所处的环境，以及与人的感性之间客观性的相互作用才作出的。只不过这个相互作用是相对复杂的。由此可见，去探讨景观对象、环境、感性之间的关系正是感性工学中重要的课题。本章以城市景观为研究对象，主要介绍了伴随着环境的变化，景观对象的色彩和形态轮廓的变化，以及用来描述景观对象的、基于感性的语言表现。

目前，日本国内针对城市景观的调查和研究中，研究对象具有一定趋同性，地域选择大部分都在分布着主要城市的、气候温暖的区域；季节选择在街边点缀有丰富绿茵的春季和夏季；时间选择主要是白天，而且以晴天为主。人们在评判某个城市景观之时，通常都处在这样一种典型状态之下——温暖地域、春夏季节、白天时段、晴天气象。这种代表性状态的选取符合一般性的社会常识，并无可厚非。但是在此前提之下，本研究开始关注非典型状态之下的景观的特别之处，比如，秋日的景色、夜景、雨天的景色等。对于这些景观，人们一定会有更加特殊的感受，由此也才能体验到景观的丰富性。

本文着重研究了后者。同一个场所的景观，随着季节、气候、时间的变化而变化，产生出不同的意趣。景观是对象物体与环境条件及人之间的相互作用的现象。即使对象物体（场所）是同样的，环境条件的变化（天气、时间带等）会导致景观的不同，而且不同的人也会产生不同的印象。本研究将这种现象性的景观称为景观的样相。图10.1[1] 展示了远眺日本神户市市中心的3张照片，分别是白天、傍晚和夜间的景观：白天景观以建筑群体在太阳光照下的物体本色的表现为主；傍晚景观因阳光的减弱，物体本色也变得浅淡，建筑物内的灯光和室外灯光等光源色开始显现出来；最后的夜间景观就主要是以光源色和黑暗为主了。

关于样相[2] 的概念，原广司把“可见到的事物与空间的状态之外，外表、表现、表情、记号、气氛、姿势等”均作为现象，作过周到的论证和考察。

本研究对景观状态也进行了限定，下文将介绍白天、傍晚、夜间的景观的样相变化，和积雪严寒地带的景观的样相。

10.1 白天、傍晚、夜间的景观样相变化[3]

根据景观的八景式鉴赏法和日本古典文学作品的记述，日本传统上就意识到了从白昼到黑夜，或从黑夜到白昼的分界时间带时，景观变化的价值和特别的意义。在日语当中，与白天和黑夜的时间带相比较而言，有关于分界时间带的词汇非常丰富[4]。我们经常会有这样的体会，即使是在同一个地点向同一个方向观看，时间带不同的话印象也会完全的不同，简直就好像是看到了完全不同的景色一般。如此这般处于变化之中的景观我们该如何进行记述

白天景观

傍晚景观

夜间景观

图10.1 神户市的远眺景观

与说明呢？比如从白天到黑夜的变化中，傍晚景观变化的特征是景观的全体开始逐渐变暗，夕阳斜照使得天空变成红色。这也仅仅是一般性的、易于理解的说明而已，但在实际的景观中所发生的变化却远非如此简单。

下文介绍一个研究实例。研究的对象选取了包含有人造物的宏大场景景观，以摄影的方式记录下按照时间序列变化的连续性照片。通过分析这些照片上的景观构成要素的色彩特性，尝试发掘出究竟具有什么样的特征性变化[3]。同时也将尝试性地去描述随着时间序列而变化的景观和光影。

◉ 各景观构成要素的明暗、色彩变化

图10.2是某海边的景观图像和构成这个图像的每个景观构成要素在图像上的明暗、色彩变化的例子。我们可以看出每个要素都处于不断地变化之中。该案例所揭示出的变化特征如下：到日落时点为止，每个要素的色相都集中到了一点；天空与建筑物墙面的明度在日落时点之前出现了逆转；天空与其他构成要素的明度差在日落时点的附近异常明显；并且各构成要素的纯度也在日落时点附近变得更高；此外，还可以发现天空与山体的纯度也在发生逆转。

至此我们可以断言，仅凭某个特定要素的属性变化，无法描述傍晚景观的变化。以天空与建筑物的关系，天空与山体的关系为代表，甚至发生了某些属性方面的关系逆转。这种要素之间相对关系的变化正是人们之所以会产生印象变化的重要成因。

那么，要素间相对关系的变化，在眺望全景之时又会产生怎样的视觉性变化呢？图10.3和图10.4展示了按照时间序列分布的图像的明度和纯度的直方图，各直方图通过基于各自判断标准所设定的界限值转换为了二值化的图像，通过它们来描述景观画像的变化。从明度的二值化图像的变化中可以发现：在开始的时候天空、山体、城市街区、水面等部分都是明确的分开的状态，渐渐地城市街区部分的明部和暗部变得难以分辨了。而且从纯度的二值化图像的变化中也可发现：天空、山体、城市街区、水面等部分最初明确分开表示的地方，在日落的时候天空与山体的纯度出现了逆转现象，天空和天空以外的事物被分成两部分；到了夜晚天空就全部与山体同化在一起了。

作为傍晚景观的特征，上述存在着千丝万缕般相互关联的构成变化可以作为一种描述性的方法。

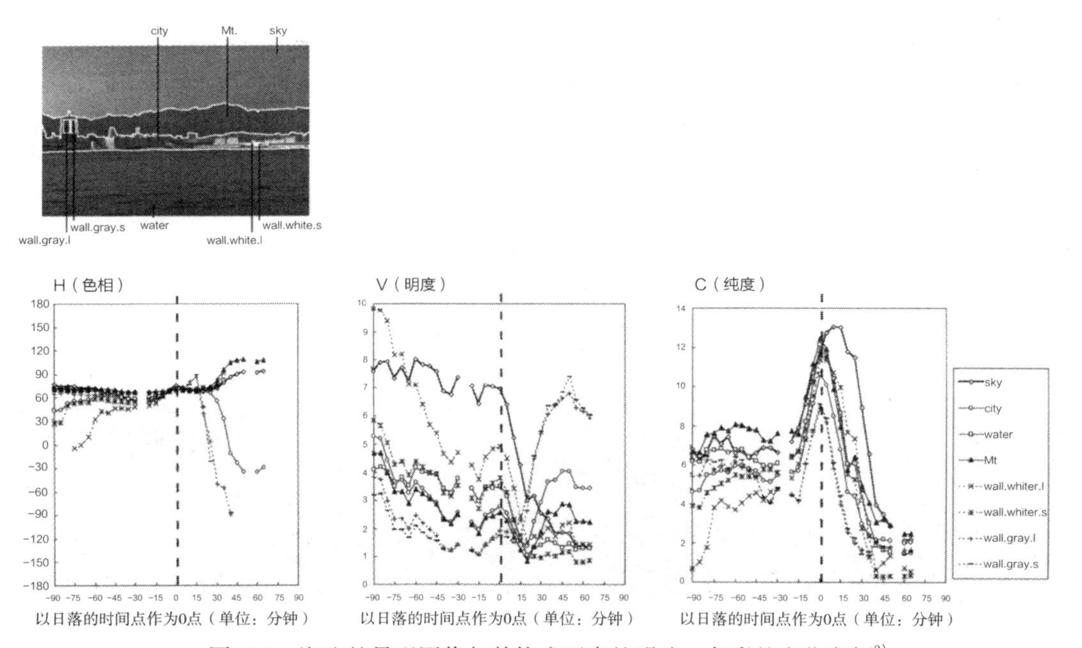

图10.2　海边的景观图像与其构成要素的明暗、色彩的变化实例[3]

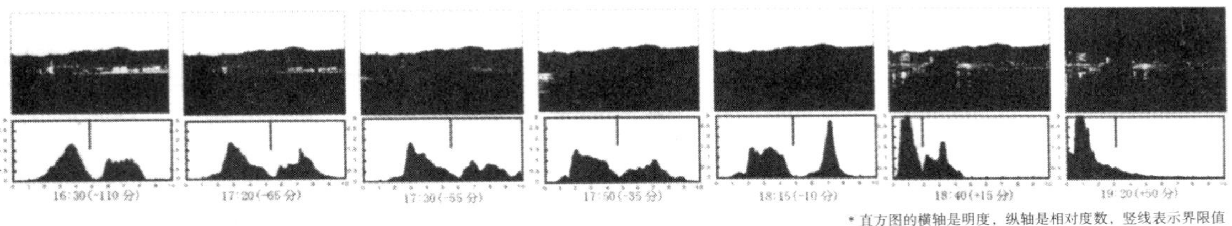

图10.3 明度的二值化图像与直方图的时间序列变化案例[3)]

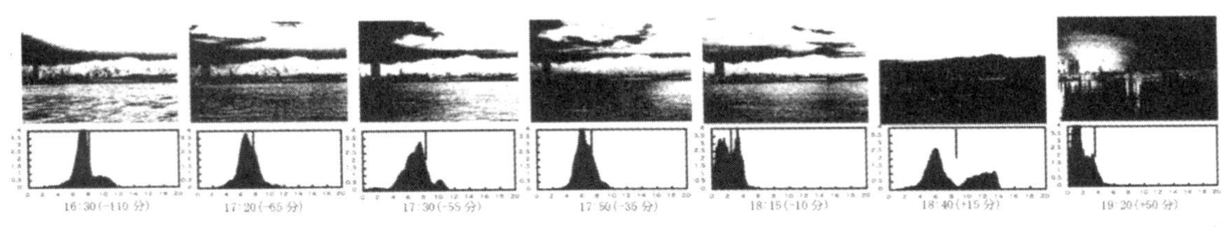

图10.4 纯度的二值化图像与直方图的时间序列变化案例[3)]

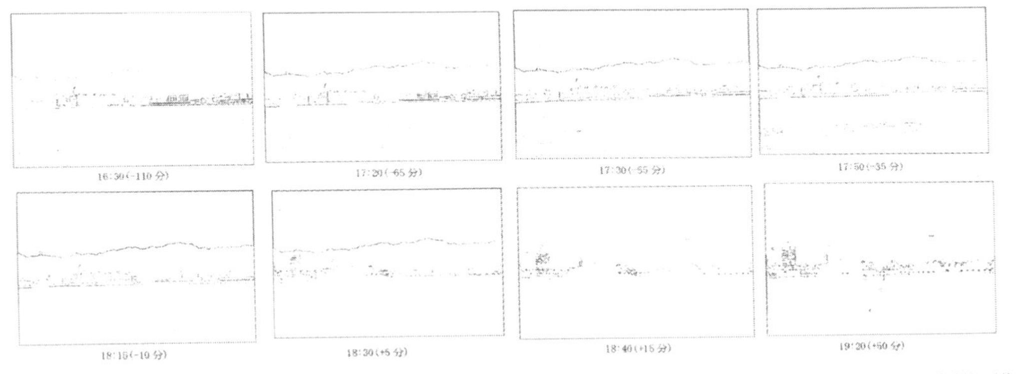

图10.5 抽出边界图像的时间序列变化案例[3)]

◉ 轮廓强度的变化

图像要素之间相对关系的变化，除了上述相互纠结的构成变化之外，要素之间所占区域边界轮廓的强度和清晰度也发生了变化。图10.5显示的是以景观图像局部的明暗差别为基础，通过拉普拉斯滤镜（Laplacian Filter）提炼出边缘，再基于判别分析法抽出相对较强的边缘。

从图10.5的时间序列图片可以看出：要素的轮廓会时而变得清晰，时而又变的模糊的情况。

◉ 时间序列变化过程——构成要素的分化与同化

如果把上述变化进行模式化的总结，这个景观的案例可以总结为如图10.6所示的变化过程。

随着时间序列而变化的一些主要特征被列举在图的下部。在傍晚——这一由白天至夜晚的转换时刻，景观图像随着时间的推移不断地产生变化。景观构成要素的色彩特性时而变得相近、时而又相左，这使得各构成要素在视觉上呈现出时而同化、时而分化的时间序列变化。同时，伴随着这种同化与分化，图像的构成、轮廓线的清晰程度也发生着改变。

再如图10.7所举的由天空、山体和城市街区所构成的景观案例。开始的时候，天空、山体、城市街区可以明显区分开，呈现出分化的状态；继而，山体和城市街区逐渐变成为一个整体，即是呈同化

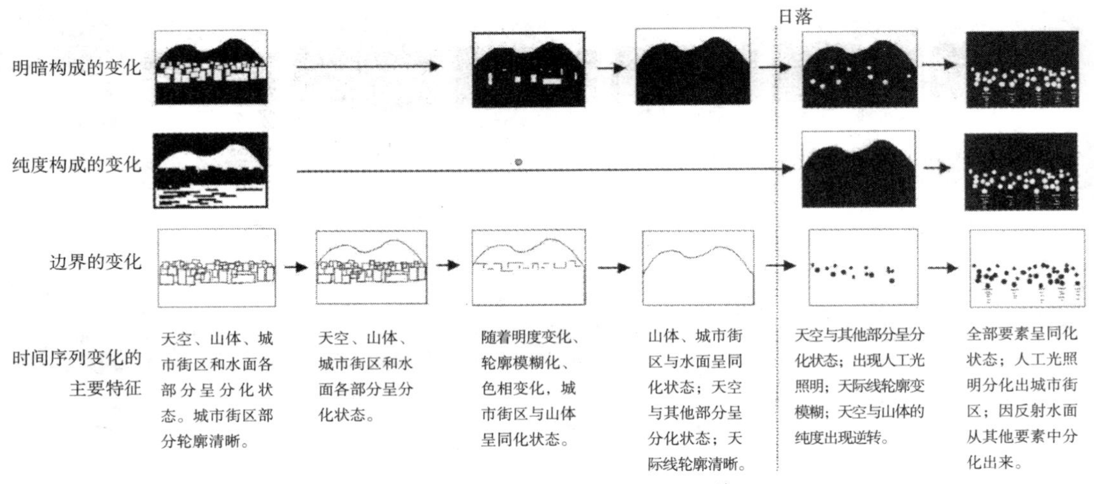

图10.6 景观图像的时间序列变化过程[3)]

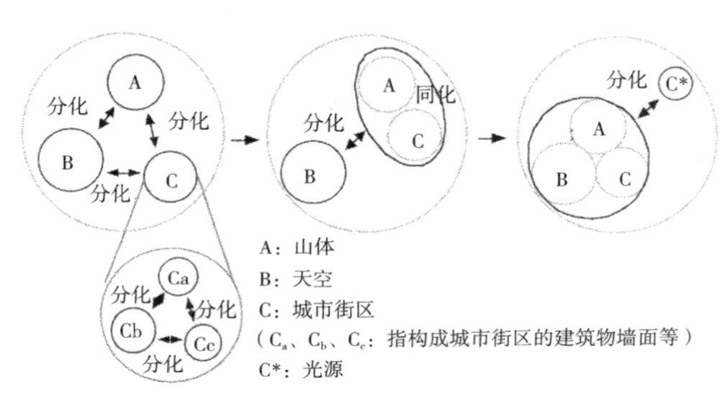

图10.7 基于景观要素的同化与分化的图像变化模型（以天空、山体和城市街区为例）[3)]

状态，天空与图像的其他要素之间形成了明显区别，景观图像整体呈现出二分的分化状态；最后，天空、山体和城市街区全部同化起来，而在图像的中部基于人工光源的分布情况而出现了一定的分化。在该案例中，天空、山体和城市街区被划分开来，视作可呈分化状态的景观构成要素，如果进一步去研究城市街区的景观，则构成了城市街区的各建筑物墙面可被视作呈分化状态的景观构成要素；如果研究山体，则可将一个个的山丘视作呈分化状态的景观构成要素。依次类推，对于随时间序列变化的景观这一研究课题而言，可以发展出一个具有层级化结构的研究框架。假设按照该研究框架去开展更下一层级的研究，我们将会更加详细深入地理解和把握景观是如何随着时间而改变的。

10.2 积雪寒冷地带的城市景观样相

前一节论述了从白天到傍晚、再到黑夜，随着时间推移的景观样相。本节将针对有积雪的城市景观展开讨论。日本关东以西的地区气候较为温暖，每年的下雪次数十分有限，而且一般来说很少会积雪，经过一天左右的时间雪也就溶化了。而在日本的北陆、东北、北海道等地区，其冬季却经常被冰雪所覆盖，与夏季的景观完全不一样。

下文将以作为日本积雪寒冷地带代表性城市的札幌市和小樽市为例，介绍其景观的视觉样相特征，及其白天景观与夜间景观的差异。

⊙ 描述城市雪景的语言

研究通过使用以下景观照片，以调查问卷的方式，采集了人们在观看到札幌市和小樽市的雪景之后的语言。具体方法如下：

① 首先，我们在十字路口用数码相机拍摄白天和夜间的景观。

② 让受验者们根据自己的标准，将其认为近似的照片进行归类。

③ 通过对受验者的采访，了解其分类的标准，并搜集他们所使用的语言。

由此，我们总结出了以下六类的语言：

① 有关颜色的语言。如：全体是白色、纯度低，倾向于红色、鲜艳等。

② 有关光的语言。如：雪非常亮、暗且不清楚、远处也有光等。

③ 有关感觉的语言。如：让人感到难受、柔软、好像闹鬼等。

④ 有关具体名字的语言。如：石砌的仓库、高层公寓、薄野（日本札幌市的地名）等。

⑤ 有关雪的语言。如：被雪埋着、没有雪、看到雪等。

⑥ 有关形态和规模的语言。如：低层、有巨大建筑等。

由此可见，从景观分类标准的角度，描述城市雪景特征的语言非常多，而且也可以发现很多语言被用于描述景观要素的状态。在以上的六类语言之中，与视觉的样相存在主要关系的是：①有关颜色的语言；②有关光的语言。

⊙ 视觉样相

这里的视觉样相，是指视觉构成要素的可见方式和颜色的表现方式。该用语的基础是由德国格式塔心理学学者D. Katz提出的“Mode of Appearance of Color”（颜色的表现方式）概念[5]。他把“颜色的表现方式”分为以下9种：①面色、②表面色、③空间色、④光辉、⑤透明面色、⑥透明表面色、⑦镜映色、⑧光泽、⑨灼热。上述概念的基准理论是以歌德作为起点的现象性的色彩学，而非源自于牛顿之后发展起来的物理的、科学性的色彩学。

为了研究城市景观的视觉样相，我们以D. Katz提出的9种“颜色的表现方式”为基础，对景观的样相进行了整理与分类（表10.1）[6]。在样相一栏中需要稍加解释的是“基本样相”中的“面色”和“表面色”。“表面色”指的是物体表面的颜色。而“面色”也被称为“管窥色”，可以想象在没有颜色的纸上打一个洞，再在它下面放一张有颜色的纸，透过洞口可以看到的颜色就是所谓的“面色”。面色与表面色不同，它不具备物体表面色所具有的质感。

表10.1　样相的分类

样相	样相的种类
1. 基本样相	面色、表面色
2. 透明性的样相	空间色、透明面色、透明表面色
3. 亮度的样相	眩光、面照射、光辉、白带、白色光泽、灼热、鲜艳热烈的颜色、荧光色
4. 反射性的样相	镜映色、光泽、金属色
5. 暗度的样相	阴影、黑暗
6. 强调实体性的样相	表面补色、浸润、湿润而稍有光泽的颜色
7. 随着时间变化的样相	光亮、闪光、白玉般的颜色、阳炎色、光渗、火花、反射的颜色、残留影像的颜色、人主观产生的颜色
8. 不易总结的样相	干涉色、偏光色、折射色

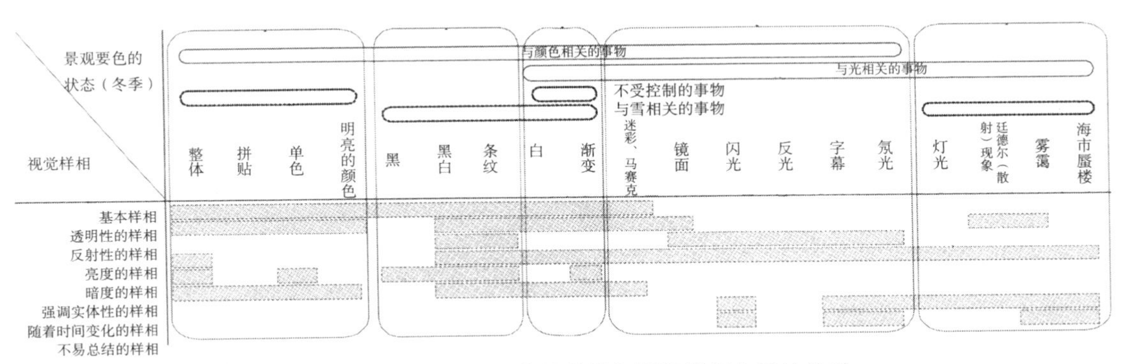

图10.8　景观要素的状态的种类与视觉样相之间的关系

影响视觉样相的景观要素的状态

与颜色相关的事物

整体　34/756

定义：面上没有缝隙的状态；面之间紧密贴合的状态；未被污染的积雪一般的无缝的面；与墙面的肌理感相比较，无缝的整体感更强的状态；夜间从建筑物或者住宅中透出的均一、均质的光亮。
案例：作为一个整体，以面的形式发光可见的大尺度、单一的面

拼贴　13/756

定义：以手工的方式将颜色或者大小都不一致的布片拼合起来所形成的富有变化的模样。将墙面自身的不同着色或者广告牌等构成了立面全体的四边形块材，以具有韵律感的方式拼贴在一起的状态。
案例：颜色鲜艳夺目；在狭窄的街道中出现很多颜色，全体呈现出色彩斑斓的状态

单色　20/756

定义：单色画、黑白画、全体来看单色占主导的状态。
案例：同色系；建筑物朴素、色彩较少的状态

白　29/756

定义：在非常整的无缝大面上，白色占主导和支配作用，比如说积雪。
案例：白、雪、通体白色、通体明亮

明亮的颜色　15/756

定义：色调柔和、既明亮且透彻的中间色。
案例：建筑物浅淡、暖色、漂亮的颜色

黑　23/756

定义：观察对象的面，由于墙面自身颜色，或者光线昏暗的原因，致使黑色的面占了支配作用的状态。之前无法确认的状态。
案例：阴暗、漆黑、树林像黑幕一般的状态

黑白　21/756

定义：积雪等白色的部分，和路面、墙壁等黑色的部分一起占支配地位的状态。
案例：虽然在昏暗的状态下，但可以感知白色的情况

条纹（竖向、横向、曲折的、随机的）　18/756

定义：积雪之上，由于人行、车行等造成的深色印记；在瓦屋面上残留的线状的条纹积雪；阳光将建筑物或者树的影子投射在对象面上的情况。
案例：车辙、光照、带状组织、汽车轮胎辙、一根线

与光相关的事物

迷彩（马赛克）　23/756

定义：黑、白、青等颜色不规则地涂色，遮盖。由于墙面自身的着色、广告牌等随机布置，原本墙面的样子已经无法识别的状态。
案例：建筑物的高度、颜色等凌乱无序，不具有统一感

字幕　10/756

定义：流动着字幕或者画面；在墙面上用极光幻想等方式流动呈现的字幕或者画面。
案例：广告（灯箱）

闪光　13/756

定义：像闪光一样，发出耀目的光。
案例：与建筑物无关的，刺眼的、各色的点状光

渐变　9/756

定义：某种颜色由浓至浅逐渐变化的样子；向墙面投射的光，逐渐由强至弱地向周围渐变的状态。
案例：近处暗远处亮的渐变

荧光（氖光灯）　14/756

定义：由氖光等支配的状态。
案例：外墙照明、广告的光、氖光通告板

镜面　15/756

定义：照片中建筑物自身（或者周围）像镜子一样的物体。
案例：玻璃反射、镜像、反射

廷德尔（散射）现象　4/756

定义：在空间中散布着许多微小粒子的情况下，光发生的散射现象。降雪时所能看到的街灯、灯箱等光的轨迹的情况。
案例：可见的光的轨迹、光带

雾霭　9/756

定义：降雪（特别是细密的雪）时多能看到的街灯、照明等呈现出的模糊的样子。或者整体观察对象由于下雪而感觉到雾气笼罩的样子（白天、夜间都有这种情况）。
案例：模糊一片

海市蜃楼　6/756

定义：由于地表温度的不均匀造成了空气的密度的差异，致使光线发生了折射现象，表现为地上的物体的映像或者镜像悬浮在空中出现。远方的物体在近处浮现的景象。由于夜间的降雪，导致观察对象呈现出摇曳不定的状态。
案例：只有一个明亮的物体浮在半空中

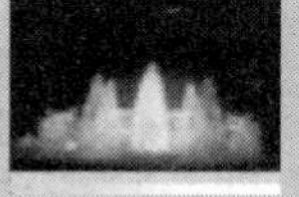

灯火　15/756

定义：点亮的火、灯、像蜡烛一样摇曳发光，或者光闪烁的样子。
案例：蜡烛、黑暗中有光的样子、复数的点状光源

反光　32/756

定义：建筑物或者道路的一部分表面由于反射作用所呈现出的发光的样子。平滑、光亮的状态。
案例：反光、反射、道路的反射光

感觉　132/756

虚幻的光、寂寞的、危险的、温暖的、有压迫感的、有活力的、令人难过的、夺目的雪块、幻想的、明亮的

具体的名称　135/756

施工现场、高层公寓楼、宾馆、办公楼、拱廊

与雪相关的事物　38/756

被雪埋没了，在积雪的断面可以看到一层层的结构，都是雪

与形状、规模相关的事物

形状　63/756

形状凹凸不平、隧道、光的形状、建筑物的形状、摇晃的、格子、坡道等倾斜的地形

规模、数量、密度　46/756

持续的密，建筑物不整齐地并置在一起，建筑物很密集，连续性

不影响视觉样相的景观要素的状态

图10.9　景观要素状态的种类

⦿ 景观要素的状态与视觉样相的关系

前文介绍了通过问卷调查分类城市雪景照片的方式获取了相关的语言。对于和视觉样相联系紧密的“与颜色相关的语言”和“与光相关的语言”，图10.8展示出它们与视觉样相究竟是如何联系的。在此详细地对景观要素的状态进行了分类，而且用具体的言语替换了分类用的名词。比如景观要素的状态一栏中“与颜色相关的语言”被分类为整体、拼贴、单色、明亮的颜色等。图10.9详细说明了这些分类用语的说明，并附上了案例照片。在各栏分类用语右侧的“**/756”表示的是在调查问卷时用的756张照片中，有**张具有该特征。该图对于影响了视觉样相的景观要素状态进行了详尽的举例说明，而对于不影响视觉样相的景观要素状态则仅给予了简略的说明。影响视觉样相的景观要素状态主要分为：“与光相关的事物”，“与颜色相关的事物”，以及与两者都有关系的事物。

如图10.9中所示的研究成果，即在积雪寒冷地带（札幌市、小樽市）与视觉样相相关的景观分类与案例，均是以基于照片的问卷调查为前提的。而针对照片作出的评价的确具有一定的局限性。今后，针对人在实际场所中所真实感知和感受到的样相的研究将更为重要。

◆ ◆ ◆

本章试图就景观评价的三个要素——景观对象、环境、感性之间的关系展开讨论。首先以从白天到夜间转换时刻中的景观为研究对象，介绍了伴随着环境的变化，景观对象的色彩与形态轮廓是如何变化的。其次，以积雪寒冷地带的城市雪景为研究对象，介绍了景观对象的特征与人们基于感性的视觉样相的言语表达之间的关系。上述研究案例均以景观的变化和场所的特征作为研究对象，今后我们也期待能把研究扩展至更加日常的景观范围中去。

（奥　俊信、大影佳史、畠山雄豪）

参考文献

1）神戸市の絵はがき，NBC
2）原　広司：空間〈機能から様相へ〉，岩波書店（1987）
3）大影佳史，宗本順三：画像分析による夕刻の光景変化の特徴把握−光景画像の明暗・色彩および輪郭情報の時系列変化，日本建築学会総合論文誌，3号，96-101（2005.2）
4）小林　亨：移ろいの風景論−五感・ことば・天気，鹿島出版会（1993）
5）Katz, D: World of Color, Kegan Paul, Trench, Trubner Co. LTD（1930）
6）亀谷義浩，奥　俊信，舟橋國男，小浦久子，木多道宏：建築外装材における色彩の様相−都市景観における色彩の様相に関する研究　その2，日本建築学会計画系論文集，533号，97-104（2000.7）

11 基于地震时受损害感受的抗震设计

具有讽刺意味的是，日本近年来出现的抗震伪造问题，反而使人们得以重新认识建筑设计中构造设计的重要性了。由于地震在日本是无法避免的，所以人们在购买房子的时候建筑的抗震性能是非常重要的考虑因素。但是对于不具备专业知识的普通民众而言，去判断建筑具有何种程度的抗震性能是非常困难的事情。为了解决该问题，人们制订了住宅性能评价体制，开始建造标明了抗震等级的建筑物。该抗震等级评价的是在预测等级的地震发生时，修复建筑物受损害情况的可能性，但并未对居住其中的人在发生地震时的受损害感受，以及居民的感性进行评价。结构专家与普通居民对于建筑物的抗震性能和受损程度的看法和感受是有差别的，这在日本的阪神淡路大地震之时表现得非常明显。

现今的建筑设计所追求的是将居住者的感性也考虑在内。然而居住者的感性是因人而异的，将研究特定到每一个人的感性显然是不可能做到的。但是，如果把在此居住的人们视为一个集团，将研究特定到某一个这种集团的感性（在此称之为社会的感性），在一定程度上是可能的。

本章的内容是以集合住宅为研究对象，介绍如何分析社会的感性，并且通过把分析的结果应用在构造设计中的方法，来研究如何去设定抗震目标性能值。下面是研究方法的概要：对社会的感性的分析，主要以大规模的集合住宅住户为对象，通过邮寄的方式开展了问卷调查。我们对不同职业和各年龄层的人进行了调查，调查内容是在地震时的受损程度、能够容忍，以及所消耗的最高成本等问题。研究团队基于问卷调查的结果分析了社会的感性。

针对抗震目标性能值的设定问题，本研究将本来以语言的形式表现的人的表现，通过应用混沌理论的方法，转化为更加符合自然形态的数字的形式，进而使之与工学中的变量相关联。

11.1 关于抗震性能的问卷调查

◉ 问卷的内容

为了详尽地表现建筑的受损害状况，我们准备了建筑物受损害状况的资料记录，对居住在中高层集合住宅区的660多户居民作了问卷调查。

主要调查内容如下所示。分为资料和正文两个部分。

■ 资料

资料［1］：解释说明公寓抗震的强度（把公寓的强度分成4个等级）

资料［2］：解释说明地震的大小和地震的损害（地震的大小分为3种：中小、大、极大）

资料［3］：在地震中的受损害状况（受损照片与文章）。所使用的受损照片如图11.1所示

■ 正篇

问题［1］：销售价格与抗震性能的相对重要度

问题［2］：销售价格与修补费用的相对重要度

问题［3］：抗震性能与销售价格的相关增加率的关系

问题［4］：购入的建筑物的等级

问题［5］：销售价格的增大率与满意度

问题［6］：地震受损害的修补费与满意度

问题［7］：由地震引起的受损害状况

问题［8］：表现了满意度的数值评价

问题［9］：地震大小的相对重要度

问题［10］：销售价格与家具、用品受损害的相对重要度

◉ 回答结果

共计回收了108个问卷回复。在受访者之中，虽然也有个别的从事与建筑相关职业的人，但绝大多数都是不具备专业知识的人，因此我们获得的答案应该说可以代表普通民众。

主要的回答结果如图11.2~图11.6所示。

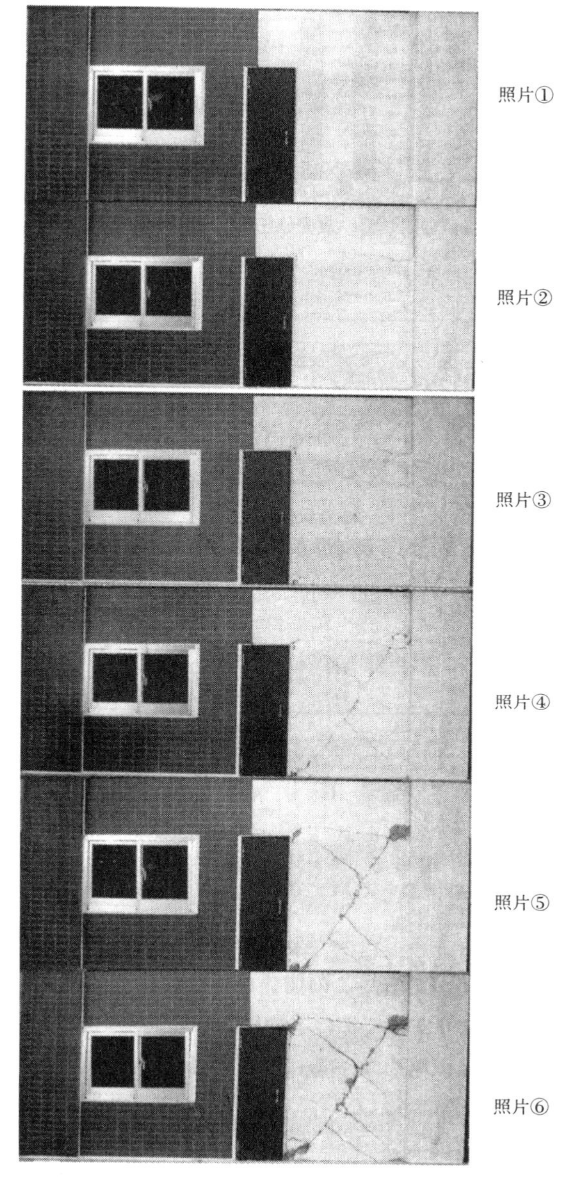

图11.1 受损照片（资料［3］）

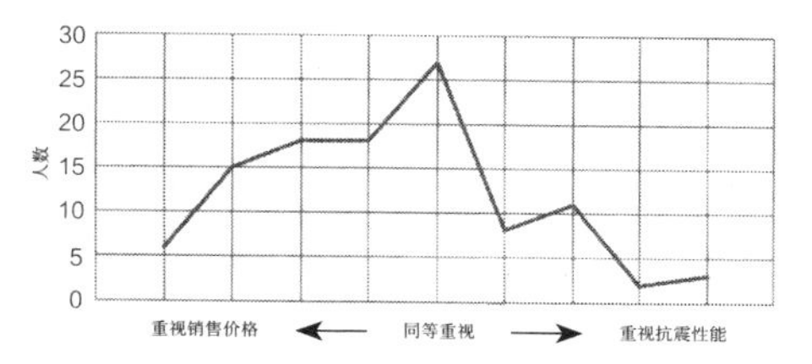

图11.2 问题［1］销售价格与抗震性能的相对重要度

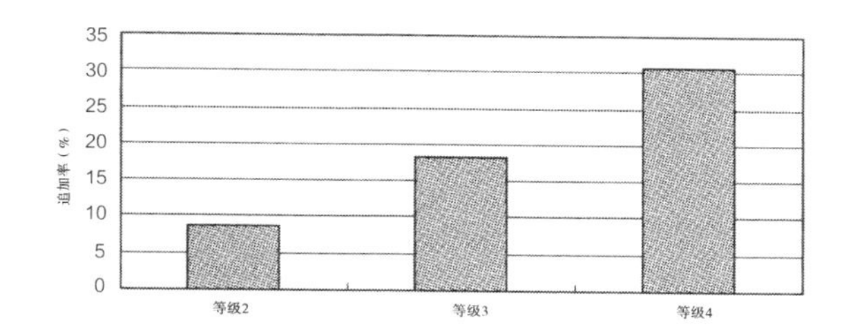

图11.3 问题［3］抗震性能提高时相对于等级1建筑物销售价格的上升率

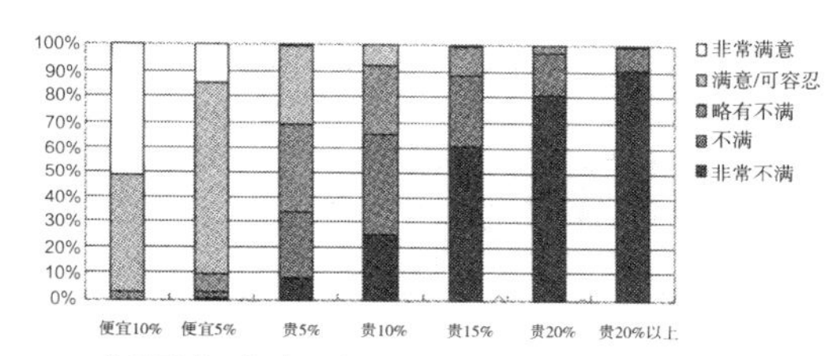

图11.4 问题［5］相对于销售价格增大率的满意度

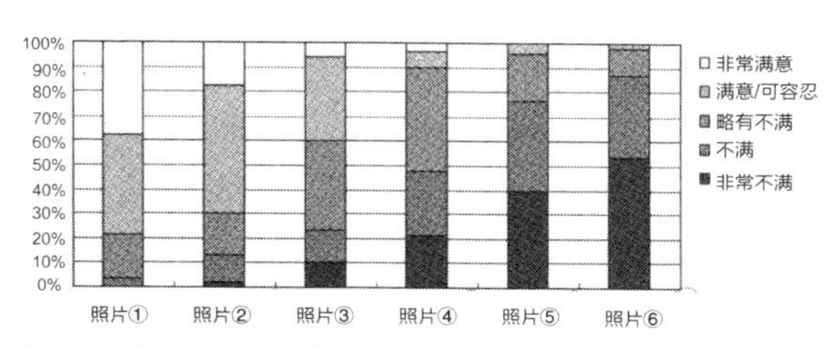

图11.5 问题［7］关于遭受了极大地震之后受损照片的满意度

为了让普通居民易于理解，调查问卷使用了销售价格一词，此后的章节中我们将改称为初期成本（=销售价格）。

图11.3显示了在建筑等级（资料［1］）为2级以上的公寓建筑中，如果以等级1建筑物作为基准，人们所能容忍的等级2、等级3、等级4公寓销售价格的追加率平均值。

图11.4显示了随着销售价格的增减，不同满意度的比例关系。

图11.5显示了针对资料［3］中提供的建筑物在遭受了极大地震之后的受损害照片①到⑥，受验者们的不同满意度比例关系。

图11.6是从“非常满意”到“非常不满”被分成5类的满意度数值线，以0（同于预想）为中心，-10（最不满意）为最低时，所有回答者的数据分布。

11.2 基于混沌理论的感性数值化

下文以举例的方式说明了本研究是如何将人们

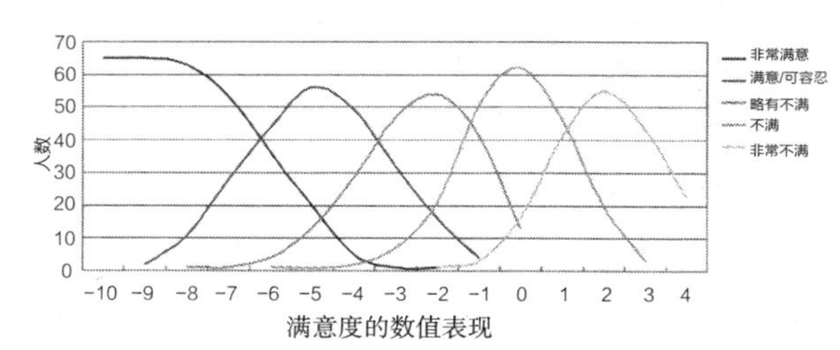

图11.6　问题［8］数量化的满意度表现分布

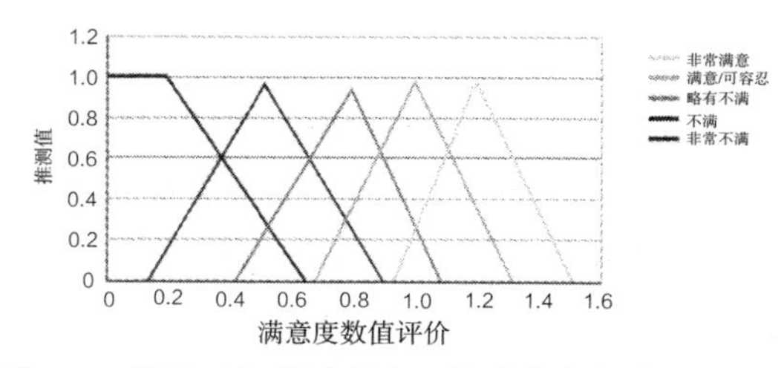

图11.7　线性近似曲线所表现的满意度数值评价比例

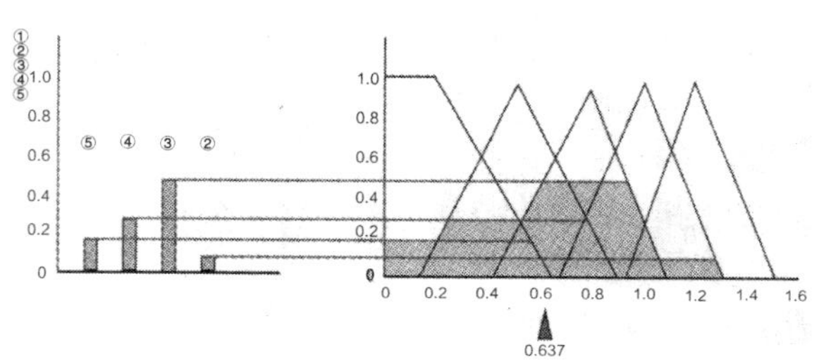

图11.8　混沌理论应用实例

在遭受了问题［7］中所举的极大地震之后，关于如照片④所示的受损害情况，满意度的数值评价

受灾后的感性（满意度）进行数值变换的。案例选取了问卷调查的问题[7]中如图11.1（资料［3］）的照片④所示的情况，即在遭遇了极大地震之后建筑物的某种受损情况。文中其他的感性（满意度）也可以通过同样的方法进行变换。

感性（满意度）的数值表现是可以通过问卷调查中的问题［8］的结果进行推测的。把图11.6所示结果的纵轴转换成从0到1的比例值（推测值），并将图形改变成三角形或者梯形。把横轴从“非常不满”的顶点（–10）转换成0，把“满意/可容忍”的顶点转换成1.0。转换后的满意度表现成员函数如图11.7所示。如果在该满意度表现的成员函数和满意度的人数分布上应用混沌理论，就可以用数值的方式来表现如照片④所示的受到极大地震之后居民的感性（满意度）了。图11.8左侧的柱状图表示的是在遭受了极大地震之后，关于如图11.1的受损害情况，人们的满意度评价在各满意度划分上的度数分布，横坐标轴表示的是各满意度划分。右侧的图显示的是：由左侧柱状图的顶点用直线切入到所对应的各满意度成员函数图形，就可以得到图形的重心位置。这也就是在遭受了极大地震之后，关于如图11.1的受损害情况，人们的满意度的数值。图11.8中的▲所示部位，就是重心的位置，其值为0.637。

11.3　各满意度与抗震性能的目标值（层间变形角）

图11.1所示的受损程度与建筑的层间变形角（在地震作用下层的水平变形量/层的层高）是相关联的，因此我们可以把层间变形角作为抗震性能的目标值。另一方面，人们在购置房屋之时的考量，除了抗震性能，也包含对初期成本和修补费用等所进行的综合性判断。由此，我们应该去研究和关注层间变形角与抗震性能（受损程度）、初期成本和修补费用之间的关系。进而，也必须考察在抗震性能、初期成本、修补费用这些问题中，从购房者的角度来看，哪些更受到重视。下文将介绍上述的若干所谓的关系。过于专业的内容或许脱离了本书的目的，所以我们将简要地加以叙述。详细内容请参考文献1。

◉ 受损水平的满意度与层间变形角

通过收集问卷调查中问题［7］的回答，可以获得受损害水平满意度与层间变形角之间的关系。表11.1列出了受损照片与层间变形角的对应关系。如果将问题［7］的回答依据11.2节所介绍的方法（基于混沌理论）进行数值化，那么就可以获得受损害水平满意度与层间变形的关系。图11.9显示了将该关系图形化的结果，这里的纵轴是受损水平的满意度，横轴是层间变形角。

◉ 初期成本满意度和层间变形角

构造主体部分的初期成本增加率，与伴随着材料断面而改变的混凝土使用量的提高率大体上而言是同步的。根据预先设定的目标层间变形角的不同，混凝土使用量的提高率使用了参考文献1的研究

表11.1　受损照片与层间变形

照片编号	层间变形角
①	1/300
②	1/200
③	1/150
④	1/125
⑤	1/90
⑥	1/50

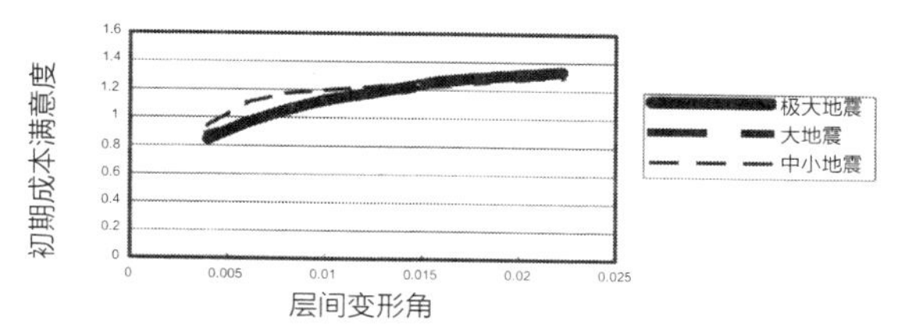

图11.10　初期成本增加率与层间变形角（极大地震）

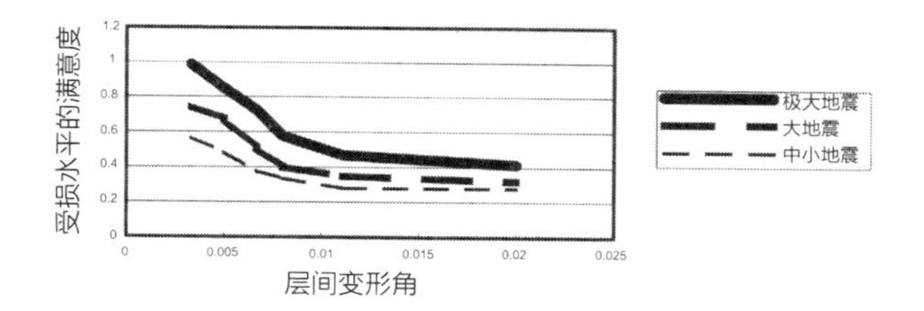

图11.9　受损水平的满意度与层间变形角（极大地震）

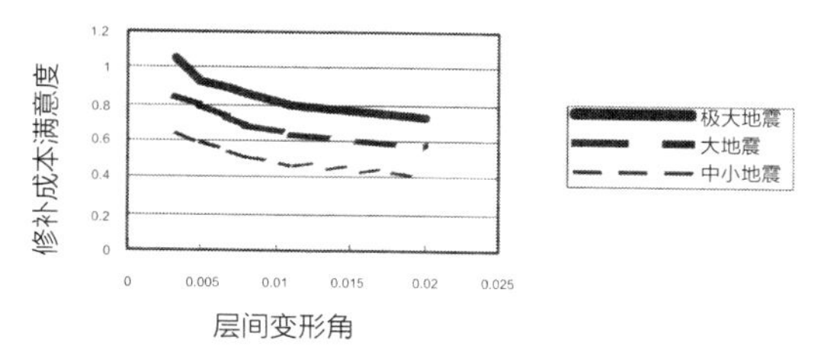

图11.11　修补成本满意度与层间变形角（极大地震）

成果，即把建筑物的固有周期和保有水平耐力系数等作为参数，当部分材料断面发生改变时，用上述参数来解释因此而产生的成本和应答变形的增减，再通过应用“神经网络”的方法学习控制比与成本增高率的关系。控制比（rd）是指，假定最低等级建筑物的应答变形角如以下预设——极大地震时1/40、大地震时1/50、中小地震时1/300，研究对象所属的建筑物等级的目标应答变形角与其的比值。

问卷的问题［3］可以给出各建筑物等级所能容许的初期成本与法规所规定的最低等级建筑物初期成本的比值，即各建筑物等级所能容许的成本增加率。再根据问卷中问题［4］中所设定的建筑物等级，就可以计算出与顾客预期的初期成本相对应的、任意的应答层间变形角（或称控制比rd）的初期成本增大率。进而，通过问卷中问题［5］的数据，即可以获得初期成本增加率与初期成本满意度之间的关系。再将对于问题［5］的回答结果应用混沌理论进行数值化处理，以线性近似的方法来描述初期成本满意度与层间变形角的关系，就可以计算出对应于任意一个应答层间变形角的初期成本满意度。

利用上述的方法，图11.10展示了在极大地震的预想状态下，初期成本满意度与层间变形角的关系。

◎ 修补成本满意度和层间变形角

层间变形角与修补成本比的关系，可以借鉴文献1的研究成果。如果把问卷中问题［6］的结果，通过混沌理论进行数值化，就可以得到修补成本满意度与层间变形角的关系。研究获得的在极大地震状态下，修补成本满意度与层间变形角的关系如图11.11所示。

11.4　目标设计工学量的设定

◎ 各性能项目的权重设定

综合抗震性能满意度，可以根据问卷调查的结果，通过研究受损程度满意度、初期成本满意度、修补成本满意度这三个满意度的权重关系，以加权处理的方式获得。

（1）初期成本与受损程度的加权

基于问卷中问题［1］的结果，我们可以通过对比初期成本与抗震性能，计算出初期成本与受损程度的权重，如表11.2所示。

（2）初期成本与修补成本的加权

基于问卷中问题［2］的结果，我们可以通过初期成本与修补成本的比较，计算出初期成本与修补成本的权重，如表11.3所示。

表11.2　初期成本与受损程度的权重

性能项目	初期成本	受损程度
权重	5.694	4.306

表11.3　初期成本与修补成本的权重

性能项目	初期成本	修补成本
权重	5.685	4.315

表11.4　各性能项目的权重

性能项目	受损程度	初期成本	修补成本
权重	0.301	0.398	0.302

（3）受损程度、初期成本、修补成本的加权

如果把受损程度和初期成本的权重设定为w_1：w_2，初期成本和修补成本的权重设定为w'_2：w_3，那么受损程度的权重w_d，初期成本的权重w_c，修补成本的权重w_m就可以用以下的公式来描述。

$$w_d=\frac{w_1\cdot w_2'}{w_1\cdot w_2'+w_2\cdot w_2'+w_2\cdot w_3}$$
$$w_c=\frac{w_2\cdot w_2'}{w_1\cdot w_2'+w_2\cdot w_2'+w_2\cdot w_3} \qquad (11.1)$$
$$w_m=\frac{w_2\cdot w_3}{w_1\cdot w_2'+w_2\cdot w_2'+w_2\cdot w_3}$$

根据公式（11.1）可以计算出各性能项目的权重，其结果如表11.4所示。

◉ 综合抗震性能满意度的计算

通过上一节的各性能项目的权重，针对综合抗震性能满意度我们给出了如下公式。

$$\mu_t=w_d\cdot\mu_d+w_c\cdot\mu_c+w_m\cdot\mu_m \qquad (11.2)$$

μ_t：综合抗震性能满意度

μ_d：受损程度满意度

μ_c：初期成本满意度

μ_m：修补成本满意度

w_d：受损程度满意度的权重系数

w_c：初期成本满意度的权重系数

w_m：修补成本满意度的权重系数

对于等级水平为3的建筑物在极大地震的情况下，由公式（11.2）可计算出对应于各层间变形角的综合抗震性能，结果如图11.12所示。

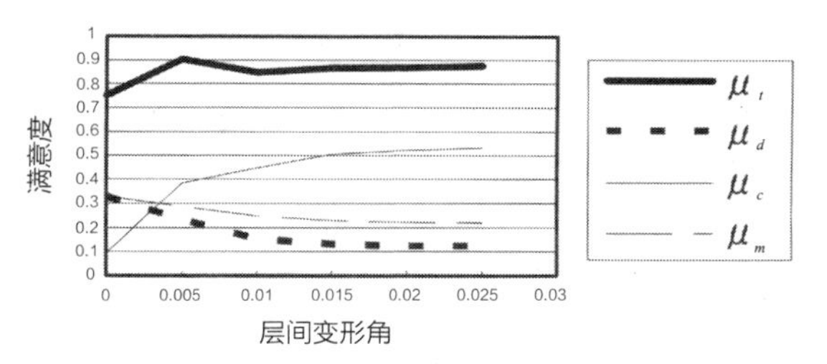

图11.12　水平3的建筑物在极大地震状态下的综合抗震性能满意度

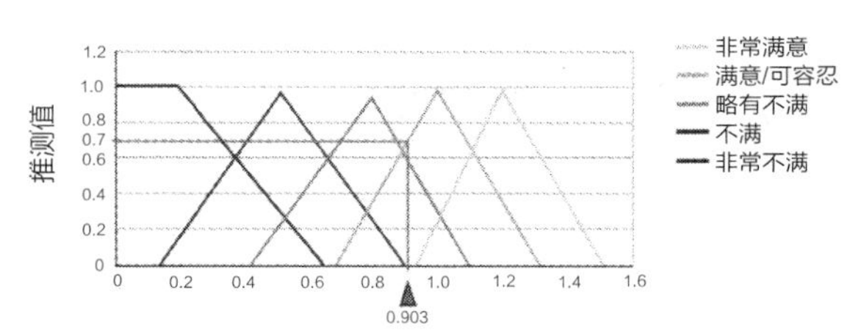

图11.13　七成以上人“满意”或“可容许”时的满意度最低值

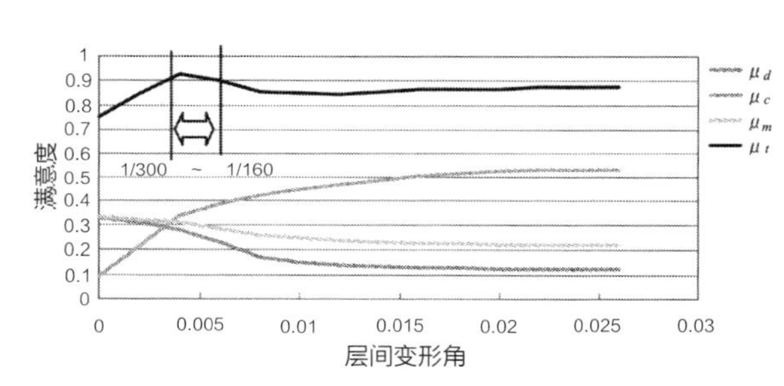

图11.14　水平3建筑物遭遇极大地震情况下对应于七成以上人“满意”或“可容许”的目标设计工学量

◉ 目标设计工学量的设定

在讨论综合抗震性能满意度与层间变形角的关系之时，较理想的是能将抗震性能目标值（即目标层间变形角）设定在高于一定的满意度水平之上。作为社会的感性，假如我们圈定70%的人应处于“满足”与“可容许”的范围之内，根据图11.13可推知：应该把抗震性能值设定在“满意度=0.903”以上的范围中。而综合抗震性能满意度的值在0.903以上的情况，对应的层间变形角的范围是1/300~1/160。这也就是说，将抗震性能目标值设定在1/300~1/160之间的范围内，是比较恰当的。

对于没有构造专业知识的普通居民而言，以具

象的方式来描述受损程度是非常重要的。通过在问卷调查中使用受损照片，可以引发出居民在地震中可能会感受的满意度或者容忍度。进而，对于以语言的形式所表达出的感性，可以通过应用混沌理论，转换为工学变量。通过考虑居住者的感性，才可能发展出更加合理的设计，未来居住者的满意度也会变得更高。另一方面，成本与抗震性能之间具有此消彼长的权衡关系，普通顾客对于成本和抗震性能的过高要求，往往会脱离现实。本研究成果可以扮演顾客与设计者之间的交流工具，应用它来统一设计者与顾客对于某些问题的思考。

（堤　和敏）

参考文献

1) 堤　和敏，鷹野和彦，林　和也，寺岡　勝，瀧澤重志，谷　明勲，河村　廣：顧客満足度を考慮した目標設計工学量の推定法に関する研究，第23回情報システム利用技術シンポジウム 2000，199-204（2000.12）
2) 瀧澤重志，河村　廣，谷　明勲，堤　和敏，鷹野和彦，林　和也，寺岡　勝：インターネットアンケートを利用した耐震性能に関する満足度調査，第23回情報システム利用技術シンポジウム 2000，297-300（2000.12）
3) 堤　和敏，平田　毅，太田優子：ファジィ理論を用いた耐震性能満足度評価法，第24回情報システム利用技術シンポジウム，121-126（2001.12）

12 店铺外观设计的设计理念制定法

偶遇一间设计精美的店铺，或许会自然而然地产生进去看看的念头。这种体验估计谁都会有。反之，不愿意进的店铺应该也有很多。使顾客产生欲望、步入店铺的原因很多，其中视觉性的原因是比较主要的，尤其对于日本人更是如此，日本甚至被认为是一个重视视觉的民族。最具代表性的日本料理与和服，均借助视觉的效果来呈现美味与华丽。

笔者通过应用感性工学的方法，来研究较能吸引顾客进入（下文以“容易进入”来指代）的店铺设计。研究首先针对人们容易进入的饮食店展开了案例研究。下文通过调查分析的方法，探讨是哪些设计要素在两人容易进入和多人容易进入的店铺中发挥着作用[1)]。

继而开展的研究案例是容易进入的理发店。如今的街市中，个性化设计的理发店比比皆是。与理发店类似的，研究也对各种设计风格的点心店作了研究[2)]。由于理发店是专门为顾客塑造发型的，消费的目标非常明确，因此所谓的想进去看看这样的动机并不存在。相对而言，设计独特的点心店却很容易让人产生走进去看看的念头。本章不仅针对点心店的容易进入进行了研究，也从“希望进去看看”的视角出发进行了分析[3)]。并且，在点心店的案例中，我们与笔者所在大学的居住环境设计学科的建筑家一起，作了联合研究。本章以针对理发店与点心店的案例研究作为媒介，介绍了由笔者提出的相关感性工学方法。

12.1 源于认知科学的方法

首先来介绍一下将用于上述理发店和点心店案例研究的感性工学的方法。感性工学的方法论不仅仅具有独特的方法，而且也广泛借鉴了相关学科的方法论，其原则是“以人为本”的设计视点。感性工学的倡导者长町三生，就曾经不顾技术部门的反对，基于对家庭主妇日常行为的观察记录数据，把冷冻室空间从冰箱的上面移到了下面。时至今日，所有的冰箱都理所当然地采用了这一模式。从技术的角度来看，由于制冷剂比空气要重，因此将冷冻室设置在冰箱上层是相对合理的。然而从“以人为本”的角度来看，只有将做饭时更常用的冷藏食材放在冰箱的上层，才会减轻人的疲劳，这是更符合人的要求的设计。

近年伴随着计算机科学的发展，诞生了研究分析人的心理的学问。认知科学就是其中最具盛名的代表。感性工学不仅局限于如前例所示的针对人的行为进行分析与提案，近年来针对人的心理展开分析与提案的研究方兴未艾。本章基于认知科学的视点，对容易进入的店铺设计展开研究。

12.2 人的认知评价结构

根据作为认知心理学理论原形的个人建构理论（personal construct theory），人的认知评价结构具有如下特征：人的行为具有个人认知单位（建构）的层级构造；人的行为是基于对由下位传递至上位的信息加工而决定的[4)]。比如，在商店中手上拿起一个手包（下位的认知单位），比量一下是否适合自己；此时，会产生出诸如看起来“高级”、“年轻”（中位的认知单位）的印象；之后又会产生出诸如“有魅力”、“想要”（上位的认知单位）的感觉。最后，才会发生打开钱包，进行购买的行为。图12.1就是根据这个评价结构做成的层级图。

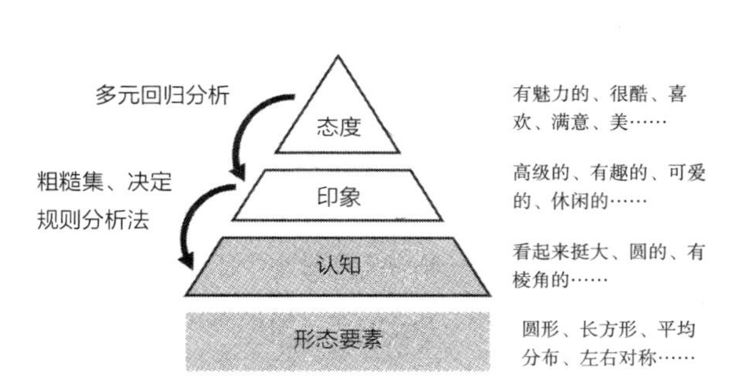

图12.1 认知评价结构

如同上例所示，消费者行为的层级构造具有从下位向上位的方向性。而从产品设计的角度来看，如果通过调查分析可以发现消费者的喜好与“高级感”有关，进而“高级感”又与金色扣饰之类的设计要素相关联，那么这种逆向的解题思考将有助于获得对设计有利的知识。

基于上述思考，在理发店的案例中，研究把“容易进入的程度”作为上位的“态度”，通过问卷调查的方式来梳理其层级构造。在该方法中，为了阐明层级构造，首先我们必须明确如图12.1中所示的位于中位的“印象”和位于下位的“认知部位”。

有很多方法可以用来探求印象与认知部位，其中最正统的是直接去倾听顾客的意见。针对以下的案例，研究通过运用“凯利方格技术”（Kelly Repertory Grid）[5] 中常被使用的攀梯法（Laddering），开展了以女大学生为受验者的实验调查。攀梯法中借鉴应用了临床心理学的一些方法[6]，是不需要经过特殊训练即可使用的简单方法。通常面对面的访谈型调查方法，调查结果与施加访谈的调查者的个人能力关系很大。而攀梯法的特点之一正是不依赖于调查者的能力，无论是谁都可以获得相对稳定的结果。

具体方法是，选用日本国内（城市中心地区）60个不同类别的店铺样本的照片，邀请20名女大学生参与调查。实验首先请她们从“容易进入”亦或是“不容易进入”的角度把照片进行分类；然后再把每一类的照片按照其各自的标准从第一名到第五名进行排序；进而比较第一名和第二名的照片，询问（用攀梯法中的“上梯”（ladder up）和“下梯”（ladder down）的方法）照片之间的差异。所谓的“下梯”以举例的方式说明就是，比如受验者认为第一名的照片具有“明亮”的感觉，当询问具体是哪里有这种感觉之时，答案是位于下位的认知部位“白色的墙”。与此相反，“上梯”的情况是；当受验者回答之所以觉得第一名容易进入是因为有“白色的墙”，再向其询问抽象的理由之时，是由于感到了“明亮”。上述的所谓“上”和“下”都在图12.1的层级中有所显示。

同样的办法，我们也对第一与第三、第一与第四等所有可能的组合实施了前述的实验，并从20名受验者的回答中整理得到了“印象”用语和“认知部位”的实验数据，进而归类为9种“印象”和39个“认知部位”（表12.1）。

通过整理实验结果，我们基本上得以掌握上述的评价结构。而且，通过利用箭头表示相关联系的方式，建立起描述评价结构的网络图。在建筑领域，该图可以作为设计的基础资料加以利用。

12.3　认知评价构造的解读

下文以解析的手段探求如图12.1中所示的认知评价结构。具体来讲是利用统计学方法（多元回归分析）进行计算，再由攀梯法归纳的9种印象中，获取那些与“容易进入”的相关度较强的印象。计算结果显示：由相关度从高到低的顺序可以列出“高雅的”、“轻松的”、“有品位的”这几种印象。由此我们可以总结出“高雅的、具有轻松的氛围、有品位的理发店是让人感觉容易进入的”。

基于上述结果，我们又进一步研究了在哪些认知部位（店铺设计的设计要素）下功夫，会获取前述的印象表现。为了探求印象与认知部位之间的关系，本研究使用了粗略集理论[7, 8]。如果使用统计学方法，从结果的可靠性出发，所需的样本量应该在认知部位数量的二倍以上。而本研究案例中的39个认知部位对60个样本，从这一标准来看是不充分的。而且，在之后还有多重共线性的数学性的问题。然而，使用粗略集理论就没有以上问题。

在感性工学领域，被广泛使用的方法还有线性多元分析方法，它要求各说明变量之间需保持相互独立的关系（不相关关系）。然而人所具有的感性与以往工学领域的研究对象有所不同：用以说明的各项目（变量或者属性）之间具有千丝万缕的联系，因之也伴随着严重的多重共线性问题。为了解决上述问题，人们开发出了神经网络、遗传算法等非线性形式的方法，但这类方法中的“黑箱”同时也是其缺点。当前广受瞩目的粗略集的方法，是其中唯一的一个所谓的“玻璃箱”的方法，其所基于的集合论理论基础与人的思维构造较为接近。

下文分析了如图12.1中所示的印象与认知部位之间的关系，其结果如表12.1所示。如果由表12.1中的3种印象层次的设计要素出发，推导出所谓的“容易进入”的设计要素，就会得出表12.1右侧一列的结果。该结果的依据是通过决定规则分析法[9), 10)]计算出的列得分，而决定规则是通过粗略集理论求出的。表中用符号表示了计算所得的列得分值的高低。具体方法的详细介绍可参见本章结尾处。

作为导出规则，首先让我们看一下在3种印象中有2个以上属性值记号（“○”或者“◎”）的情况。如果3种印象下都有记号，即在“容易进入”一列中标记“◎”；如果2个印象下都是“○”或者某一个是“○”，则标记“○”；如果2个印象下都是“◎”，则标记“◎”；如果有1个“◎”，即标记“○”。此外，在上述的规则中如果印象属性当中的1个属性值已被确定，而同时在其他的印象属性值中出现了“◎”等符号，即标记上“△”符号，以作为参考。在表12.1下端列出的印象重视度即为贡献度。

根据上述规则获得了“容易进入”的店铺所需的设计要素集合，显示出如下一番场景：具有某种大玻璃幕墙，或者独立的白色混凝土外墙；不设围墙；设置推门；有少许绿色植物；设置独立招牌；上书硬朗的、不配图的英文文字；不设门垫；照明充足。

12.4　评价结构的再构成

上文介绍的分析成果，植根于如图12.1中所示的认知评价结构，但仍停留在开展调查时所确立的“容易进入”的视角。为了能够发展出新的设计方法，还须对认知评价结构本身进行战略性的改变。

比如，要强调表12.1中的“轻松的”印象，就可以在与其他印象无关的绿植或者照明方面下功夫。再如，希望突出表现“高雅的”印象，则可以摒弃使用大玻璃幕墙，而将重点放在围墙的装饰效果设计之上，由此或会产生崭新的设计提案。

此外，除了店铺的外观设计，研究团队还分析了使人产生“想进入”动机的室内设计要素。同上文的叙述，基于3种印象的分析可得出的结果是：椅子和地板被统一为淡淡的茶色；设置了可以照到全身的镜子；空间内没有放置任何杂物。

综上所述，以“顾客容易进入”作为上位认知单位的认知评价结构被阐释清楚了，基于该分析结果，希望可以发现新的视点，以重新构筑评价结构自身。

表12.1　印象与认知部位的关系分析结果

分类项目			设计要素	高雅的	轻松的	有品位的	→	容易进入
店铺			独立		◎			○
			一层	○				△
			二层以上					
入口	墙面	瓷砖	白色					
			暖色					
		砖	黑色					
			暖色					
		混凝土	白色		◎	◎		◎
			黑色					
			暖色					
			冷色					
	窗框		有					
			无					
	全玻璃幕墙		有		○	○		○
			无	◎				△
围墙			装饰	○				
			其他					
			无	◎	○			○
门			拉门					
			推门	○	○		→	○
			自动门			○		

续表

分类项目			设计要素	高雅的	轻松的	有品位的	容易进入
小窗			大				
			小				
			无				
绿化			有		○		△
			无				
招牌	文字	英文	硬朗风格	○		○	○
			圆角风格		○		
		日语加英语	硬朗风格				
	画		有		○		
			无	◎	○	○	◎
	独立招牌		有				
			无			◎	○
	小招牌		有				
			无				
	地垫		有				
			无	◎	○		○
照明	有			○		◎	○
	无				◎		△
印象重视度				0.41	0.31	0.2	◎>○

12.5 制定设计理念

从理发店的案例研究，我们获得了人（顾客）关于理发店外观设计的认知评价结构。但仅凭此结果，是无法生成具有魅力的外观设计的。此分析结果仅说明了现状的外观设计特征是怎样的，并没有附加任何的创造性。所以，在此我们还必须基于该分析结果制定出设计理念，如果引用前文中长町三生的说法，就是针对分析结果的“数据读取”。

图12.2图示了一种由现有的评价结构出发来制定设计理念的具体方法。该制定方法通过改变现有评价结构中位于中间位置的印象的重视度次序，或者强调其中的某一种印象，又或者追加与原来无关的新印象等手段，达到改变评价结构的目的。但是无论是上述的哪种印象的何种改变，都已经变成了设计师的创造性行为了。该过程将在点心店的案例研究中予以说明。

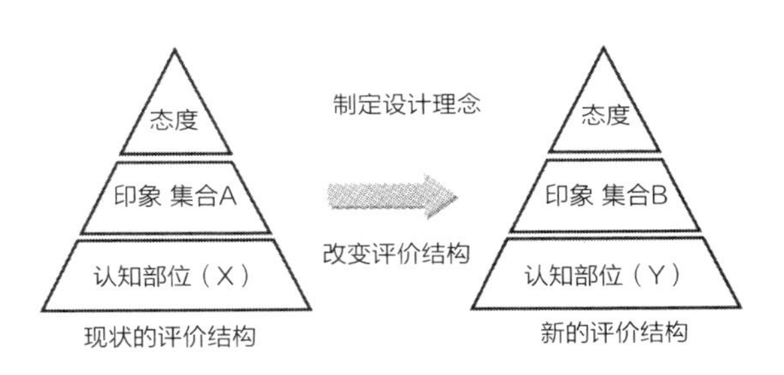

图12.2 基于评价结构变更制定设计理念

12.6 案例研究

首先，通过问卷调查（对象为大学生，男性111名，女性70名，2007年）了解人们是否对点心店的外观设计持有兴趣，发现男女之间关于该问题存在着差异（通过卡方检验方法 chi-square test）。由于女性调查对象表现出比较明确的认知评价结构，因此研究将女性作为受验者。

其次，通过使用评价网格法中的攀梯法，提炼出了认知评价结构中的12个印象和48个认知部位。基于所获得的这些印象，以事先拍摄的25种照片为实验样品，对31位19~25岁之间的女性，开展了5段尺度的SD法问卷调查。

随后，研究团队通过综合运用由田中提出的区间回归分析方法[11]、粗略集方法，以及针对上述分析结果的决定规则分析法，解析清楚了针对点心店外观设计的“希望进入”和“容易进入”这两种态度的认知评价结构。表12.2显示了区间回归分析的结果。

此处所谓的区间回归分析，是用区间模型来假定输入数据与输出数据之间的关系的方法，其出发点是基于以暧昧的区间关系来辨别暧昧现象的现实性思考。该方法被认为非常适用于研究对象是具备着暧昧性特征的人的情况。由于可以设想上述区间的可能性，因此没有必要再推定其统计误差分布。本研究中的25个样品虽然相对而言是比较少的，但对于采用该方法而言已可以满足定式化的要求。

基于现状的认知评价结构，以点心店为对象，制定了“希望进入，进而容易进入”的2个设计理念。方案A采用的印象是：在两种态度（“希望进入”、“容易进入”）中，均占最高位置的“时尚的”和“明亮的”，见表12.3所示。方案B采用的印象是：

表12.2　区间回归分析的结果

态度	区间系数			
	希望进入		容易进入	
印象	中心	区间	中心	区间
干净的	0.55	0	0.46	0
有开放感的	0.02	0.01	0.44	0.01
时尚的	1.14	0	0.27	0
气氛良好的	0.70	0	–0.04	0
可爱的	–0.31	0.01	–0.25	0
温暖的	–0.45	0.07	0.07	0.07
清晰地	–0.34	0	–0.24	0
古典的	0.78	0	0.28	0
高级的	–0.74	0	–0.42	0
清爽的	–0.38	0	–0.38	0
西式的	–0.47	0	0.20	0
明亮的	0.15	0	0.52	0

仅次于最高位置的，处于较高位置的“有开放感的”、“气氛良好的”、“干净的”和“古典的”。

为将抽象的设计理念转变成具体的设计样式，研究借鉴了由森典彦提出的与关于创造性的“合并”[12]的思想方法。这里所谓的合并的具体方法，就是把通过决定规则分析法所获得的对应于各印象的组合模式合并起来[13]。下面我们就通过表12.3中所示的，方案B的组合模式表来进行说明。首先来看一下表12.3中的“入口高差台阶”这一项，在“古典的”一列中对应的是“有”；在“气氛良好的”一列中对应的是“坡道式”；在“有开放感的”一列中对应的是“无”，可谓毫无统一性可言。为了在同一个项目之中不会出现混乱，“有开放感的”所对应的“入口高差台阶”被选择为了“无”台阶这一分类。由此，也就不能再选择“有”和“坡道式”这两个分类了。以此方法，研究团队逐一地对项目与印象的组合进行了选择。

下文总结了通过“合并”所得到的设计样式。对应于在两种态度中具有很大贡献的“干净的”这一印象，得到了不设独立招牌和不设置开放式露台的样式。对应于“气氛良好的”这一印象，得到了不设照明的普通尺寸招牌、招牌背景色为白色、外墙材料是砖、设置陈列橱窗。对应于“古典的”这一印象，得到了外墙颜色是白色的、不设独立招牌、设有照明、门的材质是金属的，还有绿色植物。最后对应于“有开放感的”这一印象，得到了不设入口处的高差台阶、招牌上文字具有装饰性，

图12.3　两种设计提案（上：方案A，下：方案B）

表12.3 方案B的组合模式表与合并

印象区间系数					
项目	古典的0.78	气氛良好的0.7	干净的0.48	有开放感的0.44	分类
规模					大
					中
					小
房间开间					小
					开间大
					纵深大
形式				●	独立一层
					独立二层
					建筑物中
外墙材料	○	● ○ ○			砖
					混凝土
					木
					其他
外墙颜色	●		○		白色
					非白色
雨棚的形状					曲线
					直线
					无
入口宽度		○ ○	○		宽
					普通
入口高差台阶	○				有
		○			坡道式
				●	无
门的材料	●				金属
		○ ○			木
					玻璃
窗的数量					2个以上
		○			2个
	○			○	1个及以下
窗的大小					满墙
	○				大
					小及以下
招牌的大小					大
	○	●	○	○	普通
					小
招牌					立体文字
				○	单色涂色
招牌背景色	○	● ○			白色
					暖色
					冷色
					无

续表

印象区间系数					
项目	古典的0.78	气氛良好的0.7	干净的0.48	有开放感的0.44	分类
招牌文字					日语文字
	○		○	○ ○ ● ●	装饰性文字
		○			无装饰文字
招牌文字颜色					白
					黑
					红
					中间色
招牌照明					有
	○	● ● ○		○	无
独立招牌					有
	●	○	●		无
橱窗	○	●			有
					无
照明	○ ○ ○ ●		○		有
				○	无
开放式露台					有
		○	● ○		无
植栽	● ●		○ ○		有
					无
广告、黑板					有
					无

独立的一层房子。把上述的样式合并在一起，就可以获得方案B的设计。遵循同样的方法也生成了方案A的设计。如此获得的两个方案即可以作为设计的草案，供建筑师参考。图12.3所示的就是由计算机渲染图制作师制作的三维效果图。

接下来研究对这两个设计草案作了有效性检验。首先通过开展5段式SD法评价的问卷调查，获得了人们的评价结果。再将之与前述通过照片样本所获得的评价，以及与作为设计草案出发点所设定的评价，运用Welch近似t检验的方法进行了比较验证。检验结果显示：与设计理念相关的用语“时尚的”对应于方案A，“干净的”、“古典的”对应于方案B，在统计学意义上显示有效。在其他一些方面，方案A的“明亮的”，方案B的“有开放感的”和“气氛良好的”，与通过照片样本所获得的评价相比，也表现出基本持平，甚至更好的状态。

本章所介绍的设计理念制定法是在产品设计中被开发出的方法。参与本研究的建筑家指出，以量产为前提的产品设计与单一制作的建筑外观设计在方法论上是不同的。建筑设计的理念是依据环境的条件、雇主的意向等诸多制约条件而制定出来的。从研究成果的应用价值而言，本章介绍的设计方法或对在全国范围内布点的连锁店设计具有一定的适用性。而本章中所呈现的案例研究的结果，对于店铺外观的设计实践具有参考价值。

［说明］

■ 决定规则分析法

如果在粗略集中求解数百个以上的决定规则是十分困难的事情。于是，决定规则分析法被发明出来，以使之变得可行。该分析法须具备组合模式和列得分两个部分。组合模式如图12.4的左侧所示，在众多的决定规则中找出几组决定规则，再求出每组中的各决定规则所共同包含的属性值。列得分如图12.4右侧所示，它相当于日本数量化理论Ⅰ类中所谓的类别得分（Category Score）。列得分是通过使用属性值列表的组合表格，从前述决定规则中单独的属

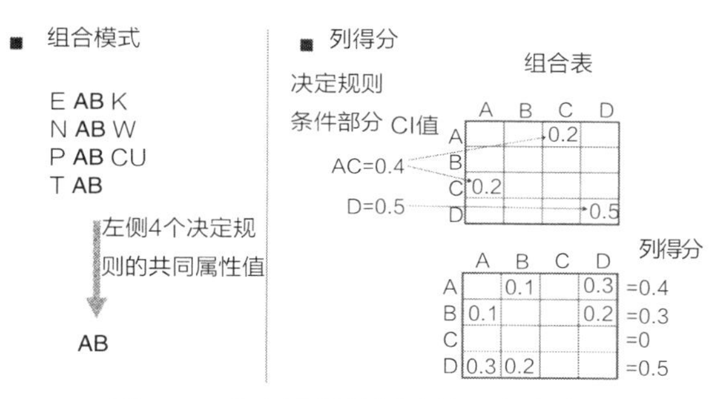

图12.4　决定规则分析法的思考方式

性值与其CI值进行分配、求和而计算得到的值。

（井上胜雄）

参考文献

1）渡辺夕紀，井上勝雄，岡田　明：店舗ファサードデザインと入り易さの関係分析，第6回日本感性工学会大会予稿集，291（2004）
2）島本　望，井上勝雄，益田　孟：ヘアサロンの外観デザインの調査分析と提案，第4回ラフ集合と感性工学ワークショップ予稿集，36-39（2005）
3）藤井忠夫，井上勝雄，久保田秀男：洋菓子店の外観デザインの調査分析と提案，第55回研究発表大会概要集（日本デザイン学会），78-79（2008）
4）日本建築学会編：環境心理調査手法入門，技報堂出版，13（2000）
5）讃井純一郎，乾　正雄：レパートリー・グリッド発展手法による住環境評価構造の抽出一認知心理学に基づく住環境評価に関する研究（1）一，日本建築学会計画系論文報告集，367号，15-22（1986）
6）Kelly GA: The Psychology of Personal Constructs, Oxford, England, Norton & Co. (1955)
7）Pawlak Z: Rough sets, *International Journal of Information Computer Science*, **11**(5), 341-356 (1982)
8）森　典彦，田中英夫，井上勝雄編：ラフ集合と感性，海文堂出版，3-50（2004）
9）Inoue K, Hirokawa M: Proposal of related analysis between Kansei words and Cognitive form, *Bulletin of International Rough Set Society*, **7**(1/2), 55-59 (2003)
10）井上勝雄，広川美津雄：認知部位と評価用語の関係分析，感性工学研究論文集，1巻，2号，13-20（2000）
11）田中英夫：可能性回帰分析，日本ファジィ学会誌，5巻，6号，1260-1272（1993）
12）熊丸健一，高梨　令，森　典彦：ラフ集合理論による属性の縮約を利用したデザイン企画法の試案，デザイン学研究，47巻，6号，71-80（2001）
13）広川美津雄，井上勝雄，酒井正幸，伊藤弘樹：製品デザインコンセプト策定方法の提案（その2），日本感性工学会研究論文集，7巻，3号，525-535（2008）

13 玻璃立面设计方法

在设计工作中建筑师需要综合考虑各种设计条件，与众多的组织和专家协同努力，才能做出优秀的设计方案。建筑师应该综合法律、成本、买家的要求，顾客的满意度，以及自己的感性等多种多样的相关要素，在有限的时间内运用专业知识寻找出可能实现的、最好的解决方案。该设计过程往往无法在固定的、静态的框架中按部就班地进行，它是牵扯到建筑师和各相关主体行为的复杂的现象。本章在复杂、丰富的设计过程中提取出其中的一部分，通过引用知识技术之一的进化计算方法，探讨了一种能够有效导出设计方案的方法。

说起感性的功能性特征，人们会联想到直观的、综合的判断。对大多数人而言，从两个以上的人的面容或者东西的形状中，快速地选择出较为喜欢的一个，应该是比较容易的事情。用理论的方法很难去解释什么是美丽的，或者是好的。然而人只需一瞬间，就可以发觉出容貌的对称或事物的配置，并充满自信地做出判断和回应。该现象表面上看起来是非理论性的，无法明晰说明的。但是正是这种高度的、从属于人的本能的感性的功能，却在设计过程中发挥着非常重要的作用。建筑设计通常设计的都是尚不存在的建筑物，必须通过图纸、模型等媒介物来向相关主体进行介绍和达成协议。本章的研究把对设计方案的形象描绘工作交给计算机去完成，以写实风格提供复数个方案的图像，继而邀请人基于美感对这些计算机图像进行评价，试图将计算机所具备的超强的计算能力，与人所具备的、高度的感性功能结合在一起，形成一种新的方法去发现更好的设计提案。

13.1 立面玻璃的选择

在立面中用玻璃作外幕墙的建筑非常常见。所选择的玻璃的特性，在很大程度上左右着玻璃立面建筑外观的效果。此外，由于白天和黑夜周围光环境的不同，也与玻璃立面建筑外观的效果发生了联系。由此可见，对立面玻璃的评判是复杂而多样的。在实际的设计过程中，玻璃的选择必须根据部分样品和即存的建筑事例来进行预测，探讨其竣工后的效果，有时还要通过原尺寸大小的模型加以确认。在这一过程中，建筑师的经验与对表现图的慎重的推测能力是非常重要的。本研究试图提供一种高效的方法，以帮助建筑师和顾客等那些与选择立面玻璃相关的人员（下文简称为：选择者），探索其所期待的效果及玻璃的特性。

13.2 计算机图像

计算机图像（Computer Graphics以下简称为CG）的进步是非常显著的，随着计算机运算能力的激增，包含着各式各样的体验型界面的虚拟现实（Virtual Reality，VR）技术飞速地发展着，而且未来预计还会更加迅猛。虽然建筑设计过程中，利用CAD制作CG还有诸多不成熟之处，但CG是将空间对象可视化，进而把握空间的最有效的方法之一。CG已经被导入进了设计过程，或者说被部分地导入进了设计过程，它已然是设计中不可或缺的工具。建筑师通过使用简化表现现实空间的CG，来弥补自己的空间认知，并推断尚不存在的建筑空间实物，基于CG与个人认知这两者的互补，建筑师追寻着理想的解决方案。本章通过在CG渲染中运用光线追踪法（Ray-Tracing Algorithm），通过CG图像表现玻璃的可见光反射率、透射率等性能值，进而提出以此为基础的立面玻璃选择方法模型。

13.3 玻璃性能值的辨识问题

作为“选择者”对象的玻璃立面，在其目标效果明确的情况下，制作与目标效果相同的玻璃之时，我们还必须知道由颜色、透射率、反射率等多个指标构成的玻璃的性能值。而且，如果没有一名优秀的“选择者”，把目标效果翻译成性能值并非易事。这是因为玻璃立面的效果是由多个性能值复合决定的。比如说即使是透射率非常大的玻璃，在反射率很大的白天，因周围景色的映入也会变得不怎么透明了。又如在夜晚，建筑物外部变暗、内部变亮的情况下，如果透射率高，无论反射率有多大，也会看得非常地通透清楚。可见，玻璃立面的外观效果是在这些性能值的相互作用下产生的。

直接找出目标效果玻璃的性能值是非常困难的。但如果是面对由计算机生成的玻璃立面渲染图，与所设想的目标效果是否近似，又有哪些背离，让人们通过自己的感性进行上述评价就变得容易多了。以理论的方式是很难说明评价事物优劣的标准的。但是人类具有非常出色的判断能力，他能在复数个可选方案具体存在的情况下，综合考虑其微妙的差别，利用直觉判断出有多喜欢或多讨厌。如果能够借用人类的这种感性的能力去探索可选方案的话，那么将对设计起到非常大的作用。另一方面，人类虽然可以通过感性对存在的可选方案进行评价，但是当备选方案的总数过多之时，对方案的比选需要花费大量的时间和体力。但设计研究须在一定的时间内就出成果，如何进行高效地探索也是本研究的目的之一。综上所述，既需要不断地提炼已经过比选的方案，也必须保证能够以广泛的问题空间为研究对象，开展备选方案的探索进程。

13.4　对话型进化计算

进化计算将生物进化的机制看做是一种适应性系统进行模仿，该计算方法能够以类推的方式，高效率地探索出性能优越的解决方案。将现实的问题空间翻译成遗传信息的模式，根据遗传基因的适应程度，求取更加优秀的遗传基因，由问题空间的角度来看，这即是在探索更加优秀的备选方案。所谓的“对话型”，是指当无法用计算机对其所提出的备选方案开展评价之时，借助引入人的评价来帮助计算机进行优劣判断，并基于此评价生成下一代备选方案的方法。这一过程是一个循环往复的过程。在对话型进化计算（Interactive Evolutionary Computation）中去评价每一代提出的多个备选方案，其实就相当于在检视设计过程中的一些被限定的问题空间，人的评价即等于指明了定义下一个新的问题空间的方向。

为了高效地探索目标效果的玻璃的性能值，应用对话型进化计算是一种可行的方法。首先可由计算机通过进化计算，渲染出基于某些玻璃性能值的效果图作为备选方案；再由“选择者”针对这些备选方案进行评价，打出分值；进而这些评价值又将反映在下一代备选方案的生成过程之中。选择者把作为心中目标的玻璃立面效果，与所提供的备选方案进行比照，基于其感性判断出效果的相似程度，通过人与计算机适应系统的对话在短时间内、高效率地去接近目标效果（图13.1、图13.2）。

13.5　利用对话型进化计算探索的步骤

首先制作出“玻璃立面模型”。在CAD应用程序平台上搭建的该“玻璃立面模型”，是由具有玻璃立面的建筑物三维模型和用于描述玻璃性能值的参数共同组成的。针对这个三维模型，通过设定参数的变化，可以渲染制作出对应着不同性能值的玻璃立面效果图。进而通过把“玻璃立面模型”的调节参数进行遗传基因化，使之能够与遗传算法（Genetic Algorithm）相组合。然后使用对话型进化计算将“选择者”的评价带入探索进程，从而能够获取符合“选择者”预期目标效果的玻璃性能值。

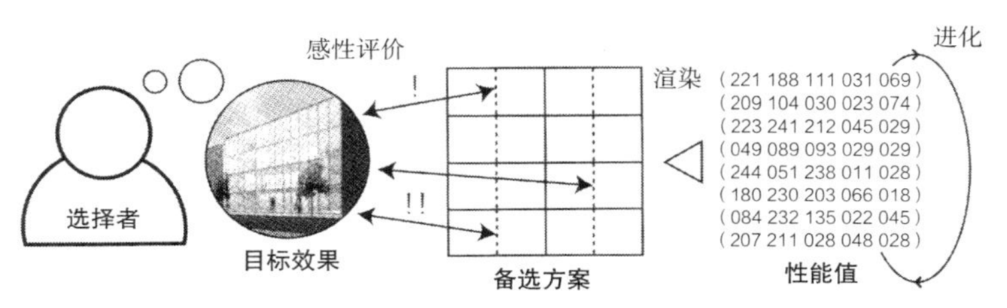

图13.1　为实现目标效果的玻璃性能值探索

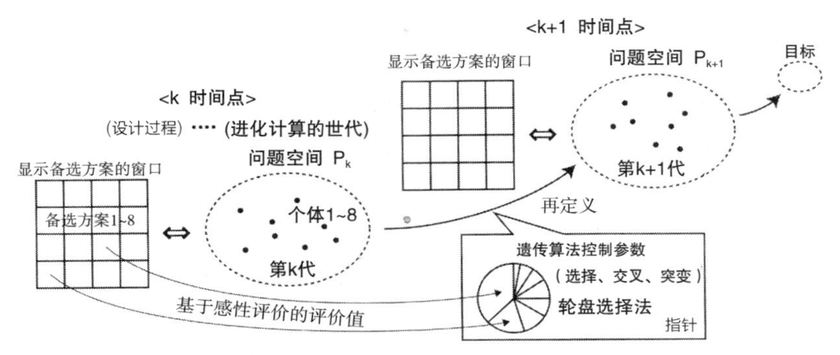

图13.2　设计过程与对话型进化计算的关系

13.6　玻璃立面模型

我们假定有一栋南立面正对街道的低层商业建筑，其玻璃外立面的尺寸为：宽20m，高18m。玻璃采用了单板玻璃，厚度为6mm。玻璃的性能值使用了颜色（以RGB模式描述）、反射率、透射率。在设定像玻璃这种透明物体的可见性属性参数之时，一般有透射率、反射率和折射率三种。但由于玻璃立面的投影平面尺寸与玻璃的厚度的比例关系悬殊，折射的效果非常之小，因此在本研究中折射率的值被设定为1.56的常数。

· 各性能值在CAD应用程序中的概要：

① 玻璃的颜色（扩散反射光）：物体表面在扩散反射来自光源的光之时，在吸收了某些颜色的光的情况下，还可以看到在物体表面上的着色现象。研究把模拟上述着色的属性称之为“颜色”。

② 玻璃的反射（镜面反射光）：把模拟物体表面在镜面反射颜色时的属性称之为“反射”。

③ 玻璃的透射：像玻璃一样的透明物体在透射光的时候，一部分光在物体表面被反射了，其余的光通过折射进入或穿过物体，其中或有一部分光被吸收，剩下部分的光则透射到对侧的其他物体表面之上，之后经过同样的过程光又会返回原来的一侧。我们把模拟这种现象的属性称之为“透射”。

13.7　遗传基因编码与评价方法

在遗传算法中使用的表达方法是基于二进制数列的遗传基因型，它可以通过某种解释机制，翻译成为在实际问题空间中的解决方案，称作解的表现型。针对解的表现型做出的评价决定了评价值的大小，进而通过遗传算法中针对基因型的遗传操作，反映到求解探索的过程中去。在此，玻璃的性能值包含了：①玻璃的颜色、②反射率、③透射率。颜色以RGB方式（红绿蓝三色方式）来描述，也就是从0到255的3个整数数列，在基因型染色体上表现为3个8位的二进制数列。反射率和透射率均使用0.00以上1.00以下的小数方式来描述，在基因型染色体上被翻译为7位的二进制数列。如此串联在一起就成为被编码为38位长的基因型染色体（图13.4）。在界面图13.5左部的备选方案显示窗口，用光线追踪法渲染得到的8个不同方案的效果图可以被同时罗列显示，每个方案均有白天景象和夜晚景象两张效果图并列在一起。“选择者”针对这8个备选方案进行感性评价，然后在界面右部的输入评分窗口录入其评价值。“选择者”被要求使用较高的评价值赋予自己认为较好的备选方案。

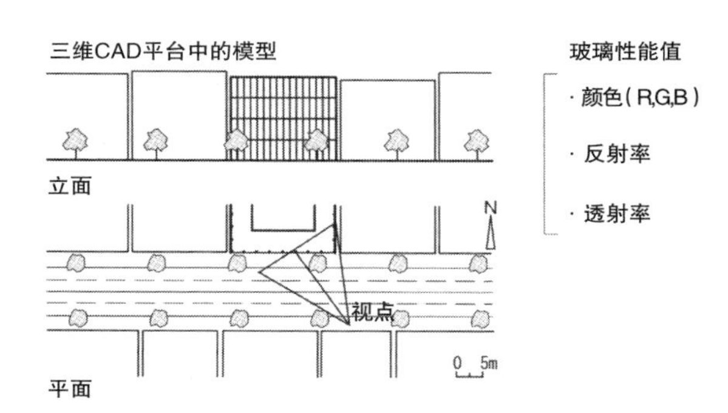

图13.3　玻璃立面模型的设定

图13.6是对话型进化计算的流程图。

① 设定作为研究对象的玻璃的色系。

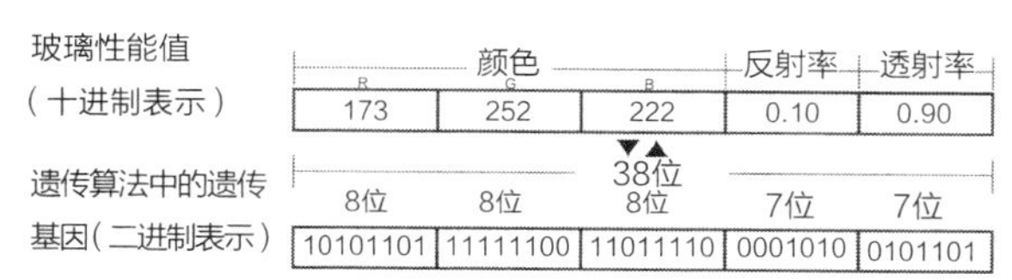

图13.4　玻璃性能值的编码

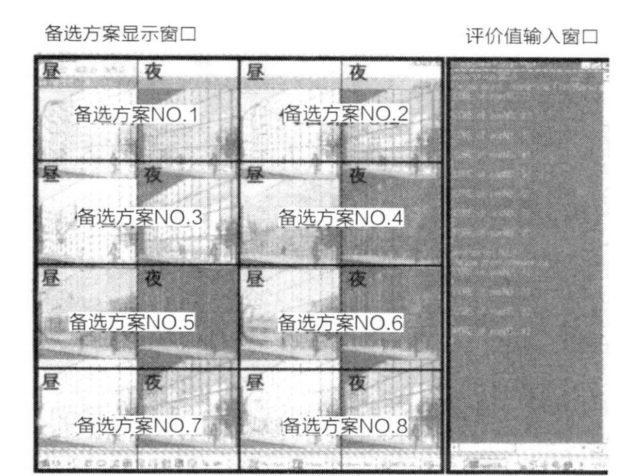

图13.5　对话型进化计算的界面显示

② 由对话型进化计算程序随机生成8个初期个体。

③ 询问是否满足了色系条件，让不满足的个体突变，重复进行③的操作，直到全体个体满足色系条件为止。

④ 把十进制数改写的8组玻璃性能值传到三维CAD应用程序中，用光线追踪法对白天景象和夜晚景象进行渲染计算。

⑤ 在“备选方案显示窗口”显示渲染出的效果图。

⑥ “选择者”针对⑤中提供的效果图进行评价，在界面的“评价值输入窗口”输入评价值。如果发现了符合“选择者”预期效果的方案，即可终止程序运行。

⑦ 基于被输入的评分，进行遗传算法的演算（选择，交叉，突变），生成下一代的个体。

⑧ 检查重复的个体，让重复的个体发生突变。反复进行该步骤，直到得到8个不同的个体为止。

⑨ 返回到③。

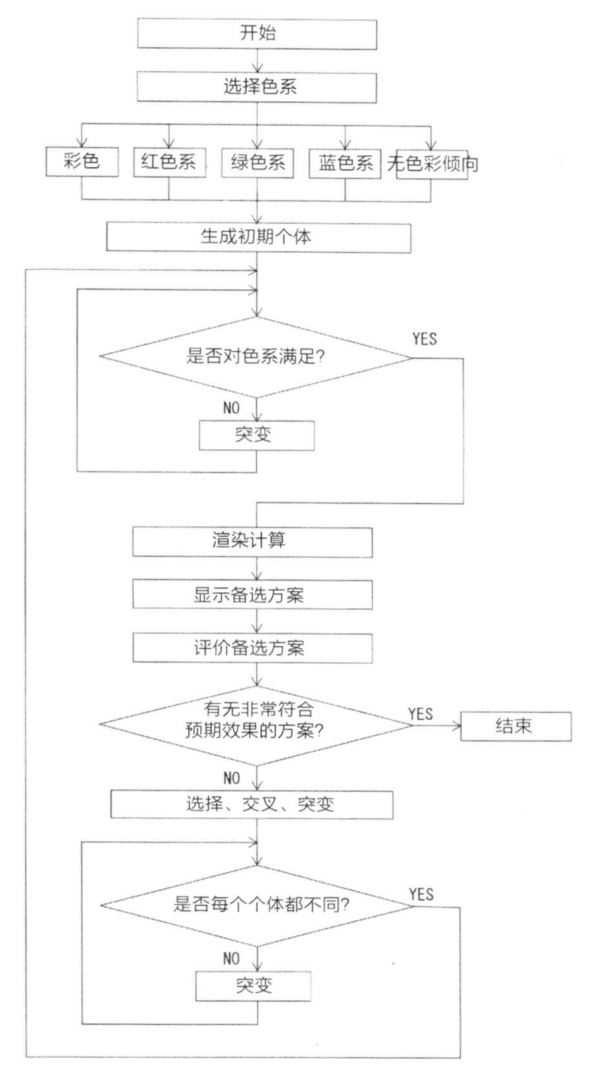

图13.6　对话型进化计算的流程

13.8　对话型进化计算的试运行

◉ 玻璃CG图像的探索

假设“选择者”已经明确了如图13.7所示的CG图像的效果即为目标效果。直到获得与该预先假定的图像相类似的备选方案为止，探索程序将不断地运行。比较最终方案中的玻璃性能值与预定目标图像中的玻璃性能值，可以用来验证本方法的探索是否有效。在程序运行中，“选择者”通过感性评价的是备选方案与作为目标的CG图像之间的类似程度，丝毫不会在意具体的玻璃性能值。作为参考，在此我们抽取出了进化计算过程中的每一代所对应的玻璃性能值和“选择者”的评价值，据此可以把握随时间推移的变化趋势（图13.8，图13.9）。

到了第10代，“选择者”认为已经获得了与其目标图像的效果足够近似的备选方案，于是终止了程序运行。可以发现，在程序初始阶段（第0代）随机生成的任何一个备选方案，均与目标图像

图13.7　目标效果的玻璃立面CG图像

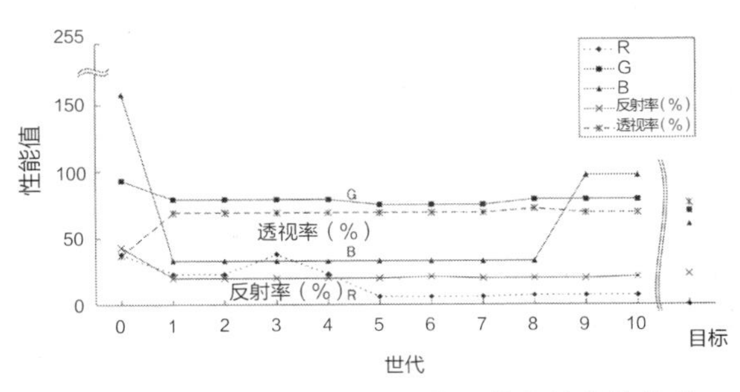

图13.9　各世代中最高评价值个体的性能值推移

之间存在着明显的差距。即便是其中评价值最高的备选方案所对应的性能值，也与目标图像的性能值之间区别巨大。也就是说，本次运行的程序在初始阶段并未能凭运气生成出与目标图像相类似的备选方案。“选择者”用于评价某一代备选方案的时间大概为15秒，基于感性的评价对于人而言是比较容易的，不需任何准备工作即可开展。从初始代到第5代，可以观察到备选方案以非常快的速度向目标图像趋近的过程。与此同时，除了因突变而出现的备选方案之外，具有相对类似效果的备选方案出现地越来越频繁了。该现象可以解释如下：通过在每一代的备选方案中，应用“选择者”的感性评价和

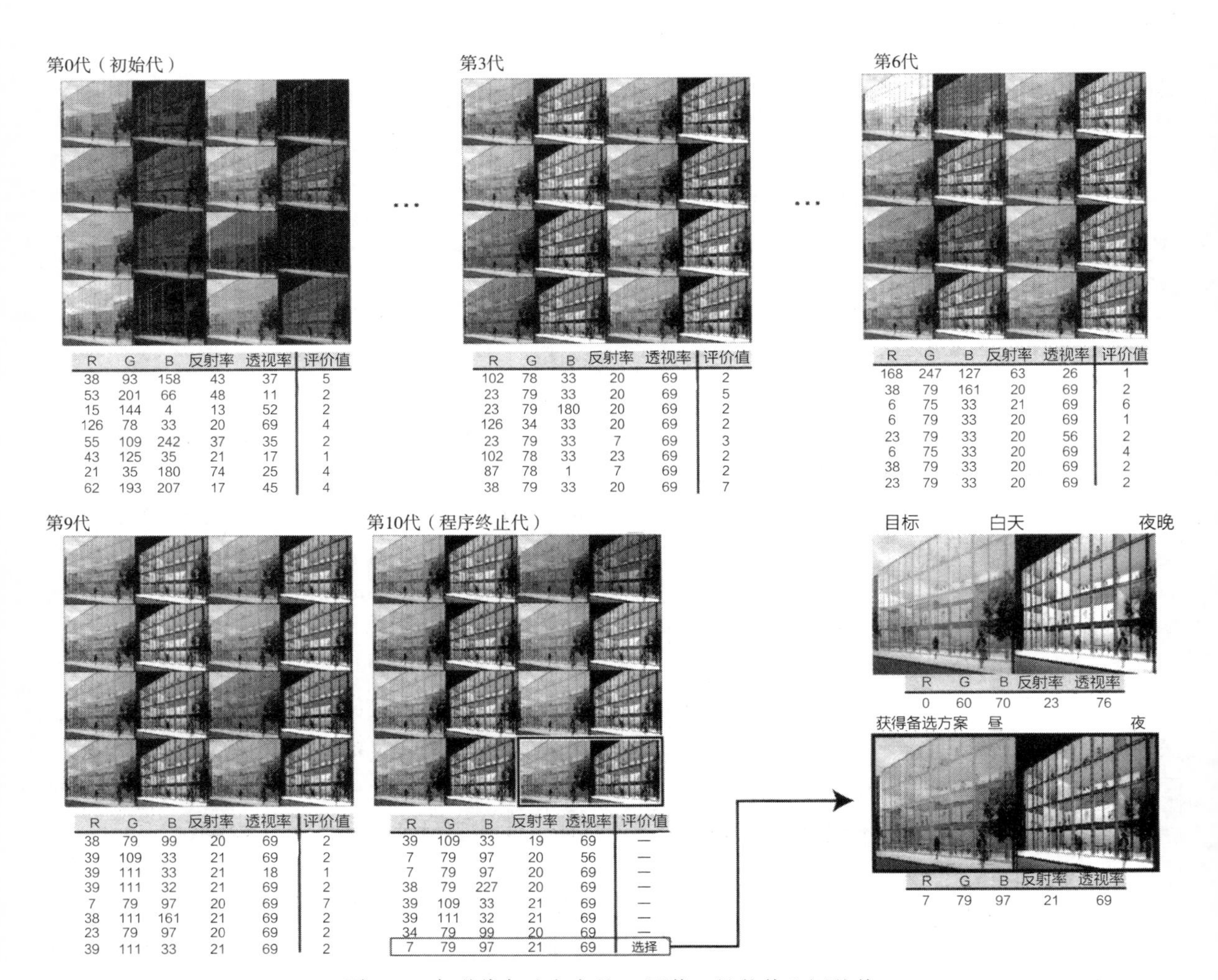

第0代（初始代）

R	G	B	反射率	透视率	评价值
38	93	158	43	37	5
53	201	66	48	11	2
15	144	4	13	52	2
126	78	33	20	69	4
55	109	242	37	35	2
43	125	35	21	17	1
21	35	180	74	25	4
62	193	207	17	45	4

…

第3代

R	G	B	反射率	透视率	评价值
102	78	33	20	69	2
23	79	33	20	69	5
23	79	180	20	69	2
126	34	33	20	69	2
23	79	33	7	69	3
102	78	33	23	69	2
87	78	1	7	69	2
38	79	33	20	69	7

…

第6代

R	G	B	反射率	透视率	评价值
168	247	127	63	26	1
38	79	161	20	69	2
6	75	33	21	69	6
6	79	33	20	69	1
23	79	33	20	56	2
6	75	33	20	69	4
38	79	33	20	69	2
23	79	33	20	69	2

第9代

R	G	B	反射率	透视率	评价值
38	79	99	20	69	2
39	109	33	21	69	2
39	111	33	21	18	1
39	111	32	21	69	2
7	79	97	20	69	7
38	111	161	21	69	2
23	79	97	20	69	2
39	111	33	21	69	2

第10代（程序终止代）

R	G	B	反射率	透视率	评价值
39	109	33	19	69	—
7	79	97	20	56	—
7	79	97	20	69	—
38	79	227	20	69	—
39	109	33	21	69	—
39	111	32	21	69	—
34	79	99	20	69	—
7	79	97	21	69	选择

目标

R	G	B	反射率	透视率
0	60	70	23	76

获得备选方案

R	G	B	反射率	透视率
7	79	97	21	69

图13.8　各世代备选方案的CG图像、性能值和评价值

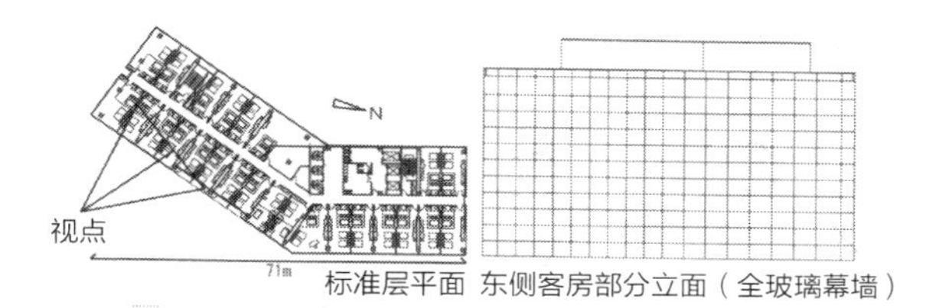

图13.10　目标旅馆的客房部分的平面与立面

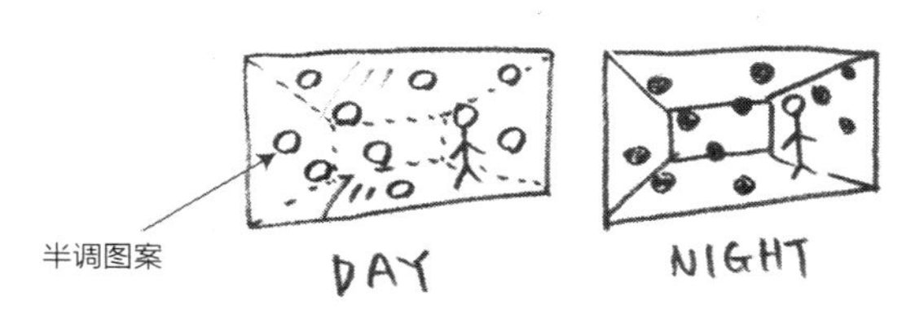

图13.11　表达目标效果的草图

遗传运算操作，在用以描述立面玻璃效果的遗传基因型中逐步形成出了符合“选择者”评价的基因构造，而这正是进化进程的表现。从第6代开始，原来效果相对类似的范围限定被逾越了，优秀的备选方案反而变得少见了。表面看来备选方案向目标图像趋近的进程貌似停滞了，但各备选方案呈现出更加微妙的效果变化，如周围景色在玻璃上的映像、色调、透过玻璃看到的建筑内部景象等方面的微妙差异，在“选择者”评价值的导向下继续进化着。与第5代之前的进化进程相比，该阶段出现了更多的在细部上具有微妙差异的备选方案。“选择者”通过渲染图像中微妙的效果差异评价哪一个备选方案更像目标图像。第9代开始出现了相当接近目标图像的备选方案；到了第10代，“选择者”终止了程序运行。如果把最终获得的图像与目标图像同时放在一个显示器上并列比较的话，可以发现其差异是极其微小的。图13.8在右下部也列出了制作目标图像时所使用的玻璃性能值与程序所获得的方案的玻璃性能值，可见这两组性能值是基本近似的。如果希望获取更加趋近于目标图像的备选方案，笔者认为需要在程序中渲染出分辨率更精细的CG图像，而这或会带来更长的运算时间。

◉ 探索反映了“选择者”目标效果的玻璃

在试运行中，以CG图像为目标的情况下，研究得到了在一定程度上近似的性能值。在此以一个项目案例（W Seoul Walkerhill）为研究对象，尝试去探索得到“选择者”的目标效果。图13.10所示的是该酒店建筑客房部分的玻璃外立面，图13.11所示的是“选择者”亲手绘制的表现了一间客房外观的效果草图。在玻璃上面，用丝网印刷技术印上了白色的半调图案（Halftone Pattern）。由此可以产生在白天和夜晚图底关系发生反转的效果，即在白天是半透明的玻璃上出现白色的图案，在夜晚是内透的玻璃上出现黑色的图案。我们对探索这种崭新外观的玻璃展开了研究。特殊的半调图案是白色的，该条件已经是确定的了。结果在第14代，“选择者”得到了与预期目标效果相吻合的备选方案，终止了程序运行。

本章介绍了如何辨识“选择者”所追求效果的玻璃性能值的研究。“选择者”通过观察玻璃的微妙差异进行综合性的判断，他并不必关心图像中的玻璃具有何种属性，只需分辨出哪一个备选方案与目标更接近。本章展示了这种主观评价的方式是如何推动备选方案向目标趋近的过程。通过把研究对象进行恰当的模型化处理，该方法被证明是切实可行的，虽然所获得的特性值与CG图像和人机对话界面的精度存在一定的依存关系。未来如果能从复数个指标出发去探索玻璃的性能值，即将会转变为多目标的研究问题。

（松下大辅）

［鸣谢：本章是基于在日本建筑学会大会发表的田中、宗本、松下的学术讲演梗概[3]，和田中在京都大学完成的硕士论文的基础上整理完成的。在此感谢田中（木上）理惠（现任职于伊东丰雄建筑设计事务所）在制作对话型遗传算法系统时所做的大量工作。］

参考文献

1) Aoki K and Takagi H: 3-D CG Lighting with an Interactive GA, *the Proceedings of the 1st Int. Conf. on Conventional and Knowledge-based Intelligent Electronic Systems* (KES '97), vol 1, Adelaide Australia (1997.5)

2) 松下大輔，宗本順三：対話型進化計算による形態構成規則の獲得モデル，日本建築学会計画系論文集，560号，p.135（2002）

3) 田中理恵，宗本順三，松下大輔：対話型GAを用いたファサードガラスの選定システム，日本建築学会大会学術講演梗概集，E1（建築計画Ⅰ），p.493（2002.8）

4) 田中理恵：感性評価の学習を用いた対話型進化計算によるファサードガラス同定法の研究，京都大学修士論文（2003.2）

14 窗的设计

14.1 窗的定义

在建筑领域相关技术飞速发展的当代，人们要求建筑不仅能够抵御地震和台风，还应该能躲避酷暑和严寒。与外界隔离的功能是建筑的基本性能之一。但是另一方面，建筑是必须存在开口的。对应建筑的使用功能，让特定的要素穿透进去的功能是必要的。为使人能够进入建筑，出入口是必不可少的。人还需在建筑物的内部获得日光和外部新鲜空气，这种对舒适性要素的追求也是必须的。人类在看到自然的威胁而与自然断绝的同时，也对完全与自然隔绝感到不安而无法接受。因此，在设计建筑物的时候开口部位的设计是必要的、不可欠缺的。

隔离室内外环境是建筑表皮的首要意义，表皮上的窗因融合了各种各样的要素而具有特殊的存在意义。窗原本是以采光和通风为目的的，被定义为墙壁或屋顶上的开口部位[1]。但是实际上由窗透过的要素不仅是光和空气，还有各种各样的东西，窗具有不同于表皮的功能。表14.1罗列了由窗透过的各种要素。各种各样的要素经过窗进入到室内环境，包含能量（光、热、声音等）、物质（空气、粉尘等）、生物（人、虫等）。此外，从室内看到的外界的景色与行人，从室外看到的内部的情况与人，这些视觉信息也可以算是穿透了窗的要素。

在日本的建筑基准法中规定："在设计以采光为目的的卧室窗或开口部位之时，采光的有效部分面积必须是该房间地面面积的1/7以上"。在日本建筑基准法实施令改正案中，又规定了必须有采光的卧室的类型化限定。近年来，代替采光窗的人工照明设备逐渐普及起来，本章即以此为背景来探讨窗的设计问题。

在日本的住宅性能表示标准中，单纯开口率、按方位分类的开口比、起居室的外墙和屋顶上设计的开口部位面积与地面面积的比，以及每个方位的比率等，都应该在住宅的光环境方面作为性能值予以表示，这也被视作一种义务。然而正如前文所述，即便把研究对象只限定在与视觉环境相关的方面，由于窗的功能是多种多样的，关于窗设计的指导原则如果仅仅关注采光这一个方面，显然是不充分的。

表14.1 窗的通过物

通过的要素		出入方向	具体内容
能量	光	入	白天的太阳光
		出	夜晚的溢出光
	热	入（夏季）	窗边的日照
		出（夏季）	室内产生热量的排出
		入（冬季）	窗边的采暖
		出（冬季）	窗边的辐射冷却
	声音	入	外部噪声侵入
		出	对外溢出噪声
物质	空气	入（开放时）	换气（新鲜空气的流入）
		出（开放时）	换气（污染空气的排出）
		入（关闭时）	空隙风（外部空气的流入）
		出（关闭时）	空隙风（内部空气的排出）
	人	入（平常时）	日常的出入
		出（平常时）	日常的出入
		入（非常时间）	外人的侵入
		出（非常时间）	灾害时逃生
	物	伴随人的出入	
	灰尘	开放时出入	
	虫	开放时出入	
信息	视觉信息	出	获得外部景色
		入	外部来的视线
	听觉信息	出	获得外部的声音信息
		入	向外部流出声音信息
	嗅觉信息	出	获得外部的嗅觉信息
		入	向外部流出嗅觉信息

14.2 窗的面积、位置与采光

窗的面积和位置（方位、高度）不同的话，射入室内的光的能量也不同。窗的面积越大，射入室内的光的能量自然就越多。如果窗的方位不同，不同时间射入室内的光量也不同。一般依据设置窗的高度进行分类：在屋面的水平面上设置的开口叫做“天窗”，在屋面附近的垂直面上设置的开口（也有倾斜开口的情况）叫做“高侧窗”，在墙壁的垂直面上设置的开口叫做“侧窗”。

“天窗”也常称之为“顶光”，可以获取到大量的光的能量。日本的建筑基准法实施令第20条中写有：天窗的有效采光面积可以看作是一个普通侧窗的3倍。虽然在采光的方面异常有效，但在天窗设计中必须要注意防雨和清洁的问题。“侧窗”不仅能获取光的能量，还可以眺望室外景色，易于产生开放感，其施工与清洁相对容易。朝向南向设置的“侧窗”受到直射光的影响非常大，随着时间和气候的变化进光量会发生较大的变化；而北向设置的“侧窗”则基本上不受直射光影响，可以获得更加稳定的光环境，但由于色温较高，必须注意室内气氛的营造。“高侧窗”可以获得比“侧窗”更多的光能量，也可以更好地维持室内的均匀度。均匀度的定义是指最低照度/最高照度的值，在侧窗采光的情况下希望保持在1/10以上。

从节约能源的角度，相比通过照明器具获取的人工照明，人类希望能够更积极地借助由射入室内的太阳光光能所产生的亮度进行采光。然而，直射日光由于随着时间和气候的变化而波动较大，在采光设计中除了直射日光之外，也会用到全天空照度。作为表示室内某一点的照度指标，日光照明率被广泛应用在采光设计当中。日光照明率是指在室内的某一点上，日光的水平面照度/全天空照度的值，虽然它会受到窗的方位、大小、位置、室内装修面反射率，以及窗外建筑物和树木等条件的影响，但是并不会随着时间和气候而变化，所以可以作为比较室内照度的指标。

14.3 居住者所追求的窗的功能

虽然通过窗从外部空间可以获得各种自然的恩惠，但在人工照明器具和制冷制热器具普及的当下，在周边环境比室内环境恶劣的情况下，也常会听到类似于“窗已经没必要再要了”之类的声音。然而，在选择和购买住宅之时，“获得日照的可能性”一直是紧跟在“距车站和商店的距离”与“上学、上班所需时间”之后的重要条件，可见居住者对窗的诉求是根深蒂固的[2)]。

从居住者的角度来看，窗的各种功能之中哪些是必须的，或不必要的呢？图14.1[3)] 同时列出了必要性和不必要性最高的五种功能。由图可见，“光的流入”的必要度非常突出，紧随其后的是第二位的“热的流入（冬季）”，和第三位的“空气的流入（开窗之时）”。而“非常时刻逃生”被某些居住者认为是第一位的，其综合名次是第四。另一方面，最不必要的功能是“外部人员侵入”、“视觉信息的流出”和“声音的流入”。由此可见，窗具有流出和流入的双向性。居住者对于窗的各种不同的功能，提出了或是透过，或是阻断（下文略记为透过与阻断）的截然相反的要求。

一般来说，为了满足窗的透过与阻断的要求，人们发明使用了具有多样功能的窗户材料（玻璃材料）和窗户装置（窗上附加的装置）。对应于房间的用途和各种特定的要求，使用了热线吸收玻璃和磨砂玻璃等降低某些特定物质穿透程度的窗户材料，也应用了百叶窗，纱质窗帘等窗户装置。根据所追求的窗的功能，对于各种各样要素的流出和流入进行调整。

14.4 窗户的材料与装置

日本传统建筑的窗一般都是多重构造的，使用了木板窗、支摘窗、格栅窗等多种多样的建筑部件，可对应于不同的季节和气候变化，保持着室内外各种要素的透过与阻断的平衡。特别是格栅窗被巧妙地应用在光和视觉信息的透过与阻断设计之中，作为一种能够削弱光的效果的窗户做法，在现

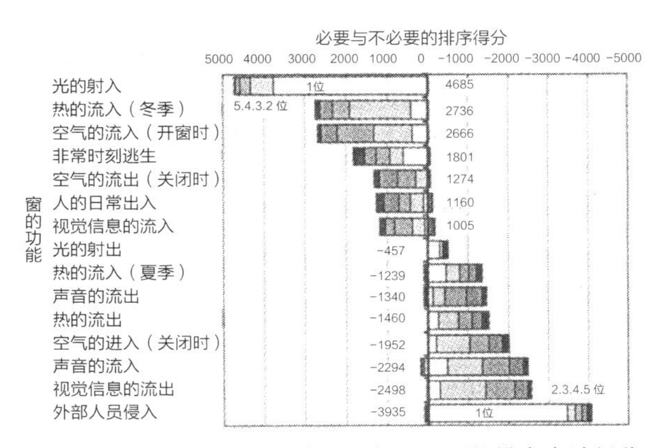

图14.1 在窗的各种功能中必要与不必要的排序合计得分

代的日本住宅中依然常见。格栅窗将和纸（日本纸）绷张在木制的格栅表面，对面的物体因木格栅的阻挡而有一部分被遮挡，纸也会让对面的物体出现模糊不清的现象。

现代建筑中的窗，通常都被要求能够眺望远方和具有开放感，因而使用透明玻璃的情况居多。透过透明的玻璃眺望外界的景色，与通过开敞的窗口眺望外界几乎不存在区别。

磨砂玻璃与压花玻璃是以阻断视觉信息为目的而被开发的窗户材料。磨砂玻璃是通过在透明的平板玻璃的一面，用金刚砂和金属刷进行不透明加工而制成的，主要被应用在某些希望降低玻璃透明度的同时还希望保留一部分光可以射入的场合。但由于磨砂面具有一旦遇水就会透明度增强，以及难以去除污渍的缺点，因此其应用也受到了制约。在室内磨砂玻璃经常被用于室内隔断和门窗隔扇等。压花玻璃与磨砂玻璃类似，同样具有在降低玻璃透明度的同时保留一部分光射入的性能。在浴室和厨房等可能会被水浸湿的场所中通常会使用压花玻璃。而且，压花玻璃具有样式丰富的型模，装饰性较强，常被用在入户门和浴室门等地方，使用的频率非常高。

近年来，在办公楼设计案例中越来越多地使用了热线吸收玻璃和热线反射玻璃去替代透明玻璃。这些材料得以推广的主要原因是针对窗的节能政策，以减轻夏季室内的空调负荷。应用上述材料的附加效果是对来自外部的视线进行了阻断，防止了室内视觉信息的流出。

作为窗户中最常见的透明玻璃材料，除了一些店铺、直播间等特殊用途的情况，透明玻璃通常都会被附加上百叶窗、纱质窗帘等装置。尤其在住宅建筑上，这些装置不仅用于防御夏季的日照和风雨，也用于预防室内视觉信息的流出。

百叶窗的英文为Blind，该单词的原义是以遮蔽阳光和视线为目的的东西的总称，包含了帘子、折叠式百叶窗、窗帘、格栅等。我们常说的百叶窗所对应的英文为Venetian Blind（可译作：软百叶窗），它只是可调式水平百叶窗中的其中一类，其百叶板条通常使用浅色涂装的金属薄板。透过软百叶窗去观察，对侧物体的一部分会被遮挡住，所遮挡的面积取决于百叶板条的调节角度。另外一种常见的窗户装置是卷帘，它通过将帘布上卷和下放进行开关操作。卷帘的材质具有多种选择，有半透明的，也有间隔透明的，卷帘的遮蔽效果主要取决于其材料的质地。

窗帘不仅具有遮挡功能，也是室内的装饰品，该窗户装置主要应用在住宅建筑中。根据用途不同，窗帘布的纤维粗细可以说是千差万别的。大体上可分为以下两种：纤维较细的普通窗帘和纤维非常粗的纱质窗帘。普通窗帘可将视觉信息完全遮蔽住，与此相比，纱质窗帘是部分地遮挡了视觉信息的交流。与百叶窗相比，纱质窗帘的空隙非常微小，因而被视作一种适度地透过与遮挡视觉信息的窗户装置。

14.5 透过窗观察室内外

窗将室内与室外分割为两个空间领域，室内的人会自然而然地萌发出透过窗户去获取室外视觉信息的强烈要求，当然在该点上会因房间的使用功能不同而存在差异。自古以来，在日本建筑中常见的借景设计手法就是为了满足将室外的景色引入室内的需求。现代建筑中的借景依然试图去充分利用周边宜人的自然环境。借景的需求促使在窗的构思与设计中，必须考虑到外景的部分。室内一侧的人虽然身处与室外隔绝的空间之中，但透过窗向外界的观察，不仅可以获取视觉景观信息，也可以获知诸如天气变化、季节转变、时间推移、来往交通量以及行人的面貌与行动等各种各样的外界信息。关于透过窗户传递视觉信息的功能需求，即存在着这两种观点。

与之相对的还有一种现象，即从室外观看室内景象的现象。通常越是容易获得室外的视觉信息，就越是容易流出室内的私人信息。根据文化背景的不同与房间使用功能的差异，或者说根据室内的人的要求，室内能够容许被看到的程度是不同的。与从室外获取视觉信息相比，允许从室外被看到的需求程度是比较弱的。在起居室窗户使用透明玻璃的情况下，居住者根据不同的时间和情况开关窗帘、卷帘等窗户装置的行为，即可看做是居住者根据自身要求调解视觉信息的典型案例。

针对办公室中常见的百叶窗和卷帘，研究团

队提出了将光学特性与透视要素相结合的评价方法框架[4)~7)]。为了预测窗面亮度（透过窗可见的视觉对象的亮度），在回归分析中使用了卷帘的反射率、透过率，以及空隙率等参数量，并基于这些参数量的数值提出了用于预测窗面亮度的计算式。进而，把窗外可见对象作为外部景观开展了心理评价实验，理清了窗面亮度值与心理评价之间的关系。

纱质的窗帘在住宅中被广泛使用，隔着纱帘的观看视觉对象的透视要素具有如何的光学特性？又如何推算？这也是一个研究课题[8)]。此外，纱质窗帘上的格子或者条状的纹理，也表现出人们对于"透过与遮蔽"这对完全相反的效果的追求，诸如透明与不透明；开放感与整体感、静谧感等。也有研究正试图去探讨格子与条状纹理尺寸与可见状态之间的关系[9)]。

14.6　窗的视觉环境关联功能

人们除了利用窗进行采光、通风之外，还希望透过窗能够看到室外的景色和天气，以及不被室外一侧窥视等，可见窗具备有多样化的功能。

如果聚焦住宅中起居室窗户的视觉环境关联功能，可以分为以下的5个方面：

① 首先是作为窗的基本功能之一的采光。采光不仅为室内提供了充足的亮度，自然光还会带来诸如爽快感之类的宜人感受。

② 观景。无论景色好坏，居住者都希望在室内能够获得外部的景色。

③ 把握外界的状态。居住者不单纯需要外部景色，还必须获得季节、气候、时间等各种各样的信息。

④ 保持室内的良好印象。窗是墙体的一部分，是构成室内环境的一个要素。作为室内设计的要素，它必须是令人满意的。

⑤ 保持对于住宅而言尤为重要的私密性。人们在希望获取外部景色的同时，也希望不被外界窥视室内的景象，人们希望窗能够提供某种屏蔽外部视线的感觉。

针对上述五方面视觉环境关联功能评价的综合评价，决定了人们对于起居室窗户的满意度。

14.7　窗外景观与居住者的评价

窗是以通风采光为目的在墙壁或天花顶面开通的洞口部位，我们必须注意开口所朝向的外部空间的存在，在窗的设计与策划中通常窗的朝向面即等同于外景。如果室外是海、山等良好的自然环境，或是如东京塔般的地标性建筑，窗的设计思路也就非常明确了。然而如此特殊的外景往往是可遇而不可求的，因而在窗的设计中，窗与透过窗可看到的外景是密不可分的。

对于窗的满意程度，不仅取决于窗的位置与大小，也受到透过窗可看到的景色的影响，还与窗的视觉环境关联功能相关（如图14.1所示）。表14.2中列出了窗外景观图像中的各构成要素对于视觉环境关联功能的不同影响程度，该数据是以住宅的起居室作为研究对象的结果。

人们对于能够看到天空的窗评价较高，通过它可以获得较好的采光和景色，并且易于了解外界的状态。其次，如果透过窗可以看得到绿化，人们对整个房间印象的评价就会较高。而如果透过窗看到的是对面住宅的外墙，人们对房间印象的评价就会较差；如果看到的是对面住宅的开洞部位（窗、门、玄关等），则倾向于产生私密性被侵害的感受。这些结果再一次印证了：对窗的设计，对其大小和位置的策划，都须慎重地考量房间的内部功能和使用者的要求。

表14.2　景色的构成要素对于视觉环境关联功能的影响

窗的视觉环境关联功能	天空	地面	对面建筑物的外墙	对面建筑物的开洞部位	绿化
采光	○	○	△	×	×
观景	○	○	△	×	×
掌握外界状态	○	○	×	×	×
房间印象	×	△	○*	×	○
对私密性的损害	×	×	×	○*	×

○：显著影响
△：略有影响
×：基本无影响
*具有面积越大评价越低的倾向

14.8　窗与私密性

住宅建筑的窗户为了增加获取视觉信息的效果，通常采用的都是透明玻璃，这也带来了室内私人视觉信息外流的负面影响。为了在视觉信息的流入和流出之间寻求恰当的平衡点，基于房间的使用功能和使用者的需求，可采用的调节措施包括：设计合适的窗户尺寸、选择窗的材料、装备窗的装置等。

人们对于来自窗外的视线的感觉存在着差异[10)~13)]。其一方面的原因存在于室内一侧，比如使用者是否正在室内，窗户的开关状态，以及窗帘的不同遮蔽状态等；另一方面的原因则在于室外一侧，比如对面住户的窗的状态，邻里关系的密切程度等。由此为了能在窗的设计中保持私密性，我们需要明确为何会感觉到来自外部的视线。

居住者能够意识到来自外部的视线，进而影响其主观评价的因素有很多。既会受到房间环境条件的影响，如外界状况、建筑物、室内条件等；也存在评价者自身条件的影响，如生理条件（年龄、性别）、心理条件（经验、习惯）、物理性条件（眼镜、衣着）等。

表14.3列出了三类室内环境中的要素，它们对于室内视觉信息的外流具有支配性的影响。

表14.3　感受到外部视线的原因

视线的主体	属性 位置 距离 移动速度	特定（如邻居）、非特定（如路人） 建筑物、路上、车上等 水平、垂直方向的距离 步行者、驾驶员、（地铁、公交车）乘客等
窗的状态	外部光环境 形态 材料 窗户装置的种类 窗户装置的使用状态	时间、气候 大小、位置 透明玻璃、磨砂玻璃等 纱帘、厚窗帘、百叶窗等 使用时间带
室内的状态	面积 房间用途 在房间内的时间 室内光环境	大/小 起居室、卧室、厨房、卫生间等 长/短、昼/夜 日光照明、人工照明

① 外界的状况，也就是与视线主体相关的要素（下文称为视线要素），包括：属性、位置、距离、移动速度，以及外部光环境等。

② 建筑的状况，即与窗相关的要素（以下称为窗的要素），包括了固定的要素，如窗的形态（大小、位置）、材料等；以及居住者可调整的要素，如窗户装置的种类和使用状态等。

③ 与室内状况相关的要素，如面积、房间用途、在房间内的时间、室内光环境等。

在上述的要素之中，如果视线主体是周边住宅的近邻，或者是被俯瞰（视线主体在比所在室内位置更高的方位从上向下地看）的情况下，人们会强烈地感受到外部视线的存在。与意识不到外部视线的居住者相比，感受到外部视线的居住者会更加频繁地使用窗帘等装置进行遮蔽。该倾向在夜间（此时室内比室外更加明亮）表现地尤为突出[14)]。

居住者感觉到外部视线的状态，未必就一定是被暴露在了外部视线之中。假设窗的对面存在着距离很远的建筑物，无论从彼处能否看清室内的状况，在室内的人都会产生被看的感受。是否感受到了来自外部视线的侵扰，对于居住者对住宅的评价具有直接的影响。无论在实际情况中是否被窥视了，意识得到外部视线存在的窗外环境，即会成为令人不满的原因。

窗，是在建筑的墙壁和屋面上被打开的洞口部位，除了采光、通风，它还具有各种各样的目的和功能，比如透过窗由内向外看到室外景色，或者由外向内看到室内情景，都是设计师需要关注的课题。设计师应更加审慎地开展窗的设计与策划。

（奥田紫乃）

参考文献

1）　広辞苑 第6版，岩波書店（2008.1）
2）　久保田徹，三浦昌生：商業地域における日照と住民意識に関する実態調査—川口駅周辺商業地域の中高層集合住宅を対象とした検討，日本建築学会大会計画系論文集，562号，89-96（2002.12）
3）　佐藤隆二，佐藤真奈美：住宅の居間空間における窓の諸機能に対する居住者の要・不要意識，日本建築学会大会学術講演梗概集，405-406（2002.8）
4）　中村芳樹，小林茂雄，乾　正雄，近藤友洋，大沢政

嗣：窓面に装着するスクリーンの輝度抑制性能と景観透視性能，日本建築学会計画系論文集，484 号，9-12（1996.6）
5）望月悦子，伊藤大輔，岩田利枝：窓スクリーンを用いた室内視環境の評価法に関する検討－その 1 スクリーンの空隙率，透過率，反射率の測定，日本建築学会環境系論文集，575 号，21-26（2004.1）
6）岩田利枝，伊藤大輔，望月悦子：窓スクリーンを用いた室内視環境の評価法に関する検討－その 2 窓スクリーン材の光学特性の簡易測定法の開発，日本建築学会環境系論文集，592 号，1-8（2005.6）
7）伊藤大輔，岩田利枝，望月悦子：窓スクリーンを用いた室内視環境の評価法に関する検討－その 3 窓スクリーンの輝度抑制の予測，日本建築学会環境系論文集，615 号，15-20（2007.5）
8）奥田紫乃，佐藤隆二，松本宜孝：レースカーテンを通して見る視対象物の輝度算定法と算定に用いるレースカーテンの光学特性，日本建築学会計画系論文集，529 号，17-22（2000.3）
9）北浦かほる：透かしにおける 2 つの視知覚タイプ－透かしの視覚的心理効果の研究（その 1）－，日本建築学会計画系論文集，470 号，105-110（1995.4）
10）吉田　哲，高田光雄，宗本順三：集合住宅における視線による居住者のプライバシー被害の可能性と被害意識の関係－実験集合住宅 NEXT21 を対象として，日本建築学会計画系論文集，500 号，103-110（1997.10）
11）吉田　哲，宗本順三：視線によるプライバシー加害・被害意識と窓のカーテンの遮蔽状態との関係－公営建替集合住宅と木賃アパート建替集合住宅の比較，日本建築学会計画系論文集，521 号，103-110（1999.7）
12）吉田　哲，宗本順三：窓の対面環境による視線の感受意識とプライバシーの被害意識の相違－木賃アパート建替集合住宅を事例として，日本建築学会計画系論文集，529 号，125-131（2000.3）
13）吉田　哲，宗本順三：近隣とのつきあいと視線によるプライバシーの被害意識の関係－転居地毎の居住経験のインタビュー，日本建築学会計画系論文集，542 号，113-119（2001.4）
14）奥田紫乃，佐藤隆二：外部からの視線に対する居住者の意識と窓及び周辺環境の実態，照明学会誌，89 号（2005.2）

15 多感觉感性评价模型

15.1 感性工学和感性的模型化

感性工学，就是利用黑箱化的模型去模拟感性，虽然该黑箱模型并不能详细地对感性本身加以描述，但是它可以在刺激（输入）产生反应（输出）的角度实现“类似感性”的能力。黑箱即可被称之为感性工学模型。对应于相同的输入，感性工学模型的输出必然会是相同的。这对于一个通常的系统而言是理所当然的事情，但人的感性却非如此。为什么会这样呢？首先是初期条件的不同，也就是说每个人的遗传基因都存在差异。其次，作为刺激的环境和经验也不同。但是，即便是将人类的先天、后天条件都融合进去的感性工学模型，也与通常的模型没有本质的区别。之所以这么说，是因为上述感性工学模型也只记录了某一个时间点为止，有限的遗传性和经验性汇集而成的某种身心状态。在现实中我们可以观察到与目前的工学截然不同的事情。首先，对于完全相同的刺激去年的我和今年的我可能会做出不同的反应；而且，不同的人的反应也不一样。也就是说，不会因为是同样的输入就一定会有同样的输出。感性具有结果取决于视点的现象，就如同一个人看到的到底是硬币哪一个面，完全取决他的视点一样。

不同的人面对同样的刺激对象，会产生不同的解释和印象。基于该观察，多田昌裕等研究者提出了如图15.1所示的视觉认知过程模型[1)]。该模型被分为三个层次：物理层面、生理层面、心理与认知层面。在心理与认知层面中，即便面对同一张图像，根据各人不同的经验和知识，其印象和解释就会产生变化。比如针对图15.1的图像，在生理层面上是对比，在心理与认知层面上是用语言来表述再现，此处揭示了一个从生理层面到心理与认知层面的映像变换模型。

在实际环境中，不仅有视觉信息，还存在着听觉信息等其他感觉信息，人同时使用着多种感觉进行感知。将不同的感觉信息加以整合处理，是人类感知外部世界，进而进行创造（设计）的前提条件。我们可以把这个整合化处理后的感觉信息等同于感性。然而，是什么机制将那么多感觉整合在一起，迄今尚不清楚。本研究的聚焦点是“协调”——在多种感觉信息进行整合时的感性评价指标。试图去探讨基于不同的经验与知识“意义层面”的协调结构会如何变化，以及根据不同的内容协调结构又会如何变化。本文中的“意义层面”，可以解释为通过描述人的印象的形容词所建立的意义关系，存在于图15.1中所示的心理与认知层面。而此处的“协调”，也与物理层面、心理层面的“调和”、“协调”等概念（如音乐中的二音和音、图像中的二色调色）没有联系。

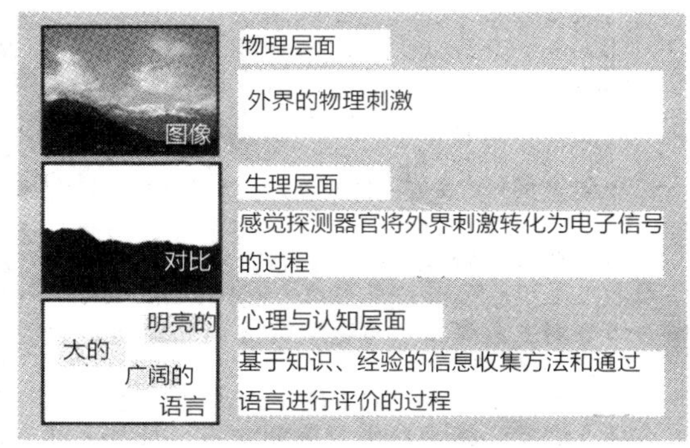

图15.1 视觉认知过程模型

15.2 多种感觉信息的整合化

⊙ 多媒体信息的整合化技术

对于现代人来说，多媒体一词可谓是耳熟能详了。在当今的信息社会中，由于多媒体信息（静态图像、动态视频、音乐、三维模型等）所具有的直观、易于理解、信息量大等特点，正发挥着不可替代的作用。同时，面对海量的信息又必须依赖新的工具和方法去发掘出有用部分。我们熟悉的Google、Yahoo等搜索系统就是这种方法的代表。现在的搜索系统大都能够实现从某类多媒体信息中检索出同类的信息（比如从文本信息中找到所需的文本）；但鲜有系统能够实现从某种信息开始检索出不同种类的信息（比如检索到与某幅图像相符的声音或味道信息）。将来对数字内容（Digital Content）的需求非常高，因而对于不同媒体信息之间的多媒体数据检索系统的需求势必变得更加必要。另一方面，在人的头脑中所形成的印象因人而异、千差万别，与他人分享、交流自己脑海中的印象，并使他人能够理解，是非常困难的事情。举例来说，假如某人提到了“现代性的景观”这一印象，在其他人脑海中所浮现出的“现代性的景观”可能会与他的印象不尽相同，在印象层面的交流存在着出入与分歧。可见，实现人类大脑中“印象”共享的努力是有必要的。因此，就必须在分析不同媒体信息的组合数据的基础之上，开展模型化的研究。

图15.2展示了多感觉信息整合化的模型，图中抽出了各种感觉在物理层面的信息，并用箭头的方式标明了它们与心理与认知层面中形容词之间的联系。比如说，现在有作为视觉信息的景观映像，与该景观映像相配的还有作为听觉信息的环境音和背景音乐，以及作为嗅觉信息的气味，该系统能够以上述各种感觉中的形容词为媒介进行检索。针对不同种类的感觉信息，人用于描述其印象的形容词（系统中将之作为检索媒介）会有明显的差异。基于该特点，本研究将同属视觉信息、但具有不同格式的二维图像（用数码相机拍摄的静态图像）和三维物体（用CAD软件制作的三维模型）使用了两种不同的媒体信息，这在图15.2中也标示了出来。研究团队选择这两种媒体信息的原因如下：二维图像在通过剪切、移动、旋转、缩放等变形加工后，再度合成时会产生余白或重叠等不自然的图像。而针对包含着色彩等信息的三维数据的加工、变形都相对容易，在生成图像时也使用了具有增强现实技术的ARToolKit[2]，操作起来较为简单。基于上述的模型，提出了以形容词作为媒介，检索与日常生活环境相关联的物体的方法。

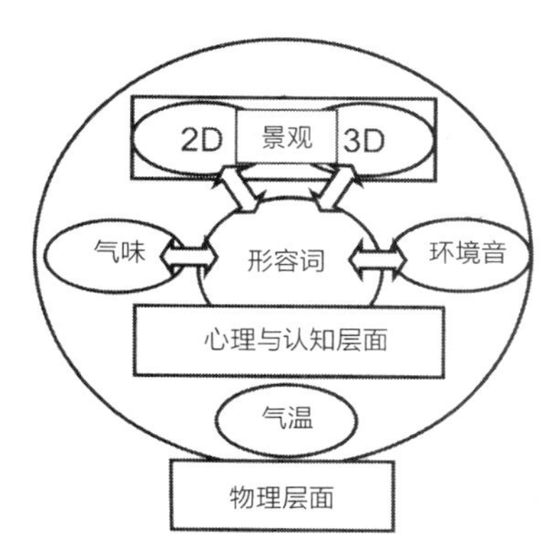

图15.2 多感觉信息整合化的模型

⦿ 意义层面协调中的多感觉信息整合方法

在关于协调影像与音乐的既往研究中，岩宫真一郎等研究者[3]将协调分为“意义上的协调”和“时间上的协调”两类展开其分析，并阐述了“意义上的协调”是当双方有意义的内容非常接近之时才会产生的协调。宝珍辉尚等研究者[4]开展了进一步的研究，他们基于影像与音乐所具有的同样的意义因子的分析结果，提出了能够检索出与某影像相匹配的音乐的方法。然而，系统的检索结果之中也存在着即便拥有一致的意义因子，也无法让人感觉到协调的失败结果。此外，在两种媒体信息的意义因子对应关系的角度也存在问题，即原本从属于不同种类媒体信息中的意义因子必须在两种媒体信息中以同样的面目出现，这造成了对该系统无法适应的若干问题点。

本研究根据不同的媒体信息，分别对其意义层面的协调结构进行了分析，虽然也假定它们具有类似的意义结构（因子），但在研究媒体信息之间的“协调”之时，并未将焦点放置在不同媒体信息类别之间的形容词（印象）对应关系之上。而且，这种对应关系会因个人的经验不同而不同。因而，我们根据不同的经验去分析不同媒体间的形容词对应关系，如果能将上述的对应关系转变为模型，就可以把多种感觉的信息融为一体，进而提高检索精度。在此，我们提出以下两个问题：

（1）在协调中形容词的对应关系是如何构成的？

（2）依据经验与内容的不同，形容词的对应关系是如何变化的？

下文将就这两个问题继续探讨。

15.3 在感性评价中的协调

◉ 基于经验的协调结构变化

下文将探讨作为感性评价的一部分，在意义层面上的协调［在图15.2的模型中即表现为心理与认知层面（图15.1）中的形容词的对应关系］中评价的构成。感性会随着经验与知识产生变化，根据经验的丰富或缺失，针对不同信息的形容词的对应关系会发生变化。本研究将接受实验的人分成有经验者和无经验者，进行了下文中的两组实验（实验1,2）。研究选择了在建筑物的形状、立面、尺度等方面变化丰富，且有新建建筑空间的横滨Minato Mirai 21（简称MM21）作为研究案例。

（1）具有建筑设计课经验的受验者（实验1）

实验1选择了曾经修习过建筑设计课程的9名大学生（年龄约20岁）作为受验者。实验用二维图像来表现景观图像，用三维模型来表现三维建筑物体，为了分析景观与建筑物之间的协调，研究聚焦在景观的形容词与建筑物的形容词之间的对应关系上。参照既往的研究，设定了两者共同的14对形容词对。

接下来具体地研究了被认为达到了协调的景观与建筑成对样本中，形容词样本之间的对应关系。此处使用的分析方法是典型相关分析（Canonical Correlation Analysis）[5]。典型相关分析是能够将两个变量群的对应关系整合在同一个空间中加以再现的方法。以本研究的情况，可以将二维景观图像和三维建筑物体的形容词对数据视为两个变量群，通过各个变量的线形结合即可以构筑起一个新的空间。由于该空间的基底向量与其他数据都呈正交关系（严格地说，沿基底向量方向的变量是不相关的），具有相同心理效果的形容词就可以作为一个因子组被加以分析了。使用典型相关分析的理由是：可以在统计的角度整合两种媒体的形容词为意义层面的因子组；可以分析某一因子组内的来自不同媒体的形容词之间的对应关系；以及可以将其模型化。

实验中使用了28个二维景观图像和三维建筑物体的成对样本，基于典型相关分析方法对这些成对样本中的形容词对数据进行分析的结果，也就是基于各因子组所含形容词之间的相关关系，可以将形容词对分为如表15.1所示的四个组。其中，在“三维质感性”因子组中只包含了三维建筑物体的形容词，在“二维秩序性”因子组中只包含了二维景观图像的形容词，而在“力量性”、“活动性”两个因子组中，则包含了来自于双方（三维建筑物体和二维景观图像）的形容词。由此可见，在“三维质感性”和“二维秩序性”两个因子组中没有能够把二维景观图像和三维建筑物体建立起对应关系的形容词，只在“力量性”和“活动性”两个因子组中才存在两种媒体的相同形容词的对应关系。

（2）没有建筑设计课经验的受验者（实验2）

实验2是以没有建筑设计课经验的30名大学生（年龄约20岁）为受验者，开展的与实验1内容相类似的实验，同样也使用了典型相关分析的方法来分析相“协调”的景观与建筑的成对样本中，形容词之间的对应关系。基于分析的结果可以将形容词对分为四个因子组（表15.2）。在“二维评价性”和“二维现代性”两个因子组中，仅包含有属于二维景观图像的形容词。而在“秩序性”因子组中，虽然来自于二维景观图像和三维建筑物体的部分形容词均被划分了进来，但是相同的形容词却呈现出负相关性的关系。比如说，在二维景观图像中的“有秩序”的样本，与三维建筑物体中的“无

表15.1 有设计课经验受验者的形容词分组

组名	形容词对
三维质感性	柔软的—坚硬的（三维）、温暖的—冰冷的（三维）等
二维秩序性	具有内在连贯性的—没有内在连贯性的（二维）、有序的—无序的（二维）等
力量性	大的—小的、重的—轻的等
活动性	动态的—静态的、新的—古的等

表15.2 无设计课经验受验者的形容词分组

组名	形容词对
二维评价性	安宁的—动荡的（二维）、喜欢—讨厌（二维）等
二维现代性	新的—古的（二维）、大的—小的（二维）等
二维嗜好与三维秩序性	喜欢—讨厌（二维）、有序的—无序的（三维）等
秩序性	有序的—无序的、具有内在连贯性的—没有内在连贯性的等

秩序”的样本，反而在结果中呈现出所谓协调的评价。在具有负相关性的该因子组中，只包含着与“秩序性”有关的形容词对，可见“秩序性”与其他形容词概念相比是特殊的。此外，二维景观图像与三维建筑物体中还存在着不同形容词之间的对应关系，“喜欢”（二维景观图像）的“嗜好性”与“有秩序”（三维建筑物体）的“秩序性”，跨越两种媒体信息形成了因子组“二维嗜好与三维秩序性”。

仔细查看数据就可以发现：在二维景观图像的形容词中，“有秩序的”、“具有内在连贯性的”等指代了“秩序性”的形容词，几乎与所有的因子组都有关系，因此景观与建筑物之间的“协调”，与景观这一方的“秩序性”关系密切。而在三维建筑物体的一方，形容词中只有非常有限的几个词（“有秩序”、“具有内在连贯性的”、“轻的”），能与景观和建筑的“协调”搭上关系。由上述结果可见，虽然在既往研究中，通过以形容词的评价值作为检索媒介，能够搜索出与二维景观画像相近似的三维建筑物体，但显然并非所有的形容词都是有意义的。此外，研究结果也提示出：如果景观的印象过强（或者过弱），景观即有可能会与印象较弱（或者较强）的建筑物之间保持协调的关系。

对比实验1和实验2的分析结果可以发现，有经验者和无经验者对于协调关系在认识层面上存在着差异性。在没有建筑设计课经验的受验者一方，二维景观图像的“秩序性”被看做对协调关系异常重要的要素，而三维建筑物体中仅有限的几个形容词被认为与协调有关。而在具有建筑设计课经验的受验者一方，“力量性”与“活动性”被看做是重要的要素，完全超越了被无经验者所看重的“秩序性”。另一个区别存在于对三维建筑物体的认知能力方面，与无经验者相比，有建筑设计课经验的受验者倾向于将更多的关于三维建筑物体的形容词与协调关系联系起来。据此可以做出推测：经验的积累，使针对“协调”的判断标准，从单纯的“秩序性”，向“力量性”、“活动性”等因素进行转移。因此，鉴于经验在协调关系认知中会产生意义层面的影响，所以必须针对经验的有无、多少，对系统开展个性化的建模处理。

⊙ 基于不同内容的协调结构变化

作为不同的研究内容，本研究针对起居室的协调关系进行了分析，进而通过对比起居室与景观在协调结构方面的异同，来探讨基于不同内容的协调结构的变化。该实验选择了9名受验者，以起居室的图像作为二维图像，以三维的椅子模型作为三维物体，去分析起居室与椅子的协调关系。通过参照既往的研究，选择出了用于评价起居室图像的形容词26对，用于评价家具物体的形容词23对。基于受验者的评价数据，同样采用了典型相关分析方法从形容词之间的对应关系出发，分析了起居室与椅子的协调关系。

根据每个因子组中所包含的形容词之间的相关性，可以将在形容词分成三个因子组。第1因子组“现代性”中，包含了“温暖的”、“自然的”这类有质感的形容词，以及“历史感的”、“复古的”这样有历史感的形容词。在起居室与椅子的协调中，最被受验者所重视的对应关系是：在摩登的（现代主义设计的）起居室中应匹配上摩登的家具。该组中占多数的形容词是用于描述起居室图像的词，而用于描述三维椅子物体的形容词则少的可怜，但其中椅子的“温暖的”一词却拥有着相当强的影响。

第2因子组“品质（正式性）”中，来自于三维椅子物体的形容词仅有“明亮的”一个。由于组中没有来自双方的相同的形容词，这给在形容词中发现对应关系造成了困难。但是，由于历史上较正式的起居室使用的都是颜色较暗的家具，因此可以推导出“和式（日本式）的”家具与“具有艰苦感的”起居室之间的对应关系。近年的公寓住宅中有些起居室墙壁使用了素混凝土材质，受验者认为木制的椅子与之并不协调，而更倾向于使用弯曲钢管制作的椅子，或是与咖啡厅常用的时尚家具相类似的椅子。

第3因子组的“亲近性”中，包含了来自起居室和椅子双方的“容易亲近的”一词，可见亲近感有助于在起居室与家具之间建立起协调关系。此外，还可以判断出“开放的”、“轻快的”起居室与“统一的”、“具有协调性的”的家具是容易协调的。

由于在针对两种研究内容的实验中，受验者和所使用的形容词均存在差异，在景观与起居室的协调结构中所具有的类似之处或许并不具备所谓的普遍性，但本文依然将之列出如下：在两次实验中“质感性”（包含“温暖的”、“自然的”等）与“现代性”（包含“摩登的”、“现代的”等）均对协调结构具有意义。此外两种研究内容的共同点还在于经验在协调结构中的影响。“没见过所以无法理解”，“没经历过所以无法理解”等，包含着记忆的经验往往左右着人对于协调关系的认知。关于两种研究内容之间的不同点，相信读者已经在文中发现了很多。它将作为我们今后继续研究的课题。

15.4 感性评价模型的应用——多种感觉感性检索系统

◉ 景观设计支援系统：SCAPE

根据日本景观法的规定，自治主体正逐渐变得可以独自进行景观营造了。在制定相关景观规定之时，条例、法规等经常遇到的问题是：当地的人与外来的人对于景观评价的角度不尽相同；以及难以选择合适的评价方法去评估景观的质量。虽然现在

图15.3 SCAPE系统

有高度限制和后退道路红线限制等诸多规定，但想在所有地区都实现这些规定也存在困难。更理想的状态是：通过鼓励某一地区的居民参与，将现在与未来的景观意向达成共识，再以该共识为基础确立景观评价的方式，最终形成基于居民意见的制度化的守则。居民参加型的景观制度化固然美好，但由于居民本身并非专业人士，在开展景观的评价与设计工作方面存在困难。为了能够在景观环境营造过程中实现居民参与评价与专业团队提供技术支持，以下的三点是十分重要的。

① 能够适应多种感觉，提供出与真实环境非常接近的景观（虚拟媒体）；

② 把具有众多意向的景观加以知识结构化，提高观看的效率（知识媒体）；

③ 基于针对每一个人的学习，构筑出个人适应型的、景观的协调评价结构模型（感性媒体）。

基于上述三类媒体技术的整合，构建了SCAPE（Symbiosis Communicator for Advanced and Preserved Environment的缩写）系统。通过该系统，即便是不具备专业知识的居民也可以参与到景观设计的过程之中了。作为使用案例，SCAPE系统可以在计算机上把居民或者专家的知识进行模型化，具有专家知识的系统就好像专家亲临了现场一般，可以从数据库中选择出与景观相协调的建筑物、街道家具、素材等各种各样物体的数据。通过利用不同的专家知识模型，即可以从不同的专业角度检索出建筑物、街道家具等，再通过模拟生成出将这些物体配置在实际空间中的意向，使其易于为居民所理解和共享。如此，系统仅需一瞬间就可以提供出适合居民需求的设计方案。假设，如果自治主体能够引入SCAPE系统的话，众多对景观设计怀有兴趣的居民就可以参与到景观营造的过程之中了，而且一定是主动地、而非被动地参与进来。

在构建SCAPE系统中的虚拟媒体部分时，研究使用了增强现实技术（ARToolKit），以在二维景观图像中合成上三维建筑物体。在知识媒体部分，针对三维建筑物体群进行了结构化。在感性媒体部分，构建了个人适应型的、景观的协调评价结构模型。基于上述三类媒体技术的整合，通过在数据库中检索与二维景观图像相协调的三维建筑物体的方式，构建出了能够在实际环境中虚拟配置假想建筑物的SCAPE系统。搭建数据库用以检索三维建筑物体的必要性在于以下两点：①选择范围（知识）广（甚至可以从世界各国的各式各样的建筑物中进行检索）；②瞬时可得（在已完成的建筑数据中进行检索可以避免在CAD中漫长的设计时间）。

图15.4 室内协调系统

图15.3所示的即为SCAPE系统。系统的工作流程如下：

① 基于学习数据（从景观评价中获取）和图像特征量数据（从图像处理中获取），系统实现输入任意的景观图像，即可预测出该景观图像的意向（形容词数据）；

② 系统针对图像与物体间协调评价的学习数据，以及通过典型相关分析获得的、图像与物体的形容词之间的关系加以学习和结构化。然后，输入由步骤①预测的形容词数据，即可检索出与景观相协调的三维街灯物体。

③ 使用ARToolKit，将检索出的三维街灯物体与实际空间图像进行合成处理。

该系统框架也可以被应用在其他的研究内容中。

⊙ 室内协调系统

针对起居室与家具的协调问题，本研究构筑了室内协调代理系统（Interior Coordinate Agent System）。与前文所介绍的从景观图像开始检索出与之相协调的街灯物体相类似，室内协调系统能够实现从起居室图像开始检索出与之相协调的三维椅子物体，图15.4即为其中一个结果的合成图像案例。

利用本方法，除了椅子之外，还可以去检索与起居室相协调的桌子、照明、音乐，甚至香味等，最终或可达到起居室室内的彻底协调。设想将来的研究，假如需要检索出与起居室相协调的椅子和桌子，由于无法判断椅子与桌子之间的协调性，不得不再去调查这两者之间的相关性，这势必要求系统学习更多的数据，反过来系统学习又加重了使用者的负担。未来研究的目标之一，即是去探讨如何在保持尽量少的系统数据学习的前提之下，开发出可实现房间彻底协调的检索系统。

◆ ◆ ◆

本研究迄今所呈现的系统在精度上还略显粗糙，但已经可以看到它是如何帮助普通人参与到与其日常生活息息相关的设计工作之中，并享受到与他人分享设计成果的喜悦之情。

（柴田泷也）

参考文献

1） 多田昌裕，加藤俊一：類似する画像領域の特徴解析と視覚感性のモデル化，電子情報通信学会論文誌，J87-D-II 巻，10 号，1983-1995（2004.11）
2） Human Interface Technology Laboratory, the University of Washington, "ARToolKit", http://www.hitl.washington.edu/artoolkit/，（参照 2007-10-30）
3） 岩宮眞一郎：音楽と映像のマルチモーダル・コミュニケーション，九州大学出版会（2000）
4） 宝珍輝尚，郡司達夫：印象に基づくマルチメディアデータの相互アクセス法，情報処理学会論文誌，43 巻，SIG 2（TOD 13）号，69-79（2002.2）
5） 涌井良幸，涌井貞美：図解でわかる多変量解析，日本実業出版社（2001.1）

16 空间句法——空间解析理论的应用

16.1 空间句法的定义

空间句法（Space Syntax），包括了一套空间解析方法，和与其相关的理论背景体系。在20世纪70年代[注1]，伦敦大学学院（UCL）的以比尔·希利尔（Bill Hillier）教授和朱利安妮·汉森（Julienne Hanson）教授为中心的研究室率先提出了该理论方法（可以参考：http：//www.spacesyntax.org/）。

空间句法所包含的诸多方法，涵盖了从室内空间到城市空间等各种规模的空间分析方法。其中，轴线图分析方法以清晰分明的二维平面图表达为特色，作为建筑或城市空间的功能规划方法，以伦敦为首例被应用到了城市规划学科之中。空间句法以空间分析与量化描述为特点，有很大的应用空间。在本章的后半部分将说明关于空间句法在感性工学中应用的可能性。同时，本文也将介绍在日本的空间句法理论在实际应用中的成果。

◉ 室内空间分析的展开与在城市中的应用

在伦敦国家美术馆的加建工程与公共设施设计的案例中，可以看到空间句法在室内空间分析中所取得的成果。在这个案例中所使用的理论基础，包括空间关系图解法、轴线图分析法，以及与视线联系相关的视区分割法[2]。

城市空间的分析主要依靠轴线图分析法（Axial Analysis）。在城市再开发的规划案例中，可以用于评价空间句法在城市空间中的应用案例有泰晤士河的步行桥——伦敦千年桥（2000年竣工，联接着伦敦的圣保罗大教堂与其对岸的泰特现代美术馆。图16.1）的使用规划；国家美术馆面前的特拉法加广场的改造（2003年竣工）；作为伦敦铁路交通枢纽的国王十字车站周边区域的再开发规划方案等[注2]。

接下来要叙述的是用来表示轴线邻接关系的指标——RRA值（以及集成度），它与城市空间内步行者的数量分布是相互关联的。RRA值是作为轴线图分析的依据而存在的，也就是说，为了预测改造后的城市空间的使用规律（即预测人群的分布），需要首先把握现状的空间联系关系。

图16.1　伦敦千年桥（诺曼·福斯特设计）

16.2 图解理论的应用

◉ 基于关系图解的表达

下面介绍一下作为空间句法基础的，通过图解理论进行空间解析的思想方法。笔者将引用希利尔教授等人著作（1984）[3]中所列举的例子，来展示利用关系图解（Justified Graph，或称邻接图解）表现室内空间结构的效果。图16.2的（a）~（d）所示的4个平面图，与图16.3所示的4个关系图解是一一对应的。这4个平面图乍一看好像是一样的，但是想要描述清楚他们各自的空间特征并不容易。如果用他们的关系图解进行比较，就会发现每个空间的邻接关系有非常大的区别。比如，（b）、（c）是环状结构，而（a）、（d）则是环状较少的树形结构；再者，（b）、（d）的竖向纵深比较深，（a）、（c）的纵深则比较浅。

在这种基本的关系图解中，是这样表达空间的：顶点（○）表示室内空间，线（—）表示室内空间之间的联系，⊕表示外部空间（基底）。基底一般放在最下方，通过向上的纵深表示与室内空间

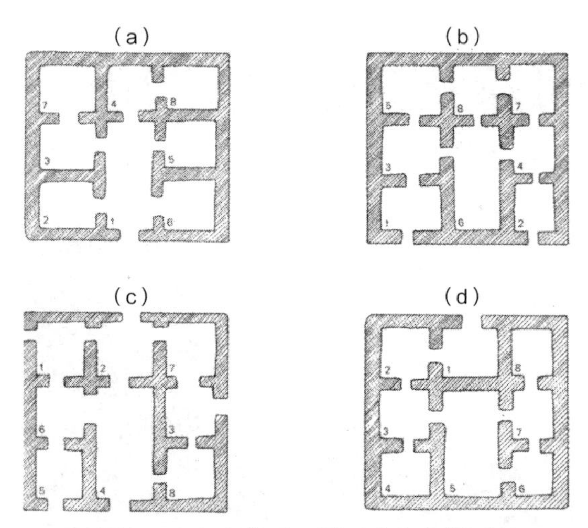

图16.2 九宫格平面图（来自文献3）

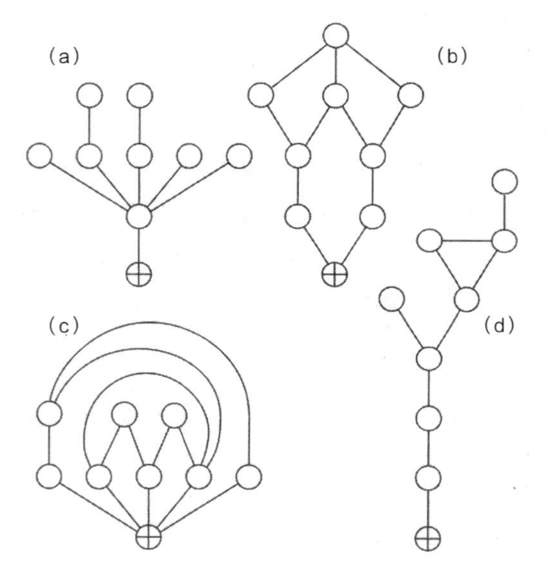

图16.3 九宫格平面图中（a）~（d）对应的关系图解

之间的关系。

⊙ 关系图解的量化

上述的关系图解是可以实现量化处理的。比如将每个空间与其他空间之间的距离进行计算，可以求出与图16.3的纵深图表相关的一些数据。

常用的数据有“平均深度值MD”（Mean Depth，指从某顶点到其他所有顶点的距离的平均值），以及用相对不对称值对MD值进行标准化后得到的，在0~1范围内的“RA值”（Relative Asymmetry Value）。

以下是RA值公式。$MD_{min}=1$，$MD_{max}=k/2$，则顶点i的RA值是：

$$RA_i=(MD_i-MD_{min})/(MD_{max}-MD_{min})$$
$$=2(MD_i-1)/(k-2)$$

（MD_i：顶点i的平均深度值，k：顶点总数）

如图16.4所示是计算MD_i和RA_i值的例子。RA值越小（越接近0）、纵深越浅，则表示该空间越接近中心；相反值越大（越接近1）、纵深越深，则表示该空间距离中心越远。图16.4中，RA_b是最小值，RA_f是最大值。这就表示顶点b在关系图解处在最接近中心的位置，相反顶点f是在距中心最远的位置。

16.3 城市空间的分析

以上就是将图解理论应用在空间句法分析中的案例。对实际的空间进行分析时，在将单位空间转换为关系图解时，重要的是如何定义图解中的顶点和边线在实际空间中的对应物。关于这一点，主要

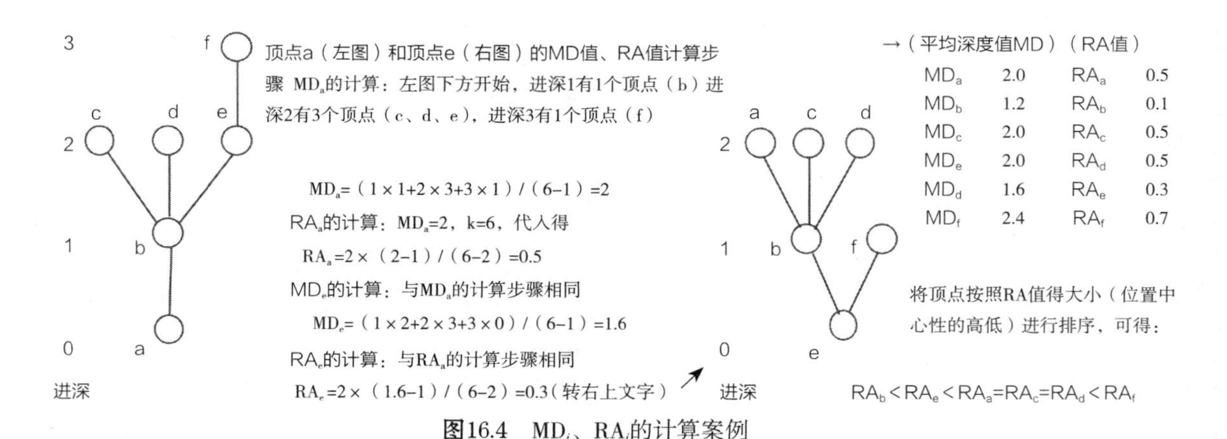

图16.4 MD_i、RA_i的计算案例

运用凸空间图分析法（Convex Analysis）和轴线图分析法（Axial Analysis）两种方法来进行运算；两种方法的区别在于前者的顶点对应的是凸空间，而后者顶点对应的是轴线。

◉ 凸空间图和轴线图的作图方法

凸空间图的作法，首先是把对象空间分割成"凸空间"（所有内角角度在180° 以下的多边形）。具体来说，将平面图上的墙面作为边界，绘制出边界内最大的凸空间，以此类推将空间内剩余的部分也都绘制成凸空间，最后完成的就是凸空间图（图16.5a）。凸空间图分析法是以凸空间为顶点、邻接关系为边线来转换关系图解，进行空间解析的方法。

轴线图的作法，首先是严密地绘制出凸空间图，然后以此为基础，用轴线涵盖所有的凸空间、绘制出轴线图（图16.5b）。但是，实际的城市空间中，若是道路之间的邻接关系比较明确，一般会省略掉绘制凸空间图再转换的步骤。绘制轴线图时应从最长的轴线开始画，还须涵盖所有的街道，通过绘制轴线应反映出它们之间的邻接关系。轴线图分析法是以轴线为顶点、邻接关系为边线来转换关系图解，进行空间解析的方法（图16.5c）。

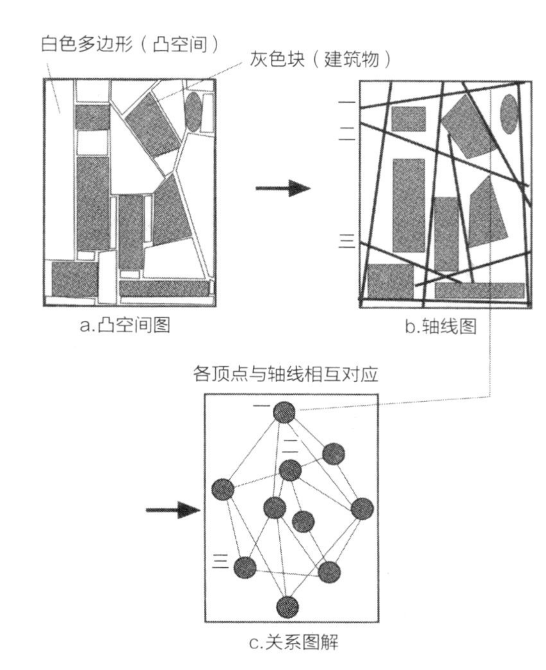

图16.5　凸空间图、轴线图与关系图解的关系
a凸空间图中，城市的室外空间（灰色块是建筑物、余白部分代表室外空间）全部由顶角180° 以下的多边形凸空间组成。

◉ RRA值与集成度

前面所提到的RA值，本身会受到关系图解的顶点数量k的影响，不适用于规模不一样的空间的比较，或是城市扩张时的时序分析等情况。因此在此提出一个不受顶点数k影响的相对数值——RRA值（Real Relative Asymmetry Value），以及RRA值的倒数——集成度（Integration Value），以这两个数值来作为新的指标。

计算RRA值与集成度的公式如下：

$$D_k=\frac{2\left[k\left\{\log_2\left(\frac{k+2}{3}\right)-1\right\}+1\right]}{(k-1)(k-2)}$$

$$\mathrm{RRA}=\frac{\mathrm{RA}}{D_k}$$

$$集成度=\frac{1}{\mathrm{RRA}}$$

轴线的集成度高，说明该轴线与其他所有顶点的相对距离总和较少，处在空间较中心的位置，从该轴线向其他空间移动的流通性较好。集成度的平均值高，则说明作为对象的城市空间整体集聚程度高，流通性好。

这些数据是根据纯粹的城市空间进行结构分析得到的。但是城市空间与人群的分布有着密切的关系，因此下一步骤就是去考察在人的感性下对城市空间的认知，结合计算得出的数值，做出对城市空间的有效分析。

◉ 集成度与步行者分布的关系

如上文所述，空间句法中轴线图分析的依据是代表空间位置的中心性的RRA值和集成度，而这些指标与城市空间内步行者的数量分布是相互关联的。两者之间的关联通过对伦敦市内街道的实地调研进行了确认。图16.6所示的是在东京的谷中地区进行调研后得出的步行者散布图。从这份调研结果中也能再次确认RRA值与步行者分布的关联（R^2=0.501）。利用该结论，即可以对城市空间的再开发进行预测了（即开发完成后人群分布的预测）。

将以上结论应用在临近的地域范围，轴线图分

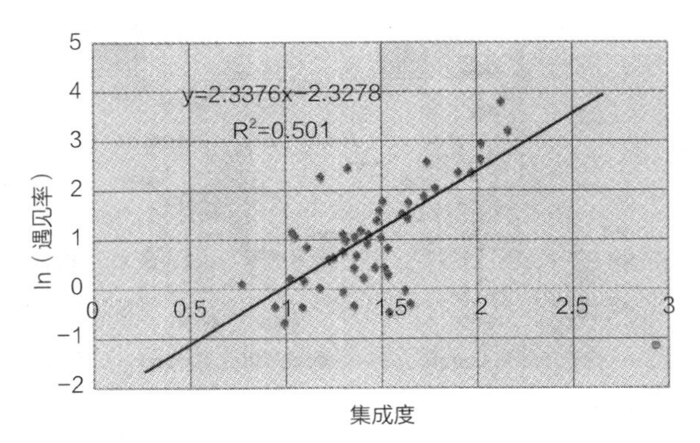

图16.6　集成度与步行者分布的相关关系（基于对东京的谷中地区的调查）

析的结果与步行者实际分布的调查结果之间的相关性依然成立。但应注意，如16.4章节中所示的、对京都或台北这种大规模城市进行分析时，该结论并不成立。为此，下一章节要展示的就是限定在区域集成度范围内的局部集成度分析方法。

◎ 局部集成度与整体集成度

计算集成度之时，在计算范围被限定在某个相位距离之内的情况下（即关系图解的纵深计算限定在某个特定范围内），所得到的数据被称为局部集成度。局部集成度通常被设定为3。在解析范围包含了所有节点的情况下，所得到的数据则称为整体集成度。

局部集成度与整体集成度的区别，对于真实城市空间而言其意义是什么？关于该问题的争议一直很大。希利尔教授认为：局部集成度的分析与步行者的通行度相关性较大，而整体集成度更适合用于现代城市规划中机动车交通的通行度分析[注3)]。另外，局部集成度的分析结果还与传统商店街的分布关联紧密。这一逻辑或许与人们用于区分城市里的繁华区域与冷清区域的感性逻辑非常接近。

16.4　城市空间的研究案例

◎ 研究案例1：近世（日本江户时代）、近代（第二次世界大战前）时期京都的发展

京都[6)]是具有清晰网格状肌理的城市的代表。但是，如果用轴线图来分析京都的网格脉络的变迁，就会发现随着时代的变迁，最初的网格特征正在消失。

一般的网格状街道具有均一性。所有平行的纵轴和平行的横轴相互交叉，纵轴、横轴之间形成完整的矩形网格形状，它的区域集成度和整体集成度是完全一样的。但是在实际情况中，会出现构成网格的轴线在途中就中断，本来密集的空间变得不完整，成了在通达性上有优势的区域，也就是中心区。而且这样会使得局部集成度和整体集成度的分布也出现差异。京都的网格分布反映了当地的自然地形，出现了一些不完整的网格形状，因此如果使用轴线图分析的话，就会发现通达性较有优势的中心街道。

图16.7是对京都进行的时序分析。《旧都市計画法》（1918年）出台后，京都市根据此规划对市区进行改造，环绕旧市区规划了环状街道，以此来扩张城市范围；在环状道路上修建了西大路街道，作为区间的分界线。比较改造前1701年与改造后1940年时京都市的形态，就能够理解这次改造的力度有多大了。城市空间的中心区、商业繁荣区从近世（日本江户时代）时代的河原町街道与乌丸街道转移到了新修建的西大路街道上。市区改造虽然是以环状道路的整顿为主，但是由于街道本是网格状的，在外围加上了环状道路以后仍旧保持了网格状的脉络。也就是说，这一次的市区改造并不是将京都变成了“环状道路环绕的城市”，而是转换为“以西大路为中心的近代（第二次世界大战前）大都市”。并且这一点一直延续到了现在。

◎ 研究案例2：台北的城市扩张

台北[7)]所处的地方，原本有两个自然形成的村落——大稻埕和艋舺，后通过近代城市规划，将两个村落与清政府建造的台北府城这三个片区融合起来，发展为现在的台北市。近代时期作为超繁华街区而闻名的西门町，原本是处在三个片区中间的缓冲地带，在经历了城市近代化的历程后而逐渐繁华起来的。

图16.8从上到下分别是市区改造前的台北市、1895年设计的规划平面图，以及实施改造后1927年的台北市所对应的局部分析图与整体分析图。1895年的平面图反映了三个市区分别独立存在的状态，能够看出每个片区都有各自的核心；而对规划图的

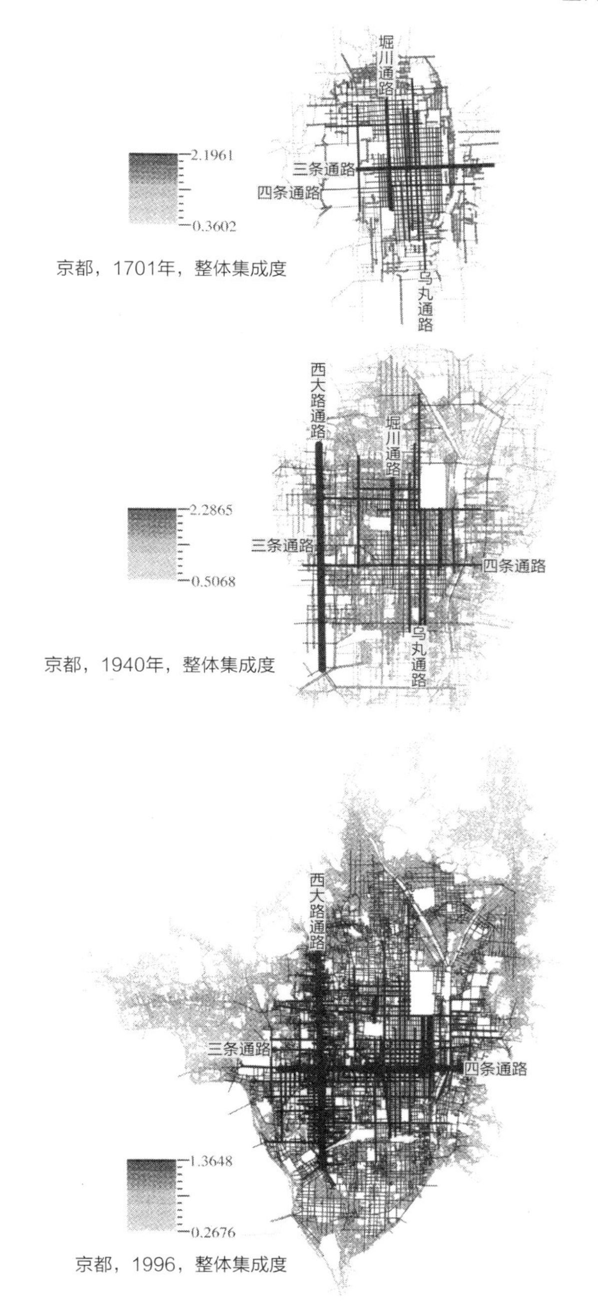

图16.7　京都的轴线图分析（1701年、1940年与1996年的对比）[6]

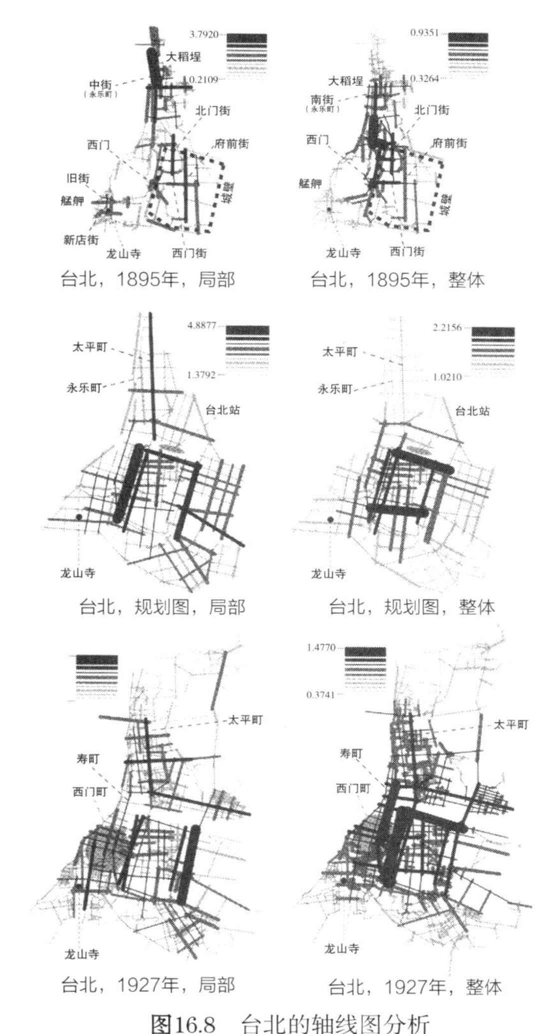

图16.8　台北的轴线图分析

对比1895年的台北轴线图、规划图和1927年的轴线图，分析局部集成度与整体集成度。[7]

分析结果中，值得注意的是图上并没有表示出想要将西门町作为中心街道的规划；但是将1927年的平面图与规划图进行比较，可以看出西门町由于其在城市整体的地理位置上具有优越的通达性，更符合近代城市的发展规律，便自然而然地发展成为了城市的核心。在三个城市片区走向融合的进程中，因西门町距离每个片区都在容易到达的范围内，逐渐发展为交通最便利的区域，这种开发潜力促使该地区得到了快速的发展。而这样的发展也符合城市形成的规律，即从以区域为主体到以整体为主体、以步行交通为中心到以机动车交通为中心的城市变化。

16.5　室内空间的分析

⊙ 基于RA值的房间的序列化与环线

运用RA值可以给住宅的房间进行顺序排列[8]。根据RA值的大小排列房间，结果可以用公式的形式来表示，例如：

$$RA_{起居室}<RA_{走廊}=RA_{卧室}$$

例子中起居室的RA值最小，可以推断这是个以起居室为中心的室内空间类型。像这样利用RA值，就能够给不同的户型空间加以分类。参考文献9中的报告[9] 即是以这种方法为基础，将现代日本集合住宅的户型关系分为了6个类型（表16.1）。表16.1中，越往上、起居室的中心性越强，越往下、起居室的中心性越弱。

通过关系图解的分析，还能得到一个重要的空间特征，即空间中是否有环线[3)、8)]。有环线就意味着人的流向在路线上具有选择性。

◉ 研究案例3：现代集合住宅的户型倾向与建筑师的提案

在现代日本集合住宅的户型布局中，民间的分售公寓（将土地产权与公寓本身分开来，只出售公寓内房间的所有权的销售方式）大多数是采用与“定型3LDK（三室一厅）”类似空间关系的设计，100m^{2}以上的超大户型大多数会以卧室为中心。这些户型的关系图解能够清楚地表明这一点。

研究分析了包括100㎡以上超大户型在内的、共计486个平面案例，结果是这些案例的关系图解可以集中表示为某些模式。图16.9展示了这些模式中最常见的三种类型，它们的总数占据了全部户型的51.9%，超过了半数；前十个最常见类型占据了总数的81.9%（图16.10）。其中，IIIa型~IIIb型比较

表16.1　基于房间RA值的关系图解类型（修改自参考文献9）

类	型	关系图解例	基于房间用途与RA值的节点序列	
房间连接型	I	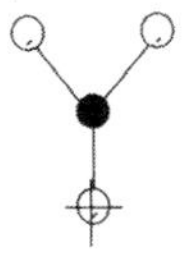	房间用途	起居室　卧室　卧室　基底
			节点序列	● < ○ = ○ = ⊕
			RA值	0.16　0.67
			起居室的RA值最小	
	II	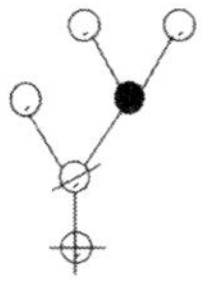	房间用途	起居室　走廊　卧室　基底
			节点序列	● = ∅ < ○ = ○ = ○ = ⊕
			RA值	0.2　0.6
			起居室和走廊的RA值最小	
中间型	III	IIIa	房间用途	走廊　起居室　卧室　基底　卧室
			节点序列	∅ < ● < ○ = ○ = ○ = ⊕ < ○
			RA值	0.067　0.267　0.4　0.6
			走廊的RA值最小，第2小的节点（独立的）是起居室	
		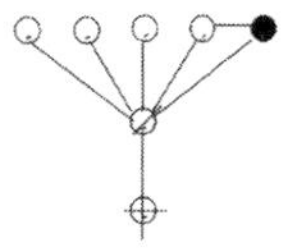 IIIb	房间用途	走廊　起居室　卧室　卧室　基底
			节点序列	∅ < ● = ○ < ○ = ○ = ○ = ⊕
			RA值	0　0.267　0.33
			走廊的RA值最小，第2小的节点（并列的）是起居室和其他的一个房间	
走廊连接型		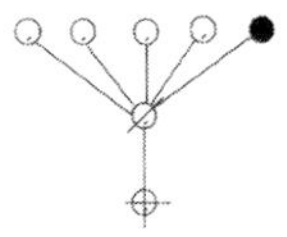 IIIc	房间用途	走廊　起居室　卧室　基底
			节点序列	∅ < ● = ○ = ○ = ○ = ○ = ⊕
			RA值	0　0.33
			走廊的RA值最小，第2小的节点（并列的）是起居室和所有其他房间	
		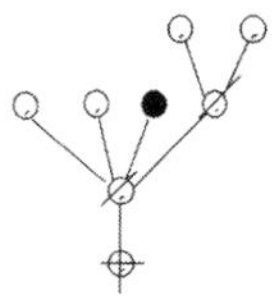 IIId	房间用途	走廊　走廊　起居室　卧室　基底　卧室
			节点序列	∅ < ∅ < ● = ○ = ○ = ⊕ < ○ = ○
			RA值	0.095　0.19　0.381　0.476
			走廊的RA值最小，起居室的RA值排在了第3位以后	

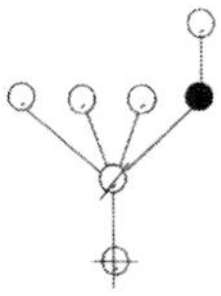

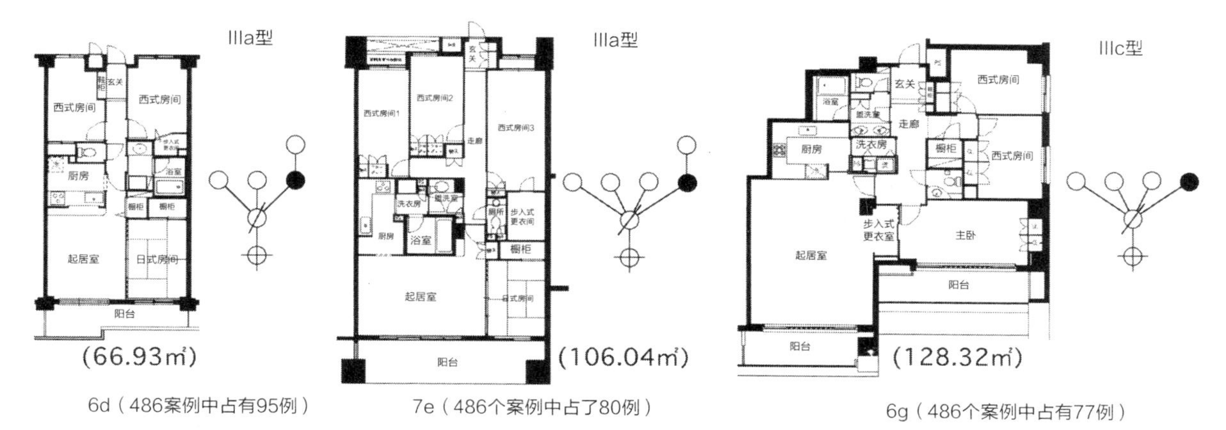

关系图解中●表示卧室，○表示卧室以外的房间，ϕ表示走廊之类的交通空间，⊕表示室外空间

图16.9　民间分售公寓平面图与其关系图解（参照文献9）

数量最多的前3种关系图解占了总数的51.9%，最多的一种与“定型3LDK”的户型有相同的关系图解。

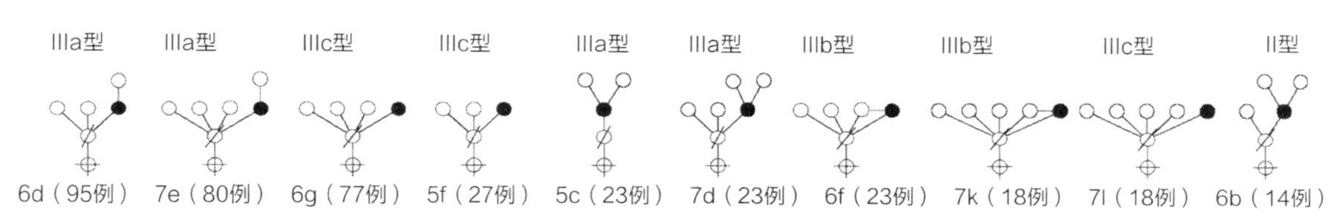

图16.10　民间分售公寓的平面图与其关系图解（参照文献9）

数量最多的前10种户型中，以卧室为中心的类型压倒性地居多

多，I、II型基本没有。并且在图16.10的关系图解中，有环线的空间模式只有两个，其他8个都是树状、以卧室为中心、设计上比较注重私人空间的类型。

图16.9的6d，就是上文提到的“定型3LDK”的案例。这个空间模式的关系图解大多呈户内全面积带均可通行的状态。另外，在100m^{2}以上的超大户型中，大多是像IIIc、IIId型这种通过走廊连接房间的空间关系；随着住户面积增大，重视私人空间的、以卧室为中心的布局相应增加了。

另一方面，近年来，与分售公寓的趋势不同，建筑师们更多提倡的是脱离nLDK的户型模式、纷纷提出了新的住宅平面[10]。其中具有代表性的有：保田窪第一团地项目（设计：山本理显）、独立家族之家项目（设计：Coelacanth And Associates）和岐阜县的Hightown Kitagata县营住宅项目（设计：妹岛和世、高桥章子等）。

这些提案与现在常见的住宅户型完全不一样（即完全脱离了nLDK模式），它们的户型平面多种多样。如果用关系图解来分析它们（图16.11），会发现其中很多平面都带有环线，并且反而是以I、II型为中心的。也就是说，这些新式住宅户型都有共同的特征。它们既不像民间分售公寓那样，以起居室为中心呈现出树状关系；也不像旧式住宅那样，以卧室为中心，有明确的路线从卧室通往各个房间。这些新式住宅的特点是：依靠房间之间复数的邻接关系来确保起居室和餐厅的中心性。

以上展示的民间分售公寓的卧室中心性，和建筑师提案的起居室中心性，这两者是在现代日本集合住宅中存在的两种极端特征。但无论从哪一种模式都可以看出，的确存在着能够被大多数人的感性所共同理解的空间结构。下文介绍的即是针对“空间结构是如何被理解的”这一课题所进行的一些研究。

◉ 研究案例4：老鼠的迷宫实验

众所周知，在环境心理学发展的黎明期，托尔曼（Edward Chace Tolman，目的行为主义创始人，于1948年发表《小白鼠和人类的认知地图》）利用

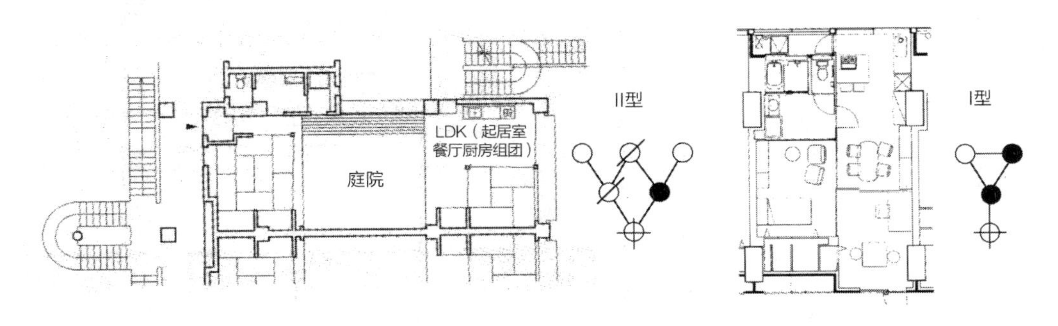

保田窪第一团地（设计：山本理显，1991年）　冬云CANAL COURT住宅（设计：山本理显，2003年）

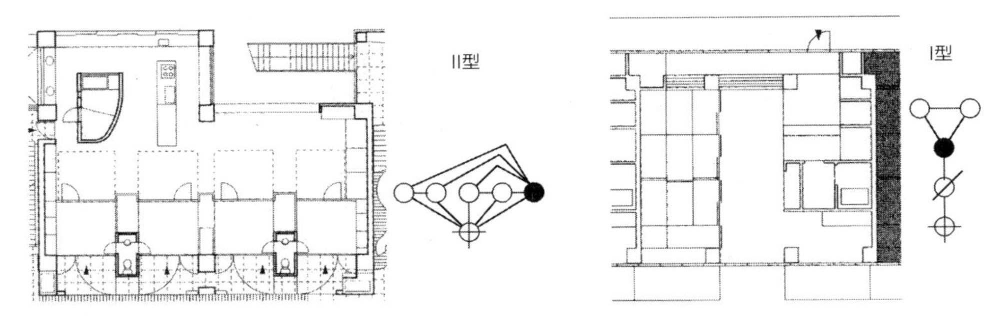

NEXT21 · 独立家族之家（设计：Coelacanth And Associates）　Hightown Kitagata · 高桥栋（设计：高桥晶子，2000年）

图16.11　建筑师提倡的住宅平面与其关系图解

白鼠迷宫实验验证了白鼠心理认知地图的存在。在心理学领域中也针对啮齿类动物设计了著名的赫布–威廉姆斯迷宫实验（Hebb–Williams Maze）用以测试老鼠的智力。但是白鼠克服这种难度的迷宫还是主要依靠经验，而非对空间的认知与识别。

空间句法，在阐释与空间相关的感性方面是有一定作用的。由于通过空间句法可以基于空间结构的复杂度将迷宫的难易程度进行量化，由此也就有助于调查老鼠是如何认知迷宫环境的。

我们制作了一个16分割（4×4）的迷宫，并将其设计成每个房间之间的联系是可以自由变更的，也就是说它可以自由生成各种各样的迷宫。我们利用该迷宫做了一些实验[11)~13)]，下面介绍其中的一个。

在该实验中，生成了如图16.12所示的两种迷宫模式，然后分析白鼠在这两类迷宫中的活动路线。这两种迷宫模式分别是：模式I——带有环线路径的迷宫；模式II——有复数条长度不同的分支路径。

在迷宫I和II中各放出8只受验白鼠，每个迷宫分别设置了两个出发区域，在4天的实验中，每天进行一次迷宫适应训练，最后分析第4天的最后10分钟的实验结果。实验后，再通过当时拍摄的录像，对白鼠在各个区域停留的时间进行分析。

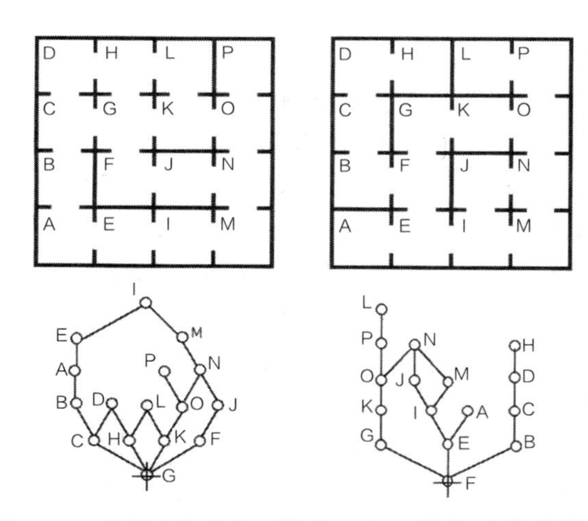

图16.12　白鼠迷宫（左：模式I，右：模式II）与其关系图解

运用空间句法分析空间指标及其相互之间的相关性之时，可见发现，等级1的渗透度（从某空间

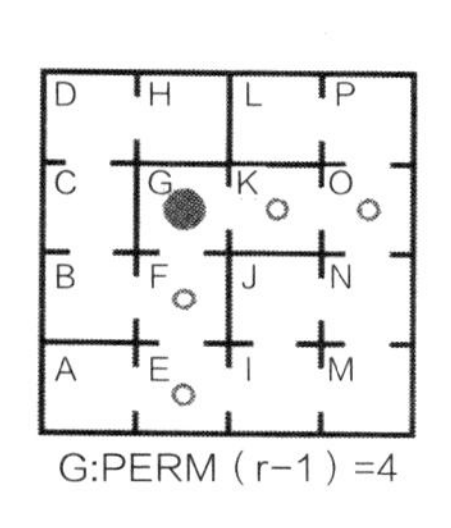

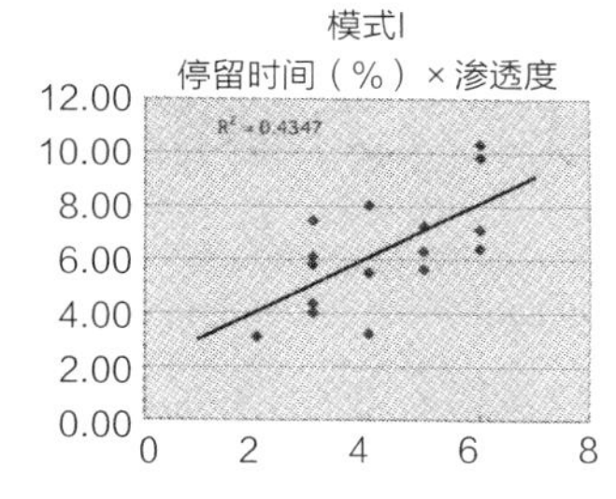

图16.13　渗透度的说明（左）/渗透度与滞留时间的关系（右）

从G点出发能够直线到达的房间有E、F、K、O四个房间，因此G点的渗透度为4.

开始，经直线路径可以到达的房间数，也即是说渗透度越高的空间，越容易从该空间移动到其他空间）与滞留时间之间的相互关系（图16.13）。如果这种正相关关系是成立的，我们可以认为白鼠会选择待在那些能够轻松地直线移动到其他空间的位置上；而这又可以证明，通过适应性训练的白鼠在脑中形成了认知地图，因此才会选择容易向别处移动的区域去停留。

本章分别介绍了利用空间句法对城市空间的分析，及对室内空间的分析，并展示了在感性工学中加以应用的可能性。无论是在哪一个研究领域，作为一种能够把空间进行量化分析的方法，空间句法的应用范围都是非常广泛的，必将有助于感性工学的发展。

（花里俊广、木川刚志）

注

1）1976年《空间句法（Space Syntax）》[1]一书出版，空间句法理论正式被公认。

2）曾追随希利尔教授学习的高松诚治等在日本成立了空间句法・日本公司，开展咨询业务。

3）关于局部（Local）与整体（Global）的集成度问题的争论，许多研究者都会将其与现代城市问题联系起来展开论证。希利尔教授认为[4]，当局部与整体的集成度关联性较低时，自然的交通模式就会出现障碍。Stegen指出在两者相关性差的情况下，社会机能与城市机能（主要指商业建筑）会出现紊乱[5]。

参考文献

1）Hillier B et al.: Space Syntax, *Environment and Planning B*, **3**, 147–185 (1976)

2）Turner A et al.: From isovists to visibility graphs: a methodology for the analysis of architectural space. *Environment and Planning B*, **28**, 103–121 (2001)

3）Hillier B and Hanson J: Social Logic of Space, Cambridge University Press (1984)

4）Hillier B: Space is Machine, Cambridge University Press (1996)

5）Stegen GM: Qualitative descriptions of urban clusters, *Proceedings of 2nd Space Syntax International Symposium, Brasilia* (1999)

6）木川剛志，古山正雄：スペース・シンタックスを用いた『京都の近代化』に見られる空間的志向性の分析，日本都市計画学会論文集，40 巻，3 号，139–144（2005）

7）木川剛志，加嶋章博，古山正雄：スペース・シンタックスを用いた台北市の近代化過程の考察－日治時代（1895–1945）中期における西門町形成過程の形態学的分析を中心として，日本都市計画学会論文集，42 巻，3 号，373–378（2007）

8）Hanson J: Decoding Homes and Houses, Cambridge University Press (1998)

9）花里俊廣，平野雄介，佐々木誠：首都圏で供給される民間分譲マンション 100 m² 超住戸の隣接グラフによる分析，日本建築学会計画系論文集，581 号，9–16（2005.5）

10）花里俊廣，篠崎正彦，山崎さゆり，伊藤俊介，佐々木誠他：空間類型にもとづく集合住宅住戸の変遷に関する研究－個室分離型から居間中心型への移行－，住宅総合財団研究論文集，34 巻（2008）

11）花里俊廣，加藤克紀，山中敏正：迷路の空間構造の解析・評価とマウスによる感性的実験，21 世紀 COE プログラム「こころを解明する感性科学の推進」2005 年度研究報告書，49–52（2005）

12）加藤克紀，花里俊廣：マウスの移動活動に対する空間構造の影響，日本動物心理学会，動物心理学研究，56 巻，2 号，176（2006）

13）加藤克紀，別役　透，大江悠樹，花里俊廣：マウスの移動活動に対する空間構造の影響（2）：オープンフィールドと迷路の比較，日本動物心理学会，動物心理学研究，57 巻，2 号，137（2007）

17 感性机器人技术——以人为本的生活空间设计

21世纪的新社会范式可以总结为“多样性与共生”[1]。20世纪的大量生产、大量消费模式，对应着那一时代的统一的、平均的消费者群体；而现代社会开始尊重生活者作为个人的特征，由个性迥然的人群组成的社会的“多样性”开始受到重视（此处的“个人的特征”是指兴趣、关注点、价值观和文化背景等精神性特征，以及年龄、性别、是否有残疾等生理性特征）。“共生”，不仅是人与自然环境的共生，也包括了人与人造物、人与人之间的共生。根据以上的定义，“城市环境”是具有“多样性”的人群，在被大量人造物所覆盖的自然环境里“共生”，并且只有当聚集了足够多的人群之后，才能发挥城市本来的功能。总而言之，21世纪的这种新社会范式作为这一时代的城市环境的基础，担当着极其重要的职能。

在这样的城市环境里扮演“神经系统”的是信息通信技术（比如：互联网交互技术，移动通信技术，Ubiquitous技术等。“Ubiquitous技术”起源于2006年左右的日本IT商品贩卖广告，并无明确的定义，用来描述“让人无论何时、何地都能享受的、便利的网络服务/技术/环境”这一类的IT技术）。信息通信技术的飞速发展，使人们的生活和工作模式都发生了巨大的变化。但是从另一个角度来看，在支持社会的“多样性与共生”方面，通信技术并没有充分发挥出其应有的作用。

信息系统是多种多样的。为了应对人和人造物的“多样性”，信息系统须发展出某种技术，使之能够差别化地适应每一个个体不同的特性。为了将该技术顺利地普及到所有的信息系统中，在通过观测将人和人造物转化为动态模型的基础上，还须探讨针对建构好的模型进行高次处理的装置。

同时，为了协助人与人、人与社会（通过人群聚集构成的环境），人与人造物、人造环境的“共生”，在利用信息系统提供服务之前，应该让其能够认识到这些“共生”关系之间相互作用的多样性、能够理解它们不同的特性。信息系统应该包含可以识别上述多样性的技术。为了将这种技术普及化，信息系统本身应该一边与人、社会、人造物和人造环境间不断进行相互作用，一边将它们各自的特性通过其相互作用转化为动态的模型，再去设计能够将模型在现实空间中进行高次处理的装置。

本章将围绕“感性机器人技术”的概念展开论述。该概念是针对信息基础层面的崭新探索，其目标即是为了同时实现前文所述的“多样性”和“共生”的新社会范式[2、3]。

17.1 机器人技术的信息处理

⊙ 机器人技术

机器人技术环境，或称机器人技术系统，是指一个自律性的系统，加上其所观测的对象，以及系统和观测对象所共处的环境，这三者之间的相互影响所形成的环境或系统[4]。这种机器人技术环境（或系统）的特色是可以根据对象或环境的状态不同进行灵活地应对或处理。

举例来说，在单纯的信号处理系统或图形认知系统中，系统的处理方式与系统及处理对象所处环境的状态没有任何关系，而只是通过与预设模型的比较或对照，按照某种固定的模式进行处理。然而如此一来，也就难以根据每个对象的不同状态进行相应的判断和处理了。

机器人技术下的图形认知系统与前例截然不同，在某些难以观测的情况中，它会去改变观测对象所处的环境以达到合适的状态，然后再进行观测，搭建出观测对象及其所处环境的模型（例如：在照明不足的场合下观测时，会通过控制照明条件达到可以满足观测的亮度，以保证观测可以进行）。比较、对照获得的模型，理解了对象及环境的状态后再进行“最优决策”（日文为“意思决定”，英文译作Decision Making，表示为了达到某个预期目的同时提供复数个解决方案、选择其中最优解的决策方法）。更进一步的要求是：在朝着预定目标执行行动的过程中，对象与环境同样可能处于动态变化状态。这就需要根据对象和环境的变化，随时地调整行动方针，通过不断地重复这样的调整操作，才能最终达成所预期的目标。

◉ 机器人技术系统的功能构成

机器人技术的信息处理系统是由下列的功能构成的（参照图17.1）。

① 观测对象和环境，抽取其特征的功能；

② 以正确解释对象和环境为基准，通过学习过程（统计性的学习，理论性的学习，或两者合并的学习）建模的功能；

③ 将获得的模型与所观测到的对象和环境的特征相对照的功能；

④ 根据对照结果，判断对象和环境的状态的功能；

⑤ 根据判断结果进行最优决策的功能（如果有必要的话，启动高次信息处理过程）；

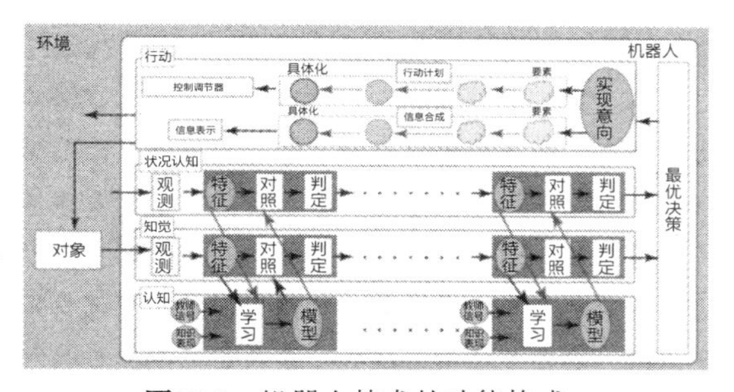

图17.1　机器人技术的功能构成

⑥ 根据最优决策实现预期目标前，计算对对象和环境的作用/影响（行动的影响，或是信息表达方面的影响）的功能；

⑦ 对对象和环境施加具体作用的功能（行动或信息表达）。

将上述不同阶段的功能加以组合之后，便会构成知觉—状态认知—知识—最优决策—行动的子系统[2)]。

17.2　感性机器人技术的构造

◉ 人类的信息处理方式在机器人技术中的表现

如果我们把人类看作是某种“自律性的、与环境相互作用的同时进行活动的信息系统”，那么人类所进行的信息处理就是机器人技术（原本就是模仿人类的行为模式设计了“机器人”的概念，因此这种逆向的解释也是行得通的）。参考上一节的分析，人类进行的信息处理可以用如图17.2所示的功能子系统来表示。

此时，如果把每个人的个性和人所接触的对象、环境的特性，与机器人技术系统中的功能构成子系统（①~⑤）进行对比，会得到以下几点结论：

（1）知觉子系统：通过五感认知事物的过程。我们可以把五感接收到的信息看作是多媒体信息。在知觉的各阶段（物理、生理、心理、认知）提炼出特征和评价标准（如机器人技术系统功能构成中

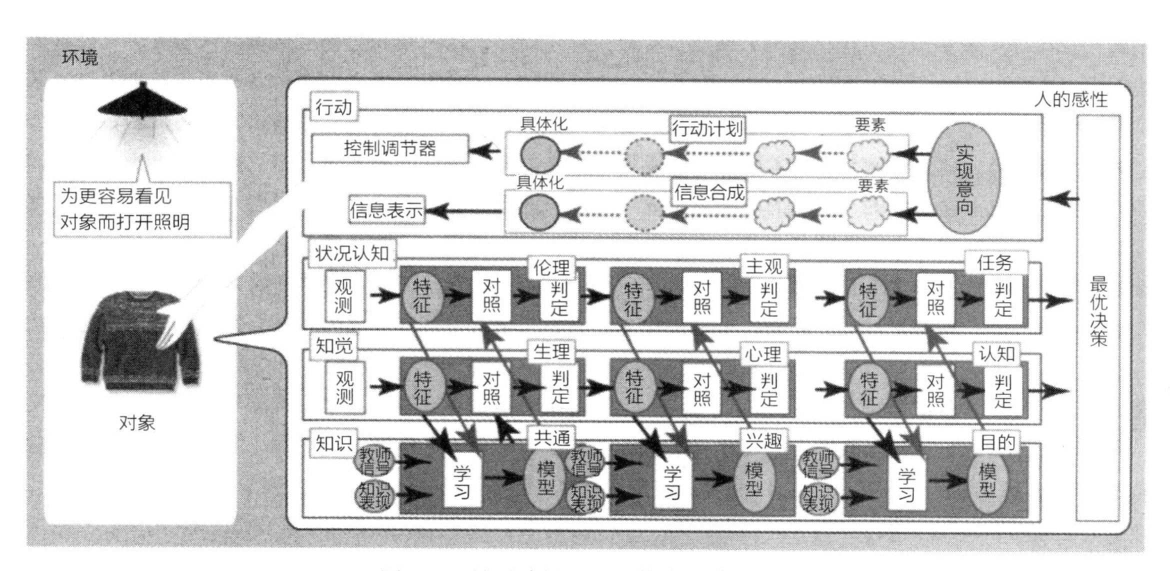

图17.2　针对感性机器人技术的建模构造

的第①、③、④点），会存在因个人差异的不同。

（2）状况认知子系统：人解释、认知自身所处的状况的过程。对每一个人来说，所处状况的意义可以通过在下述方面的差异性来表达，如物理性状况、客观性状况、主观性状况、在实现目的各阶段中特征提取与评价标准（如机器人技术系统功能构成中的第①、③、④点）等。

（3）知识子系统：人在脑中通过整理、梳理概念和语言等，建立起它们之间相互关系的学习过程。包括保存和管理新增加的知识表现（如教师传授的数据等）和自身构筑的知识（词汇的全集合、个人使用的词汇集合、主观的分类、认知性的关系等各阶段的信息）（如机器人技术系统功能构成中的第②点）。

（4）表达与行动子系统：通过身体和多种感觉信息针对对象和环境展开行动的过程。参考类比机器人技术系统功能构成中的第⑥、⑦点，在这两个方面所存在的差异，会导致人去选择不同的表达与行动计划。

（5）最优决策子系统：最优决策是以最初的意图和综合性的诠释、印象为基础，选择如何行动和表达的过程。该子系统可以类比机器人技术系统功能构成中的第⑤点，对于人而言，该子系统表现出了人的兴趣、关注点等的重要性。

假设上述的思考方式成立，就可以期待以一种工学的方式实现某种适应化的技术，它通过调整上述（1）~（5）子系统处理过程中的评价基准，已达成可以应对人与事物的多样性的目的。

◉ 感性的机器人技术的定义

在脑科学、信息科学以及商务等领域，都尝试过将“感性”的概念用工学公式的方式加以定义。

原田等人将感性定义为“闪烁的，直观的，快/不快的，嗜好，好奇心，美的意识以及创造性的源泉——脑的高次机能”[5]。这种定义方法，是将本文所列举的那些被认为是人类特有的、脑内的信息处理方法总称为“感性”。由于在人脑内的信息处理机能中，还有我们所熟知的记忆、演绎、推理、联想等机能。因此不能直接将感性定义为脑内的信息处理系统。

在感性信息处理的领域中，井口等人将感性定义为“人类智能的情绪性侧面”[6]。而且，作为对象的感性信息可以分为象征型感性信息（只用一个形容词即可客观表现的信息），参数型感性信息（在形容词的空间中以矢量形式呈现的信息），模式型感性信息（多维模式信息，比如乐器的音色、东西的质感等这些难以用物理量来衡量的信息），印象型感性信息（只能在人的心中涌现的印象，难以具象化的主观感受、直觉等）。这个阶段的思考方法，就相当于在图像处理中的“捕捉→提炼特征→特征在空间上的映射→认知”的过程，这些过程间的整合性非常好，是一种具有先驱性的、对感性信息对象的感性信息在意义和形式上的考察。另一方面，也可以说感性信息依赖的是比“情绪”等更难定义的概念、更难观测的现象。

在商务领域中，长町三生把以感性为对象的工学（感性工学）定义为“生活者在购买物品之时、把对物品的印象和感性翻译成产品设计的技术”[7]。基于该定义，通过问卷调查了解人的“感觉”——即人的信息处理过程，与产品的颜色、形状等特征间的关系（以车为例，轻便度与诸如前格栅的形状、前玻璃的倾斜度、引擎的声音、车身的颜色等特征之间的对应关系），可以获得能够应用在产品设计中的实用方法。但是另一方面，通过问卷调查所得到的这些关系都存在着因个人个性而具有的差异。所以如何解释这些关系、继而将其建模、应用就成了问题；想要获得具有普遍性、一般性的设计导则是比较困难的。

笔者由此开始关注在知觉过程中解释的主观性和产生个人差异的理由，希望能将其应用在工学的模式化信息处理之中。根据这一出发点，笔者将感性定义为“人在取舍选择多媒体信息时表现出的主观性评价基准”（图17.1）[8]。根据这个定义，感性的建模就是“将每一个使用者或者使用者群体在解释多媒体信息的过程（也就是“表达”）中所表现出的主观性特征，用客观性的方式进行观测，并将人的主观性特征与多媒体信息的客观性、物理性特征之间的对应关系，用数理的方式表达出来，从而使感性的建模成为可能”。

以上，笔者以知觉相关的特征为主，尝试性地定义了“感性”。但是，状况认知等其他相关功能的定义尚未被包括其中。

本章主要关注了机器人技术中与人的信息处理方式相关的一面，并从其功能构成的观点出发、从工学的角度对“感性”加以定义。基于这一思路，“感性”的能力从工学的角度可以总结为：在“知觉—状况认知—知识的构造化—表达—最优决策”过程中所获取到的信息之间的关系，以及评价尺度的个体差异。

17.3　感性机器人技术的计测

◉ 感性建模及其课题

如何将某个受验者的感性进行工学建模呢？具体来讲，首先要观察这个人对于他所接触过的各种对象和环境是如何感知的？如何认知其状态？如果积累知识？如何决定其意义？以及如何针对对象和环境进行活动的（图17.2）？再把这些过程定义成为不同的阶段，并通过学习（基于统计，或逻辑，或两者兼有）各阶段之间的关系来发现其中的规律性。

在感性的工学建模研究中，可归纳出以下的技术性问题。

（1）感性的个体差异与学习

从统计的视角学习感性的个体差异时，需要足够数量的案例（包括受验者对一些具体内容的主观解释，记录受验者每天的行动与其意义，了解受验者如何区别已知与未知的概念，以及如何分类每个概念）。另一方面，从逻辑的视角学习时，需要进行一些知识的教导，此时要求受验者能够正确区分不同场合下的现象，并作出相应的回答。这一切都会让受验者的心理负担非常大。

当使用某些技术以实现自动化地收集受验者信息或观测某些实验现象时，需要注意尽量减轻受验者的身心负担，以保证受验者的主观判断或回答不受影响。并且，以每个受验者（受验者群体）的判断、回答作为出发点，针对各阶段中每个人的感性进行建模的技术是很必要的，这有些类似于个人履历。

（2）感性模型的鲁棒性（Robustness）

如果在知觉感性的建模中采用了过量的对象内容特性，虽然对于学习过的内容群体来说，可以对其主观的评价尺度进行更高精度地建模，但也同时会存在着陷入过度学习的危险。对于未学习过的内容或不同类型的内容，无法预测会做出何种反应。针对多类型内容的学习，有必要综合考虑抽出鲁棒性特征和避免过度学习风险的问题。

（3）与信息环境的互动

向使用者提供具体的感性形式的信息服务，是在现实空间中实现的。同样，使用者最初所显示出的主观性判断也是产生于现实空间之中的。因此，如果能够实现一个遍布的、无处不在的信息环境，使现实空间与信息环境相互重叠，那么就有可能实现使用者与信息环境之间的完全无缝地互动。

◉ 感性机器人技术的计测方法

基于以上的讨论，我们可以得出如下的重要课题。在信息环境中，用于对每个人感性的特性进行动态计测、记录、分析的装置，要如何与现实空间的重叠设置；并且，如何在实现“多样性与共生”的基础上，为使用者随时随地地提供必要的、贴身的信息服务。

因此，我们把感性的建模和感性的服务联动起来，建设能够充分支持人的生活和活动、提高效率的环境——我们把这个环境称为强化生活圈（augmented live sphere）。强化生活圈能够利用感性机器人技术的信息环境，计测、记录、分析人在感性机器人角度的性质，并辅助人的生活和活动。

以下介绍的是研究团队正在开发推进中的强化生活圈的技术，是把人在感性机器人方面的个人特性以感性机器人技术的方法计测出来的技术。

研究团队在真实环境中放置了监控摄像头等感应装置，在受验者的身体、心理负担较少的多感觉感性信息环境中，将现实世界中人们从自然的动作、到兴趣、到感性的判断等信息提取出来，尝试利用这些信息和现实世界的界面，来制作与现实世界相互作用的环境[9)]。

具体的做法如下：用约50台监控摄像头和图像处理装置、射频识别（RFID）感应器，拍摄并提取现实空间中人们随着时间变化的位置移动或肢体动作，并在空间内分散配置了固定型和便携型两种提示装置群，分别对应于人的五感而设置，以此来强化现实空间的构建（图17.3）。

（1）计测范围（微观/宏观/综合）的控制

微观观测，是从空间内多处设置的固定点摄像头等感应装置拍摄的影像中，通过面部图像的抽出和识别辨认个体，或者检测手的动作等的过程。宏观观测，是对摄像头拍摄范围内的复数个体（人群）的身形进行提取，并与多处设置的摄像头所拍摄的影像组合起来，以此来计测空间内人群随着时间而变化的分布状况（图17.4）。

综合观测，是结合上述微观和宏观观测的结果，观测其中特定的某个人的行动轨迹——例如移动、停留、肢体动作等。为此专门开发了程序和算法以记录上述信息。这种个人行动的记录能够最直接地表现出某个人的感性特征。并且根据行动轨迹的差异，可以通过统计方法分析出属于个人的某些特性，比如信息取舍、表达方式选择等。

通过组合这些技术要素，收集和记录每个人自然的行为、行动，以及针对不同环境所表现出来的自然反应，就可以开发出应用于感性建模的程序（图17.5）。

举个具体的例子来说明。在某个实验中，首先观测了受验者面对模拟商店的反应和行动（移动、注视以及接触等），通过程序推算了受验者的兴趣、关注点，然后再对受验者进行各种关联信息的提示，据此再观察受验者的反应。该实验就是不断地循环这一过程，基于受验者的行动去开发感性分析方法。

询问受验者关于模拟商店内的环境或是各种各样的问题，然后观察他们的应答，以此为基础尝试制作出了能够推测对方对商品的关注程度的系统；然后通过有效性验证的方式来评价该方法或技术是否可行、有效。

（2）被动性观测与主动性（机器人技术的）观测

在被动性观测（模式识别系）中，从对象那里得到的仅限定在用摄像头等感应装置拍摄到的影像等单方面提供的信息。为了提高系统的识别精度和提高服务质量，必须千方百计地去整理和调整由特征中所提取的模型或与对象相关的模型。而在实际应用中，上述做法往往会造成系统成本的扩大，同时受验者的身心负担也会增大。

而在与之相对的主动性观测（模式理解系，机器人技术系）中，如果从对象得到的信息不够充分，还能够通过控制环境、主动地去试探对象的反应，以相对低的成本实现了高精度信息处理的可能。比如，在感知某种人造物的过程中，与特性相

图17.3　利用强化生活圈（augmented live sphere）的感性计测与建模

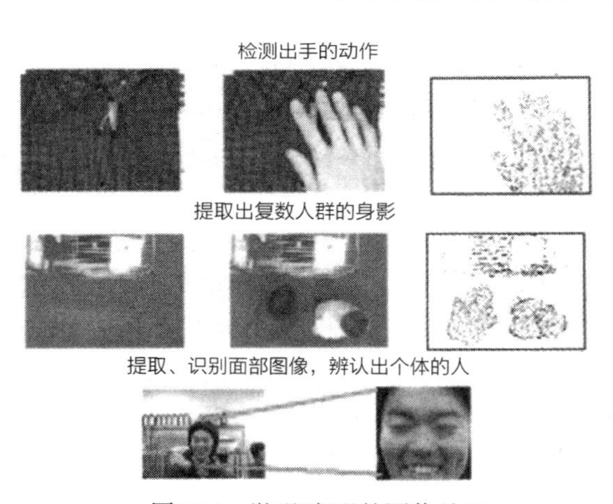

图17.4　微观/宏观的图像处理

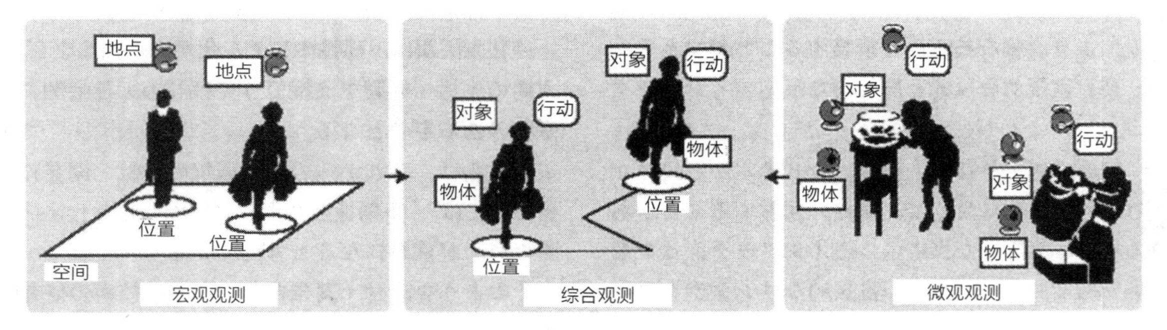

图17.5　利用多台摄像头协助推测消费者的行动计划与感性模型

关的模型对于某个受验者而言不够充分，在这种情况下强化生活圈无法做出恰当的判断。此时，具备主动性观测能力的系统会向受验者出示与该人造物类似的影像，然后通过观测和分析受验者的反应，系统就可以构筑出更为详细的、易为受验者所感知的特性模型了。

（3）直接性反应与间接性反应（互动）

面对系统提出的问题，当作为观测对象的人认为应该直接予以回答之时，受验者所做出的直接反应本身即形成了受验者与系统的互动。高频率的直接互动对受验者形成了非常大的身心负担，而且可能会阻碍受验者在生活空间中的自然表现，进而影响到实验结果。

为了应对该问题，研究团队把主动性观测方式与微观、宏观、综合观测等技术有控制性地加以组合，开发出了受验者对于系统的提问或信息提示可以不予直接应答，而是通过间接互动的方式做出反应的装置。

对于受验者而言，最自然的状态是根据系统的信息提示来进行活动，而不需要被强迫做出应答。系统提示的信息如果是受验者关心的东西，他比较有可能做出与提示有关联的行动；若非受验者所关心的内容，他可能会选择无视该提示。也就是说，在强化生活圈内观测、记录下的受验者行动轨迹，是包含了受验者的关注对象、关注程度等这方面要素的。因此，受验者不必直接应答，只要自然地表现，就相当于对系统做出了间接地回应，然后再由系统分析这些回应即可。比如：对于在商店内的消费者来说，自然状态下的表现并非去直接应答系统所给出的各种商品的介绍；而是如果对介绍有兴趣，就把目光停留在某个商品上，并移动到这个商品的位置；如果对眼前的商品有兴趣，就会伸手去拿起来看一看，这些行为才是具有普遍性的。相反，如果不感兴趣的话，则会无视该商品，更不会伸手去拿。通过对这些间接性反应的观测，即可以推导出客人对于某个商品的关注程度了。

17.4 感性机器人技术的应用

感性建模本身并非强化生活圈的目标所在，强化生活圈期冀以能够辅佐人类的生活和行动为开端，追求更具社会性意义的目标。

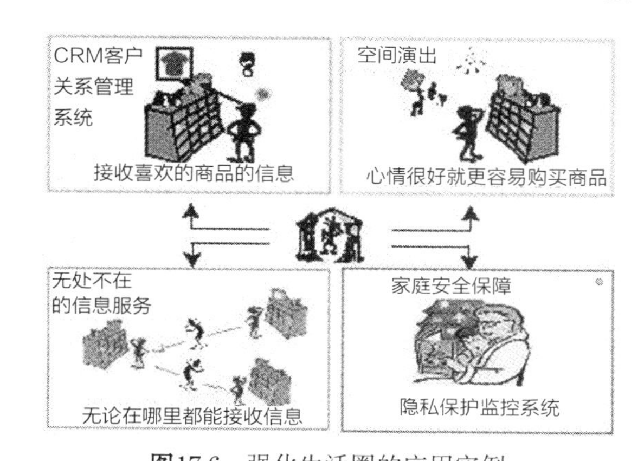

图17.6 强化生活圈的应用实例

研究团队认为，在今后的城市环境设计与开发中须要考虑“多样性与共生”的原则。从该视角出发，强化生活圈的概念具有重要意义。

为了研发上述的设计与开发的基础技术，我们预先选定了一些作为生活圈的典型场景案例：如购物（B to C电子商务）、办公室业务辅助、家庭服务等（图17.6）。在开发每个场景的足尺模型的同时，也必须不断推进在这些场景中必要的感性建模技术和生活、行动辅助技术。

（加藤俊一）

参考文献

1） 井越昌紀，他：共生コミュニケーション支援調査研究会成果報告書，横断型基幹科学技術研究団体連合（2007.4）
2） 加藤俊一：感性ロボティクス—感性のロボティクス的な計測・モデル化とその応用，人工知能学会誌，21巻，2号，183-188（2006.3）
3） 木下源一郎，加藤俊一：感性ロボティクスの展望，日本ロボット学会誌，24巻，6号，2-5（2006.9）
4） 坂井利之：情報基礎学，情報基礎学詳説，情報基礎学演習，コロナ社，それぞれ1982年，1983年，1986年
5） 原田　昭：6th Asia International Design Conference, http://www.6thadc.com/（2003）
6） 井口征士：感性情報とは何か，重点領域「感性情報処理」A班（編），“感性情報・感性情報処理とは何か”，18-19（1997）
7） 長町三生編：感性商品学，海文堂（1993）
8） 加藤俊一：感性によるアプローチ，西尾章治郎（編）岩波講座マルチメディア情報学8（2000）
9） Somkiat Sae-Ueng, Sineenard Pinyapong, Akihiro Ogino, Toshikazu Kato：Prediction of Consumer's Intension through their Behavior Observation in Ubiquitous Shop Space, *Kansei Engineering International*, 7巻，2号，189-196（2008.3）

18 办公室与感性

将“感性”概念用于办公环境设计是最近才开始出现的，实际上这两者之间的关系还没有被明确地梳理过。虽然如此，为了实现更好的办公环境，设计师应该去理解办公室里各种各样的工作状态，以及在办公室里度过了大量时间的人们的“感性”，再将其运用到办公环境的设计之中。本章以笔者迄今为止研究过的办公空间设计为案例，探究了办公环境与“感性”之间的关系。

18.1 办公环境的定义

◉ 办公环境的变迁——从处理事务的空间到创造知识的环境

在进入正题之前，首先有必要说明一下办公环境的现状。随着时代变迁，人们对办公环境的要求也在不断变化。近年来，实现“人力（个人能力）最大化”成了办公空间设计中最重要的课题。下文大致介绍了具体的变化。

产业革命以后的现代化高效率工业生产中，以文件编写和整理为主的“事务管理”工作，从在工厂进行的体力劳作类职业中分离了出来，以独立职业的形式开始存在。因此便产生了事务管理工作专用的工作空间——办公室。在随后的很长一段时间内，办公室作为事务管理的必需场所，被认为只需提供必要的空间就足够了。之后随着产业结构高度化，在办公室里开展的业务变得愈发的多样化和复杂化，对办公室的要求除了单纯的空间大小之外，还增加了“简化工作程序”的需求。自此，“功能性”与“效率性”成为办公空间设计的重要课题。为了适应时代的需求，人们进行了各种各样的尝试，最终通过借助计算机管理技术实现了办公自动化（Office Automation，简称OA）、信息化。到了20世纪80年代，将办公室作为某种生活空间的理念逐渐被推广，因此对办公空间的要求又增加了“便利性”与“舒适性”这两项。一直到最近，在进入了后工业化的资本主义社会之后，办公室成了创造知识、产生利益的场所，也就是进行所谓的“知识生产行为”的场所。知识创造的差异才是企业间差别化的重点，而办公室所追求的是辅助使用者们——创造知识的人——去实现个人能力的最大化。综上所述，办公空间的设计经历了确保工作空间——追求效率化、功能化——追求舒适性的历程，由于提高知识性生产力是当下事务管理的主要课题，最终办公室由单纯的事务处理场所转变成了生产经营中不可或缺的创造知识的场所。

知识创造的源头是个人能力的最大化，与人的感性有着深切的联系。因此在现代办公空间的设计中，增加对感性的理解也变得非常的重要。

◉ 办公空间设计三要素

一提到办公室设计，首先给人的印象就是如何去排列桌椅位置。实际上想要实现办公空间的功能，仅仅局限在物理空间的设计是不够的，如图18.1所示，应该同时着眼于工作空间（Work Space）、操作工具（Work Tool）和工作模式（Work Style）这三种要素进行设计。首先说操作工具：在办公室中工作着的人们使用着各式各样的工具，不考虑操作工具的办公室设计是无法成立的。特别是以使用互联网和计算机为代表的信息通信技术工具（Information & Communication Technology），其对于

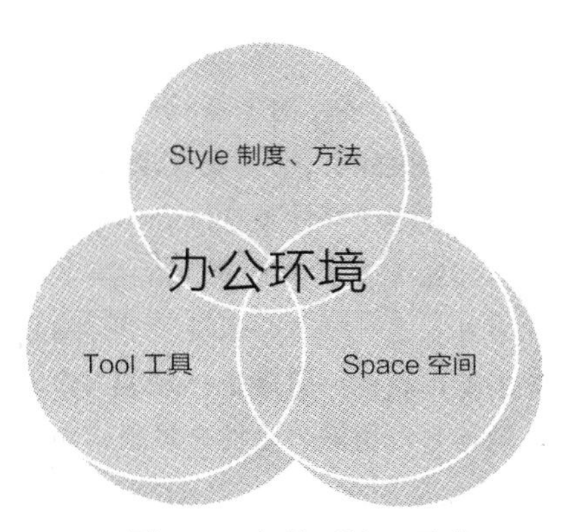

图18.1 办公环境三要素

设计的重要影响是毋庸置疑的。另一方面，如何使用这样的工具和空间（即工作模式）也是设计时必须要考虑的。工作模式与企业的组织和经营模式有着密切联系，也是能够左右操作工具和工作空间发挥作用的重要因素。

由此可见，办公室设计不仅仅是去把握物理性的空间，而是以工作空间、操作工具及工作模式构成的综合环境为对象，针对三种要素之间的各种关联所进行的设计。它超越了以往的建筑设计范畴，需要与不同领域的专家合作来共同完成。

18.2　环境与人的关系

◉ 感性的定义

本章将感性定义为“认知自己与环境的关系的能力”。这里所说的环境当然就是指上文提到的综合环境。当说到感性的时候，一般是在描述个人的主观感受；但是在讨论办公环境与人际关系的时候，个人的感受固然重要，与整个团队、组织的关系也是非常重要的；与此同时，整个团队的感性——对环境的认知也很重要。感性虽然因人而异，但不同个体的感性会通过个体的行动这一媒介相互传达、相互影响从而形成团队的感性。这种感性也可以说是一种良好的组织氛围，是一种能够保持相同的工作节奏的团队协调能力。并且团队的这种感性是可以通过与环境的相互作用培养出来的。在理解了办公环境与团队的感性之间这种相互关系之后，即可以此为基础展开办公空间的设计了。

◉ 人与物理性环境相互作用的综合性环境

正如前面所述，感性是认知自己与环境的关系的能力。下面我们就根据环境心理学的一些理论来试着探究一下人与环境的关系[注1)]。

在资本主义社会，建造办公室是受经济条件制约的，“成本”和“效率”是最优先考虑的——这个理论是约翰·布罗德斯·华生（John Broadus Watson，1878—1958，美国心理学家，行为主义心理学创始人）在“环境决定论”中提出的。“环境决定论”是一种认为个体的思想和情感会受到“物理性环境”的影响而产生应激性行为的观点。该观点是以物理性环境为中心，认为物理性环境一旦被决定了，人的行为也就大致被决定了。在此，人的存在是被动的，被认为是无法影响和改变环境的。在构筑实际环境之时，人是作为生理性、统计性的对象而存在的。按照该观点，在以人的生理学统计为基础决定了室内亮度和温度等标准值之后，就不会出现诸如不同个体间明显的差异性感受，或者同一个体在不同状况下的差异性感受之类的问题了。环境决定论所设想的理想状态是根据某个标准值来建设物理性环境，并且认为创造了足够好的环境之后，人们就能按照理想的方式去行动了。像这种不考虑人只考虑物理空间的方法是有问题的，因此才会得出只用成本和效率作为衡量标准的结论。

另一方面，由相互作用论发展至相互渗透论（环境行为学的基本理论可分为三种观点：环境决定论Environmental Determinism、相互作用论Internationalism与相互渗透论Transnationalism）的人间环境学（日本的大学设有的学科）理论，认为是人与物理环境双方相互依存而形成了综合性环境。环境与人之间应该是互相影响的，人们综合自己过去的经验和当前的需求、感性等因素，创造了个人的综合性心理环境；人的行为不是依据物理环境，而是依据心理环境来进行的。人应对物理环境的刺激并不是像巴甫洛夫的狗那样的条件反射，而是将环境以及处在环境中的人产生的各种信息和认知综合处理后产生相应的行动。也就是说，即使是面对相同的物理环境，根据个体之间的状态差异，采取的行动也是会有所不同（图18.2）。

在思考办公室与人、与社会间的关系之时，由“环境决定论”到“人间环境学理论”的思想转变是非常必要的。在人间环境学理论中，“人”才是关键，办公室设计不仅是单纯的物理性环境建设，还是人与环境的关系建设；人不是作为统计性、平均性、生理性的对象而存在的，而是作为感性、多

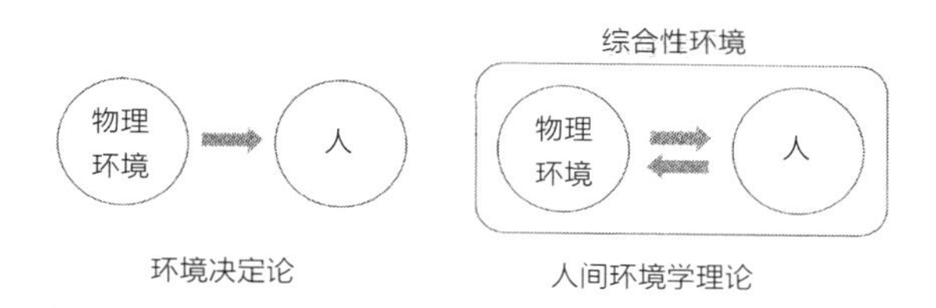

图18.2　环境与人的关系

样性、生活性的形象而被感知；办公空间与人的行为的关系不是固定的，而是多样化、有机变化的；办公室不是单纯的物理空间，而是由使用的人与空间共同构成的一种现象。

18.3 办公环境与感性

◉ 知识的生产性和感性

提高办公室的知识性生产力是当代社会的重要课题，其方法可以分为如下的两大类。一是降低知识产物的生产成本：通过办公自动化提高事务管理的效率，从而减少创造知识产物的时间成本。这种效率化似乎和感性没有什么关系。另一种方法是提高知识产物的品质，这就与感性大有关联。

要提高知识产物的品质，就必须提高知识生产力。知识生产力也可以分为两大类，即个人的知识生产力和组织的知识生产力。虽然个人生产力和办公环境的关系非常重要，但是一旦进入个人喜好的领域，用一般性的论述加以描述就比较困难了。另一方面，组织的知识生产力也不是用一般性的方法就能搞清楚的，但是在考察办公环境和人的关系的时候，组织的生产力更加重要，比个人喜好更容易总结出某种倾向。然而在此论述扁平型组织、树状型组织、矩阵型组织等组织形态是没有意义的，仍旧应该像上文所述的那样、将组织当做一个类似于人的个体来对待，去研究这个具体的个体的感性。

为了透彻地了解组织的感性，首先来关注交流环境与组织感性的关系。交流（Communication）与组织的知识生产力有非常深的关联，被作为衡量知识生产力的中间指标，针对交流的研究也正在不断地推进着[注2)]。组织的交流模式是像生物那样有机变化着的。为了研究不断变化的交流模式所处的环境，了解组织的感性就成为了必要。其理由如下。

在概念主导型的办公室设计里，经常会看到将交流空间作为公共空间的做法。然而，大多数办公室都没有像设计师所设想的那样实现所谓的交流的活性化。其原因在于设计者对人与组织和环境之间的相互作用的理解过于肤浅，像前文中的环境决定论中所提到的，简单地认为“只要设计了交流的场所，交流就会自动地活性化了”。换句话说，这些设计师在设计之时，未能把具有感性的人和组织作为设计对象。即使在建筑里标明“请在这里交流吧”，也只会给在工作中状态不断变化着的人们的感性造成困扰。人们是根据各种各样的因素综合判断后进行交流的。自身的工作状态、气氛、心情，周围人的状态、脸色，所处空间的状况等等，非常多的要素完美地组合了，交流才会顺利地产生。仅仅依靠空间的状况是无法左右交流的产生与否的。假设人们是通过感性拥有了对上述各种要素的感知力，就可以理解人是如何去读取各种要素的了。因而可以说，通过了解感性才能够进行初步的交流环境的设计。

◉ 交流模式与感性

下文以某制造业相关公司部门的案例来具体说明。该公司对办公室平面（工作空间）和办公室的使用方式（工作模式）进行了再设计，由此引发了交流方式的一系列改变。

办公室平面布局由原来的对称型专用坐席排布（指传统的办公桌对称排布、员工可以直接看到前后左右的同事、每个人有固定的坐席的布局方式，以下统称“对称型”），变成了自由式坐席（图18.3）。结果是人们的交流减少了。通过观察可以发现相同部门内的员工间交流大幅减少了，而与其他部门的交流增加了（图18.3）。其次，如果平面保持改造后的状态，将自由式坐席改为“家族式坐席”[注3)]，结果是同一部门员工交流增加，部门间交流减少，处在固定式坐席与自由式坐席两种模式的中间态（图18.4）。由此可见，同样的一个团队、从事着同样的工作，仅仅由于办公室空间环境（平面布局）和使用方法（工作模式）的改变，就会发生很大的差别。这是因为员工在一个空间内的行为，以及与其他员工的关系，在很大程度上受到环境条件的影响。前文所提到的公共交流空间之所以没起到作用，就是因为它没有对员工的行为和心境产生影响。正如上文所说的，员工会通过感知自身的和工作的状态、时刻变化着的其他员工的状态，来进行交流和沟通行为；重点在于交流的模式不是由个人的感性所决定的，而是当每个人的行动互相影响时，一个团体的感性就好像被操控了一般，团体内的交流模式会有机地、自然地发生变化。

这种团体性的交流模式对于一个组织的知识生产

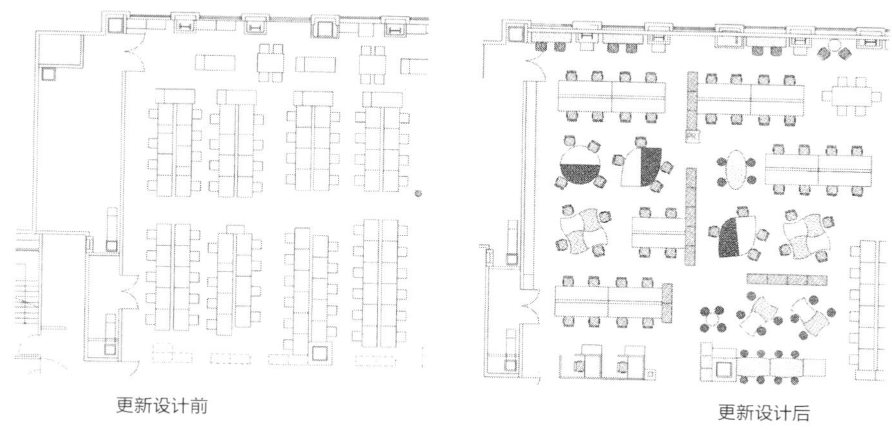

图18.3 更新设计前后的平面布局

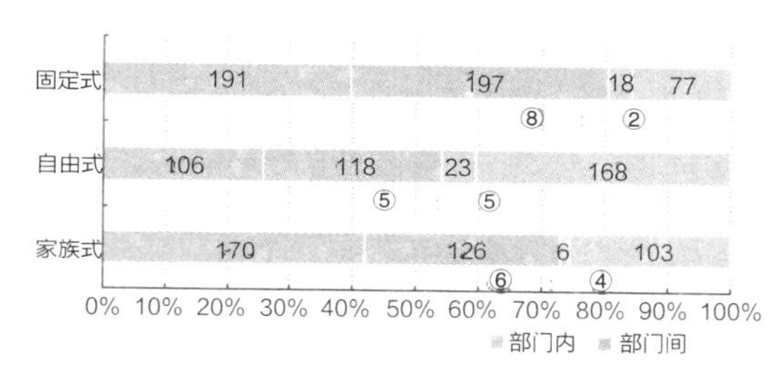

图18.4 部门内/部门间员工进行交流的比例

固定式坐席时，部门内/部门间比例为8/2；自由式坐席时，比例为5/5；家族式坐席时，比例为6/4。

力而言是非常重要的影响因素，大多数的公司都没有意识到自身的组织交流模式，更不了解办公环境对于刺激集体感性、创造特有的交流模式的重要性。

◉“环境信息”与感性

工作在办公室的人们，在依赖感性的同时，还通过感受各种各样的状况进行行动。在办公室中感受到的正是所处场所的状况。比如说工作的节奏、团队的规矩，这些都是场所的状况。人们就是通过共有这种状况来进行交流的。那么，工作的节奏、规矩之类的状况是如何被感知的呢？可以分为以下三个部分来考察。首先，感知一起工作的员工的活动状态。同伴在怎样行动呢？今天脸色还好吗？忙吗？一直坐在桌子前吗？工作顺利吗？偷懒了吗？……这些都是应去了解的基本状态。第二部分要了解的是一起工作的员工的能力。某个人拿手的是什么？对什么感兴趣？是否胜任工作？或者可以从他在读的书或杂志、会议发言、在做的工作内容、工作方式和效率等状态中去观察。最后是总体工作的状态。小组成员们都争论不休，还是在紧张地赶进度？是遭受了上司的指责、陷入了低迷，还是事情告一段落、大家都放松的状态？这些都是对于工作节奏的感受。而且，传递这些信息的不仅是人本身，还有人与环境的关系、以环境为媒介的人与人之间的关系。这些信息在本章中被称为“环境信息”。通过“环境信息”，员工的行动、能力和工作状态被“可感知化（即能够通过五官感受到的状态）”了，由此刺激员工的感性，使得组织全体可以像一个独立的个体那样进行行动。让“环境信息”更良好地向员工传达，这一点对办公环境的设计非常重要。当然，分析到了这一步信息还是不足的，缺少足够的逻辑和案例分析，接下来还将继续分析“环境信息”相关的内容。

18.4 “环境信息”的案例

◉“环境信息”与交流的质量

我们对某制造业的两个组织的交流情况进行了比较调查。一个是一直使用对称型布局，组织结构也已经成熟的A办公室。另外一个使用了将个人坐席用隔板隔开的新式办公布局，组织也是比较新的B办公室。调查结果显示：B办公室的交流总数比较多。仅凭该数据来判断的话，B办公室看起来具备更有利于交流的物质环境，但是当调查到交流的质量时，则是A办公室里通过交流获取有价值的信息比较多，B办公室内的交流许多是为了确认信息。由此我们得出以下结论：B办公室内因为员工被隔板隔离开来，欠缺在A办公室中能够共有的“环境信息”。为了消除信息欠缺，确认信息的交流就增多了。A办公室是没有隔板、员工面对面工作的办公室，前后左右的人可以自然地传递信息，办公室全体成员也可以同时接收到。而B办公室前面的桌子是用隔板隔开的，所以不能直接传递信息，每个坐席都是分离的，较难以感受到全体的气氛。因此B办公室的人为了去确认在那些在A办公室中能够自然而然地就感受得到的信息，才导致交流的次数增多了。

可见集中设置的个人坐席是很重要的，然而也有“环境信息”过多也并非一定有利的反对意见。这里想要补充一点（虽然与本章的主题稍有偏离）：根据迄今为止开展过调查的几个办公室的结果来看，在个人坐席周围发生的交流占到了全体交流的一大半。也就是说个人坐席的周围实际上就是一个小组的工作空间。用隔断等方式来划分出个人能够集中精力工作的空间固然非常重要，而隔断过多也会牺牲掉很多宝贵的交流机会。

◉“环境信息”与交流激活

有关于员工如何读取“环境信息”，下文的这个案例可以说明信息是如何进行延伸传递的。在传统的对称型布局办公室中，当相邻桌两个员工在讨论时，他们交流的样子被周围的人看到，其他员工也自然地加入谈话，连路过的人也会参与进来。类似的情况在A办公室中很常见，而在B办公室中就很少发生。B办公室的隔板有阻断视线的效果，交流即使开始了周围也无法发现。因为“交流”这个环境信息的传递被阻隔了，便不能像A办公室那样延伸开去。

下面再介绍一个角度不同的案例。某办公室的角落放着一个可供两个人并排坐的高脚凳，作为交流角。在这里，人们的交流虽然会很容易开始，但是也会立刻结束。看起来很不可思议，通过仔细观察就会发现，虽然是供两个人坐的位置，但是一旦有两个人同时坐在那里，很快就会有一人站起来，变成一站一坐的状态在交谈；随即另一人也会不得不站起来，而双方都站着的话、交流很快也就结束了。原因何在呢？笔者亲自试坐了一下，发现原来当并排坐在一起时，两个人的距离太过靠近了，感觉很不舒服。这就导致了为了拉开点距离，一个人就不得不站立起来，变成了刚才所说的状况。这也说明了由于所处环境的不同，人相互之间的位置关系是被约束和限制了的。当人们通过感性评估上述位置关系时，若是评价不好、即感觉不好的话，就会向好的方向加以修正。没有预留出修正可能的空间环境，是无视感性存在的环境，上述的交流角就是一个典型的反面案例。

接下来再从“环境信息”之外的角度展开一点讨论。笔者的研究室正试图通过电视会议系统，将处于异地的办公空间远程地连接起来，力图营造出仿佛在同一个地方工作的氛围。从目前的研究成果来看，远程联络欠缺的正是“环境信息”的自然传递。简单来说，问题就出在电视会议系统上。很多人都有过电视会议的经验吧？当谈起“环境信息”的缺失，电视会议就是非常具有代表性的案例。办公环境被简化成了电视中的二维画面，可想而知组织的知识性生产力只能是下降了。

◉ 考虑“环境信息”的设计

由上文可以得知，员工凭借感性从“环境信息”中获取各种与工作相关的信息。也就是说，通过感性去收集还没有明确形式的信息，综合起来进行编辑，从中获取必要的信息。如此这般地去感知隐藏在大环境之下的微妙的信息，然后将之综合起来组合成有用的信息的能力，就是办公室空间所必需的感性的力量。但是感性的力量是有极限的，获取的信息以怎样的形式被可感知化（前述），这一过程是无法感知的。影响感性发挥作用的因素散布在办公空间的各个角落，这些细节在办公空间设计中是非常重要的。

促进“环境信息”传递的方法有哪些呢？下文介绍一个让员工能够自由行走的动线设计案例。没有固定路线、自由行走的话，就能增加接触办公室全体“环境信息”的机会。但是需要注意的是，员工并不是无论何时都能够调动感性去接收“环境信息”的。诸如在有明确目的性的移动过程中，无论如何传达“环境信息”都是无法引起员工注意的。常见的错误是为了增加人们相遇的机率，将电梯等人群流量大的动线进行交叉，实际结果不可能有成效。在这些主要人流流线上，大家都是以尽快到达目的地的意识为优先考虑，无论和谁相遇都会不太在意，因而在这里发生交流的机会反而不多。相反，如果是去卫生间，因为是在空余时间里相遇的，非正式的日常交流机会就增多了。但在卫生间里重要的"环境信息"不多，还是应该尽量增加办公室内的动线交叉。比如工作告一段落时，员工起身在办公室内自由踱步，此时的动线是设计应该加以利用的。

◆ ◆ ◆

迄今为止，那些将人作为统计性、平均性的对象开展的研究，都无法实现当前社会所追求的个人能力最大化。面对具有各种各样感性的、多样化的人群，必须充分考虑办公室所能提供的环境。办公室的物理环境并非决定了人的行动，而是与人相互影响、相互作用，从而形成了"办公空间"。并且，"环境信息"能够刺激感性，因此促进环境信息可感知化的设计是必不可少的。此外，由于办公室环境是由工作空间、操作工具和工作模式共同构成的综合环境，对办公空间的设计超越了单纯的建筑学领域，因此与相关领域的合作也是非常重要的。

当今的办公室设计中，针对办公室环境与人的关系，针对以办公室环境为媒介的人与人之间的关系的思考依然非常不足。当前办公室设计中最需要的是，能够引导人与环境的关系向好的状态发展的建筑设计和能够实现该设计的原型设计（Meta-Design）。该原型设计应能够将社会对于办公空间设计的主流观点导向一条新的思路：通过正确地捕捉工作者或工作团队与其所处办公空间的关系进行设计。遗憾的是在办公室设计领域尚未达到这一境界。一方面，大多数的办公楼明明是作为单纯地执行事务的空间，其设计与建造却未能立足于对于营业行为所需功能的深刻理解；另一方面，即使考虑了功能，也未能理解该类建筑物的特性，仅是在房间里以提高效率为目的地去配置办公工具。这样的案例比比皆是。为了打破该现状，首要的就要把被掩盖在"成本"、"效率"阴影中的，几乎被忽视了的"感性"作为关键词，理论性地提出全新的评价体系与价值观。其重要性是毋庸置疑的。

本章最后要稍加解释的是，本文中的"感性"一词，我们赋予其比一般理解的概念更加广泛的意义。具体而言"感性"究竟是什么？我们尚无法给出一个明确的定义，希望今后能更加透彻地剖析该词语。或许还能将它作为词根，发展出一系列的新的定义。当然，前提是需要将该词所表达的意义和影响限定在一个恰当的范畴之内，这也是值得去研究的。

（仲　隆介）

注・参考文献

注1) 此处内容参考了以下文献的资料：

1) 日本建築学会編：人間-環境系のデザイン（1997.5）
2) 日本建築学会編：環境心理調査手法入門（2000.5）

注2)

1) 幡宮祥平，根来佳輝，松本裕司，大西康伸，仲　隆介，山口重之：知的生産活動のためのプロジェクトルームの構築に関する基礎的研究，日本建築学会第27回情報システム利用技術シンポジウム論文集，181-186（2004.12）
2) 加藤香子，佐治正宏，赤川貴世友，松本裕司，仲　隆介，山口重之：知識情報化社会の働き方に対応したオフィスにおけるコミュニケーションに関する研究：フィールドワークを中心としたオフィス調査手法の提案，日本建築学会第28回情報システム利用技術シンポジウム論文集，109-114（2005.12）
3) 佐治正宏，加藤香子，松本裕司，仲　隆介，山口重之：A Study of Relations between Office Layout and Communications, *Proc. of The 11th International Workshop on Telework Fredericton*, 105-115（2006.8）
4) 山下正太郎，松本裕司，仲　隆介，山口重之：オフィスにおける知的生産性に関する基礎的研究，日本建築学会第30回情報システム利用技術シンポジウム論文集，61-66（2007.12）
5) 現海紘次，水野里美，松本裕司，仲　隆介，山口重之：情報化社会のオフィス空間におけるコミュニケーションに関する研究ー対面でやり取りされる情報内容とその状況に着目してー，日本建築学会第30回情報システム利用技術シンポジウム論文集，67-72（2007.12）

注3)"家族式坐席"是本研究新创的词汇，用来表示组团式坐席和自由式坐席的组合布局。即各个部门有自己的专门区域，放置了组团式的坐席，员工在自己部门的区域内可以自由选择坐席，但是不能坐到别的部门的专有区域内；设计的要点是，部门专有区域的设置应小于部门人数的面积需求，如此以来即会出现选择坐在自由式坐席的工作人员了。

19 智能住宅

智能住宅的概念来源于20世纪70~80年代关于家庭自动化（HA：Home Automation）的研究。当时非常盛行对家用电器的高度功能化和自动化的研究。当时那段时间，以美国的Xanadu House项目为开端[1]，大力宣扬利用计算机统一管理住宅内所有家用电器的概念。但是要证实这个概念的实用性，或是将其实用化，还需要很长一段时间。到了90年代，随着半导体的小型高性能化、互联网交互技术的发展、感应技术和信息处理技术的提高等，家庭自动化的概念再次被重新关注。日本的18家民间企业成立了TRON电脑住宅研究会，建造了TRON电脑住宅；美国的佐治亚理工学院也建造了Aware Home[2]。这之后东京大学的佐藤·森研究室[3]和产业技术综合研究所的数码人类（Digital Human）研究中心[4]等机构也做了许多尝试，比如在住宅空间内设置大量的感应系统等。这类对家庭自动化的研究到如今也一直持续着。

但是，现实地考虑日常生活的话，住宅智能化的优势还不够明显，到底会不会成为一个杀手级应用（源于英文的Killer Application，指企业通过创新的技术和商业模式扩大甚至创造一个新市场，从而建立可以改变整个产业的新游戏规则），现状还无法看清楚。人们希望能获得一些新的概念和框架。本章以独立行政法人 情报通信研究机构（NICT）关西情报通信融合研究中心（现更名“智能创成交流研究中心”）研究的“UKARI项目（UKARI是 Universal Knowledgeable Architecture for Real-LIfe appliances的缩写简称）”的成果为中心，讨论关于智能住宅的研究开发案例，其中特别关注智能住宅是如何支持家庭的日常生活的。

19.1 冷知性和暖知性

智能住宅是智能系统中的一个分支。如果是过去人们所说的智能化，应该只是追求全自动化。特别是针对生产用机器人，只是单纯希望它们能够完美地完成所交付的工作。但是，如果仅局限于开发出辅助人类工作系统的想法的话，机器只会按照设计者的意图进行工作，而那经常并不是使用者的真正意图。这就是“冷知性”。就好比那类总是把工作非常干脆利落、熟练地完成的人，虽然会被表扬吧，但是也会被说成是过于冷静的、欠缺感性的人。智能系统今后的发展方向，应该将“暖知性”作为其中的一个目标。

在智能住宅当中，智能系统通过感应装置收集居住者的信息、了解居住者的状态，并且反过来向居住者用简单的方式说明系统将采取什么样的行动来为之服务。更进一步的话，为了能够更详细地了解居住者的想法，还应该开发出能与居住者对话的功能。因此我的提案是：开发能够承担这些功能的家用机器人，应同时兼具“听话”和“简单说明”的能力。活用智能住宅的感应技术，开发出能够与居住者对话、伴居的机器人，这是实现“暖知性”的途径之一，由此为开端，就是“感性”领域的经验发挥作用的天地了。

19.2 UKARI项目概要

UKARI项目在2003年到2005年的3年间，集结了17个企业、学校和政府机构来共同推进。这个项目以环境智能化为目标，探索智能环境的框架并开发基础应用技术[5]。UKARI项目的实验之一是Ubiquitous住宅（意为“遍在的”），是利用互联网交互将家电（本章中指代住宅内的信息处理机器和家用电器产品等设备）和各种感应设备统一管理的实验性住宅。利用这个住宅反复进行实际生活的操作验证，推进项目的研究和开发。该项目将关注点放在普通家庭在长期日常生活里的方方面面，将新的智能技术应用到日常生活中，通过家电和感应设施收集居住者的行为，了解居住者是如何接受和使用智能技术的。这是该研究的重点。

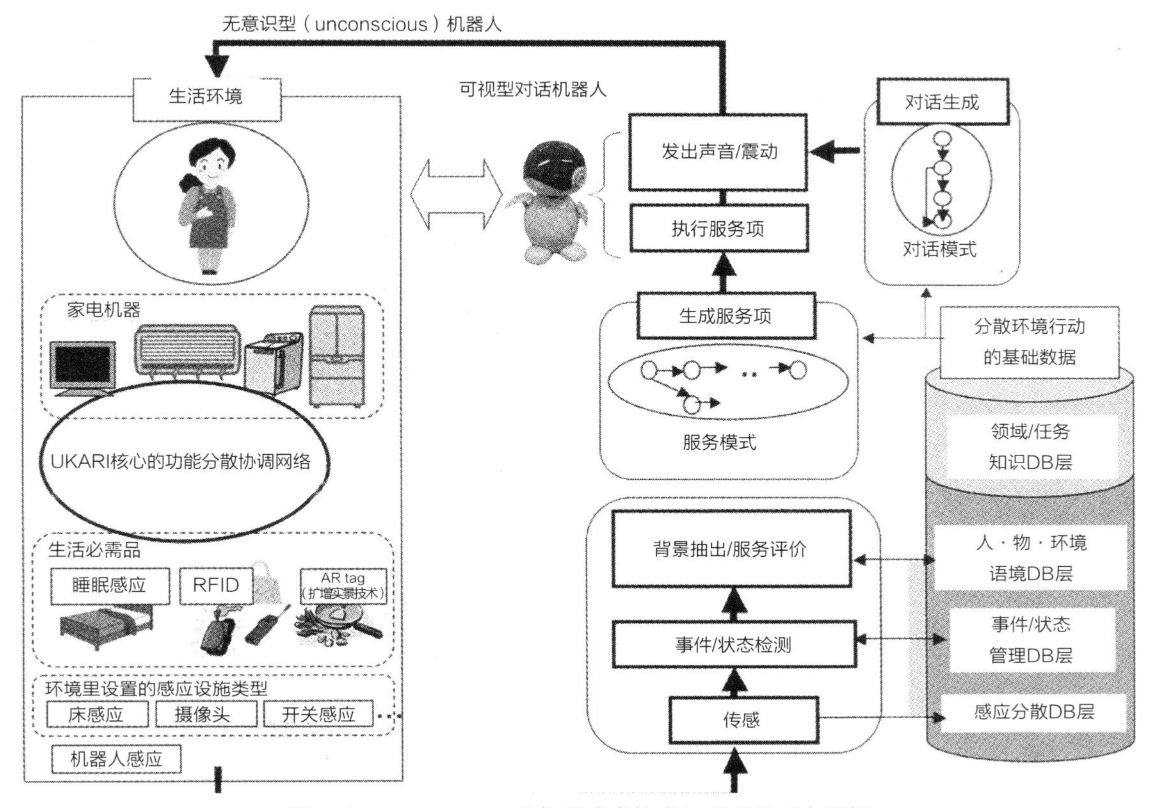

图19.1 context-aware（信息检索技术）型服务平台框架

◉ 关于分散协调型功能系统框架的研究

利用中间组件（独立的服务程序，用于连接两个相互独立系统的软件）将感应装置与家电交互统一的基础概念很早就有了，最早是在AMIDEN架构[6]中被提出和研究的。具体手段是以机器的内部功能为单元，通过互联网技术把这些功能单元组合起来，再去实现必要的服务。在处理功能分解的方面，关于以什么样的媒体类型提取机器收集的数据以及如何处理数据，AMIDEN架构提议使用的是二维数字矩阵分析法。UKARI项目中，为了能够实现AMIDEN事务所的设想，我们制定出一套协议和功能的数据表达方式，开发出了装载这些程序语法框架的中间组件“UKARI核心”[7]，以及作为它的扩张版而使用的服务平台“UKARI内核”[8]。

◉ 关于服务程序与接口的研究

以“UKARI内核”作为服务平台，利用网络交互统一管理感应设备和家电，构成了如图19.1所示的信息检索型的服务执行框架。通过这个框架构筑的智能住宅，可被视为一个巨大的无意识型机器人。在Ubiquitous住宅中，实现服务框架的基本概念是让对话接口机器人来协调无意识型机器人和可视型机器人。这是过去从未有过的、以“暖知性”为基础而实现的服务框架，在这里人与机器人之间会产生新的互动作用[9]。

如图19.2所示，这是一种“母子”型的框架体系。作为无意识型机器人的智能住宅，无微不至地

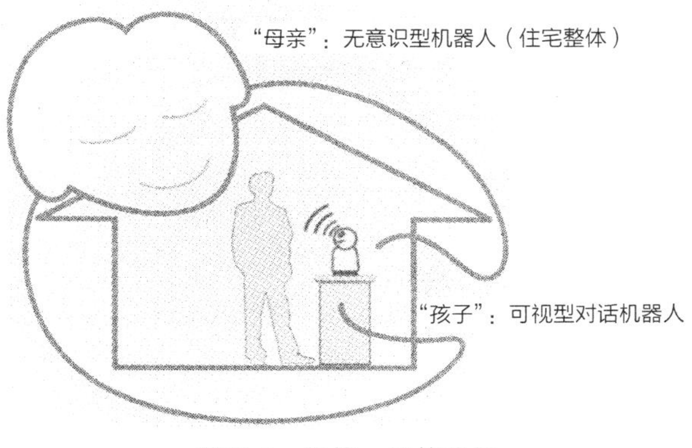

图19.2 母体·子体系统

照看着家庭成员，必要的时候还会默默地帮助大家，就像母亲一样。无意识型机器人作为系统的“母体”被设计出来，通过各种感应设备收集信息，并根据制定好的规则控制着网络覆盖下的家电。相对于无意识型机器人而言，有实体机器的对话机器人则是通过与家庭成员的对话来协助母体，就像母体的孩子一样（以下简称为“子体”）。通过这样的框架，就可以实现活用自然语言进行对话的接口界面，也就可能提供更高质量的信息检索服务。

19.3　Ubiquitous住宅

Ubiquitous住宅是研究开发的环境，同时也是验证开发成果的环境。为了缩短工期，我们在既存的建筑物内组建了Ubiquitous住宅。但是因为我们注重的是验证成果能否在长期的日常生活中应用，所以我们需要的是如图19.3所示的那种厨房、浴室和卫生间等一应俱全的2LDK住宅。而且，我们还细心布置了居住者进入建筑物的通道，居住实验中的受验者任何时候都可以自由进出自己的房间，包括上班、上学等，只要是普通公寓里的一切日常生活行为都可以进行。

如图19.3所示，Ubiquitous住宅设置了大量的感应设备和家电。地板下全部铺上了压力感应器（分解能为180mm×180mm。分解能是用于描述装置对数据的测量能力的单位，分解能为180mm×180mm就表示装置能检测出最小180mm×180mm范围内的变化），能够获取人的位置和行走的轨迹。在每个房间的门上和走廊、厨房附近设置红外线感应，增强对人的位置的判断。除了卧室，其他房间的天花板四个角落都安置了摄像头和麦克风，读取居住者的活动同时还可以记录下来。门窗以及橱柜的门和抽屉中都安装了开关感应器，书房的书柜里安装了可以检测物体被取出或放入的光电感应器，就连沙发座位上也安装了感应器。利用RFID（射频识别）标记系统在天花板上设置信号接收器，然后在每个房间里都设置了局部监测的区域型和通过门口时监测的出入口型两种类型的发信器。最后在每个房间和玄关处都设置了对话机器人。

另一方面，为了将收集的信息内容反馈给居住者，在客厅——家庭成员常聚集在一起休闲活动的场所，设置了2台50英寸的等离子显示器，其他的房间及走廊里设置了37英寸的液晶显示器。而且每个房间的天花板吊顶里都设置了隐藏式扬声器，居住者在任何角落都可以听到声音信息。图19.4所示是客厅内的设备分布。图19.5是居住者在厨房里烹饪的照片。水槽对面墙上的玻璃贴着特殊的胶片，上面投影出的影像会在烹饪过程中为主人提供帮助。

感应装置接收的所有数据，都会被传输到与居住空间相邻的计算机房，储存在数据库内。天花板上的摄像头以1秒钟5帧的帧速率拍摄，可以储存近

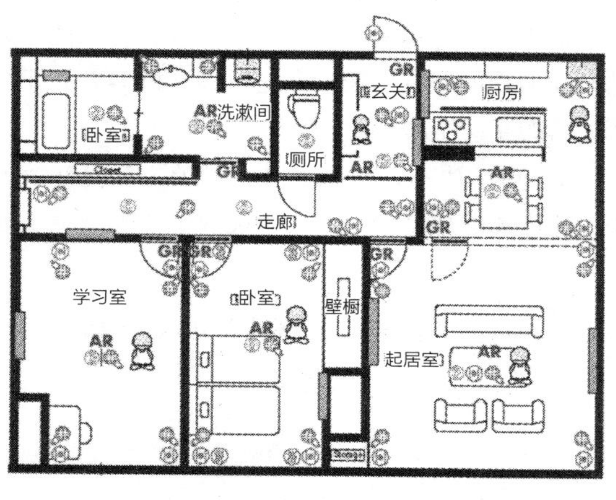

图19.3　Ubiquitous住宅使用的感应设备配置

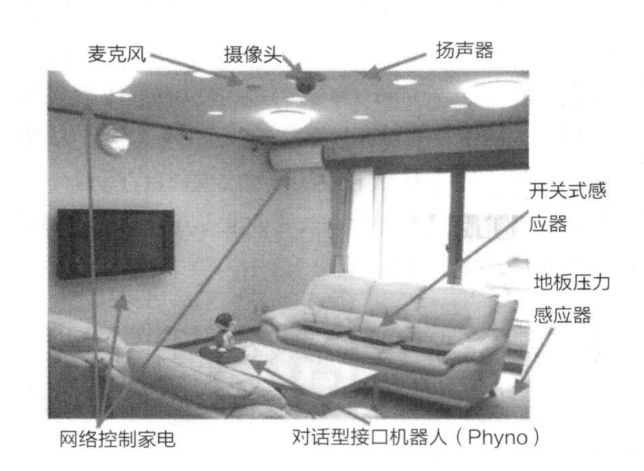

图19.4　起居室的设备分布

图19.5　烹饪中的厨房操作台

两个月内拍摄的所有影像；两个月内的天花板麦克风和对话机器人的音频资料也被全部储存在数据库里。收集数据的同时，为所有数据添加了时间标签，之后这些信息都能够快速地检索出来并恢复。拥有如此强大的数据储存功能后，就能避免研究者对实验中的生活者直接或间接的接触，确保在Ubiquitous住宅中生活的人长期过着最普通自然的日常生活。研究者在实验期结束后会对生活者进行采访，用以验证一些必要的数据。

19.4　对话接口机器人

关于在母子型系统中的“孩子”——对话接口机器人（命名为Phyno），在设计它的时候有以下几点基本考虑[10]。

① 不需要移动型机器人，使用放置型的即可；

② 大小控制为可放置在任何地方的尺寸；

③ 可能的话可以做出像孩子一样的动作；

④ 用内置式麦克风进行语音识别；

⑤ 用内置式摄像头进行人脸识别；

考虑到第2条，我们决定把Phyno做成高度在25cm内，运动的自由度是头部为3（机械具有确定运动时所必须给定的独立运动参数的数目称为自由度degree of freedom of mechanism，其数目常以F表示。简单来说，一个杆件能够在n个方向上平动或转动，则该杆件自由度为n），两个胳膊各为1，躯干作为1，共计6自由度。Phyno的模样参照图19.5。如果把麦克风装在居住者身上，在机器人身上装独立接收语音信号的装置的话，会让居住者感到不自然、被强迫的感觉，因此必须只用内置麦克实行语音识别。此外，考虑到电视或使用家具时的干扰性的噪声影响，研究抽取了这些日常生活背景音的音频进行调谐，让机器人能够辨识方圆50cm内的主人的声音[11]。

在人机接口的设计方面，需要形成良好的智能模式，维持与用户之间的可供性互动（Affordance，是认知心理学家James J. Gibson创造的词，是Afford的名词形式，指的是环境/物体可提供给人的属性，是由人的行为习惯、认知和环境的客观条件共同构成的属性。也即是说，即使在同样的境况下，因人的需求或状态不同，机器所提供的服务也会相应地改变）是非常重要的[12]。在智能住宅的设计中这一点也非常值得重视。在Ubiquitous住宅中，首要的问题是，由于现有的语音识别和自然语言对话技术的性能不足，系统可能无法正确理解对话者的需求。Phyno是按照以孩子为原型设计的，所以我们探讨了这个年龄的孩子理解能力能达到什么程度。如参考文献13中所举的例子[13]，像是“下坡会使人滑下来”这种基于物理现象的简单推理，3、4岁的孩子是有可能做到的。通过实验观察的结果，也得出了这个年龄的孩子已经有了基本的“分类”概念了。根据这个结论，我们最终将Phyno的年龄定位在3岁，努力让它发挥最大的处理能力，去达到3、4岁幼儿的逻辑推理和分类能力，来处理感应设备收集的信息数据。

在这样的服务框架之下，添加了在执行服务之前向居住者确认的对话，在不经意的对话中，让居住者知道将要被执行的未知的服务；在服务执行时或结束之后，还可以回答居住者提出的疑问。如在机器人身上设计了这些说明性功能，将来也可能发展出能够让机器人学习居住者个人嗜好的新功能[14), 15)]。

19.5　智能住宅的感应功能

智能住宅的感应功能是如何的呢？下文以Ubiquitous住宅中感应功能的应用为例来进行说明[16]。

◉ 移动路线记录

在Ubiquitous住宅中，按照6cm的间隔在地板下面铺上了压力感应装置。通过这些压力感应器追踪居住者的移动路线，如图19.6所示就是某次追踪得

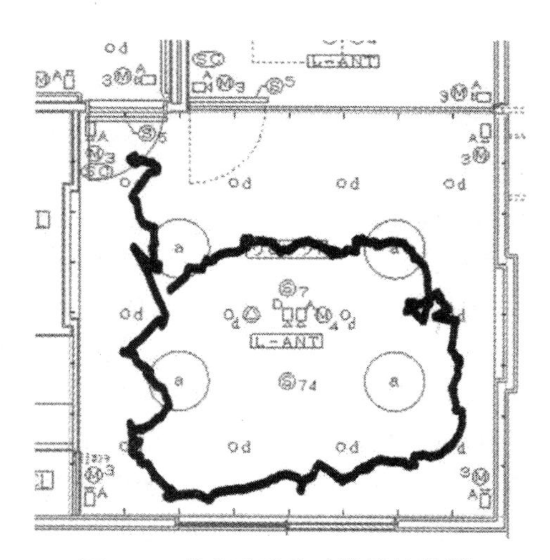

图19.6 某个追踪移动路线的案例

出来的轨迹[17]。将常用在图像识别上的MCMC和EM算法应用在这里的话，就可以识别出不同人的行走轨迹，应对一个房间内同时有几个人的日常生活状态。而且天花板四角设置的照相机加装了图像识别处理系统，能够追踪人的头部移动轨迹。将头部移动轨迹与地面压力移动轨迹得到的数据统和，就能得到精度更高的、有关人的移动轨迹的信息[18]。

◉ 个人识别

为了实现信息检索型服务，识别出特定的人就成了重要的前提。个人识别系统使用的是主动型RFID，会根据每个房间天花板的信号接收器检测出的电波强度，判断出是谁在这个房间里。并且，机器人头部装载的摄像头，会在对话过程中持续对对话者进行面部识别。机器人与RFID的检测结果、与前述的移动路线信息综合以后，就能够在Ubiquitous住宅内对特定人物进行高精确度的定位。

◉ 流程协助

在前面说明过的分散型环境行动数据库中，除了通过上述的感应设备获得的数据以外，还收纳了许多域相关知识。域相关知识除了用于协助机器人与居住者的对话，还记录了烹饪、扫除等家务活的执行模式，也即是流程。这些执行模式会参照感应获取的人的原始行动，为人制定做某件家务事合适的流程，然后再根据实际情况在适当的时间点对人发出提示或直接提供服务。这就是流程协助的程序

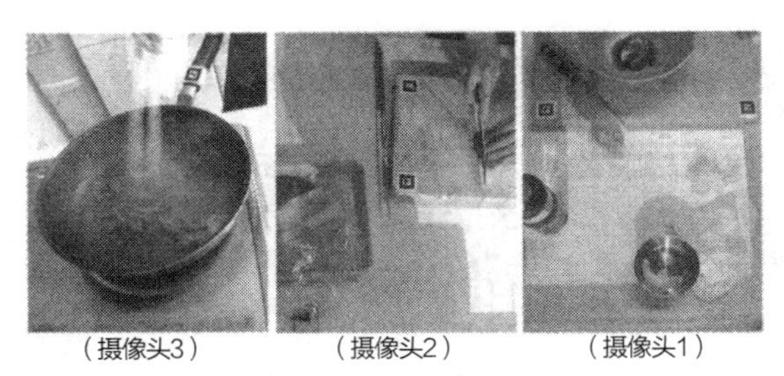

图19.7 厨房操作台附近设置的摄像头所拍到的影像

框架。如图19.7所示的就是为了协助烹饪行动的流程[19]，在厨房设置的摄像头拍摄到的影像。

19.6 生活实验验证的概要

为了验证开发成果的生活实验中，总共有四组年代、家庭成员构成都不同的家庭，每个家庭都要在实验中持续两周的生活。在Ubiquitous住宅进行生活实验验证的智能服务有如下几类：

① 照明控制
② 空调控制
③ 电视控制
④ 电视节目推荐[20]
⑤ 根据居住者方位随地播放洗衣结束通知[21]
⑥ 烹饪过程的对话型检索和提示[15]
⑦ 执行服务的理由说明[22]
⑧ 问候（说“你好”等）

对于参加实验的人们，在实验开始前就说明了感应设备和各种服务设备的设置；当实验开始后，他们只需要像平时一样自然地进行日常生活即可，只不过尽可能不要使用遥控器来操作家电，而是通过与机器人对话来进行操作；并且，在生活期间，有任何在意的细节都要记录下来，当2周的实验结束后，会择日进行3小时的访谈来了解这些情况。

另外，参与生活实验的人是作为第三方招募选定的。在与招募者充分说明了研究的概要、实验场所及使用装置、可能对受验者造成的精神或心理负担等等这些事项之后，获得对方同意后方才进行试验。考虑到受验者的人权，在收集实验数据方面也做了充分的权衡，NICT方面也是在获得了人体试验暨研究伦理委员会的承认后才进行实验的。

19.7　生活实验验证的结果

⊙ 关于功能的安装

所有受验者都认为，被机器人的内置摄像头拍摄倒还好，但是天花板上的摄像头给人一种被监视的感觉、很不好。但是也有人说前 3 天确实有紧张感，到了第 4 天左右就不太会察觉到天花板上的摄像头的存在了。

电视和空调、照明设备的操作需要通过和机器人对话来控制，任何一个受验者都在3天内就习惯了能提高语音辨识率的说话方式。刚开始的时候辨识率在20%~30%左右（以不需要复述命令的比率来计算），到了第4天就变成了80%~90%。这样就能省去寻找遥控器的时间，生活更加便利了。在这一点上，收到了较高的评价，并且受验者们还期待着今后所有遥控系统都能通过与机器人对话来完成。

关于检查是否忘带东西的服务项，报告显示是有实际作用的。但是，由于目前ＲＦＩＤ扫描仪的感应度比较低，受验者不得不举起包靠近扫描仪让它扫描自己的所持物品；并且对于扫描过程需要数十秒这一点，受验者都感到不满。由此看来RFID扫描的感应性能还有待提高。另外，关于洗衣结束时会随地通知的服务，评价中有不同的声音，有2个主妇回答说在忙碌时是有用的。

⊙ 机器人对话的有效性

上文说到过，简单的对话（打开电视这一类指令型对话，或是早晚的打招呼）中的语音识别非常实用。至于通过解析难度较高、内容不明确的对话，将居住者潜在的需求分析出来并实现的功能，实际上也的确做到了一些，获得了受验者的认可，比如在与机器人不断的对话中偶然检索到的菜谱，当天就出现在晚餐之中了。当机器人询问是否执行信息检索型服务时，我们把居住者的回答进行了分类，结果是其服务执行率（也就是成功挖掘出潜在需求的机率）在14%~67%之间，虽然实验数据间偏差很大，但该比例已经是非常高的了。

我们又详细地分析了一对60岁夫妇在16天中与机器人的对话记录[15]。（除了命令型和问候型以外）较复杂的对话总数是192回，其中有94回（49.2%）机器人在对话中插入了自己的看法。由居住者主动尝试与机器人对话的次数是74回（39%），其中机器人辨认出正确的关键词，并报以有意义的答复的情况为10回（5%），错误理解居住者的意思有64回（34%）。而居住者对机器人的话的反应则分几种情况：识别出关键词，语音识别错误，因为噪声而识别错误。这几种情况的比率分别是27%、15%、13%。通过上述数据，我们可以确认机器人能够根据对话的结果提供服务。

⊙ 认知心理方面的见解

在这个生活实验中，还没有得到“感性”这种深度的见解，但根据生活实验后的采访，我们了解到受验者对于探索机器人服务能力的过程表示欢迎，而且访谈记录中也能看出该探索的心路历程。不仅如此，尽管机器人本身并没有学习的功能，许多受验者还是用了“学习”这个词来形容机器人的语音识别。受验者顺应机器人的语音识别系统来说话，这个时候可以看成是受验者发明出了自身比较容易接受的智能模式[23]。而且，当机器人的语音识别系统出错，产生了错误的回答时，还会被受验者说成是“Phyno做了有趣的事儿”。问到对机器人的定位，有的人说是2~3岁的孩子，有的人说是宠物，可以明确的是大家都能将机器人作为共存者一起生活。机器人到底是生物还是非生物，人们对于一起生活的机器人会否怀有亲情一般的感情[24]，这些都是拥有共生型机器人的智能住宅在今后的研发中所需解决的重要课题。另外，像对待宠物那样，当怀有深厚感情的宠物死亡时（可类比于机器人的更换或损坏时），户主或会产生的心理上的失落，也是需要我们注意并思考的。

◆◆◆

在UKARI项目中，为了开发出成功的智能住宅，我们反复地讨论了是否存在着某种杀手级应用能够解决这一切的问题。讨论达成了如下的一致意见，即与其设计在任何家庭都通用的万能服务应用，不如去挖掘每个家庭的生活模式和个人喜好，包括日常和非日常的所有要素，让服务本身去适应家庭、适应每个居住者，这样的应用才是更重要的。在此共识基础上，通过家庭内无所不在的网络构筑知性的、柔性的家，利用对话型机器人进行协调，提出了以往未曾有过的新型服务概念。

在做这样的尝试之前，我们应该先去理解人的意图，去理解人的感性，这样我们才能发现真正适合与人类共存共生的机器人的姿态，进而才能发现所谓成功的智能住宅模式。今后的研究在通过实验加深认知的同时，各学科间的联合研究也是非常必要的。

（上田博唯）

参考文献

1) Mason R, et al.: Xanadu: The Computerized Home of Tomorrow and How It Can Be Yours Today!, Acropolis Books (1983)
2) Kidd CD, et al.: The Aware Home: A Living Laboratory for Ubiquitous Computing Research, *Proceedings of the Second International Workshop on Cooperative Buildings-CoBuild '99*, Position paper (1999)
3) 森 他：センシングルーム一部屋型日常行動計測蓄積環境第2世代ロボティックルームー．日本ロボット学会誌，25-29（2005）
4) 西田 他：乳幼児事故予防のための日常行動センシングとモデリング，電子情報通信学会2006年総合大会，HK-1-5，SS-9/SS-10（2006）
5) 美濃：ゆかりプロジェクトの目的と概要 —UKARIプロジェクト報告No.1—，情報処理学会第66回全国大会，5-5～5-8（2004）
6) Minoh M and Kamae T: Networked Appliances and Their Peer-to-Peer Architecture AMIDEN, *IEEE communications magazine*, **39**(10), 80-84 (2001)
7) 沢田 他：ゆかりコア：ネットワーク家電のための分散協調型サービス構築基盤，電子情報通信学会ソフトウェアサイエンス研究会，SS2004-9号，19-24（2004）
8) Yamazaki T, et al.: Distributed and Cooperative Service Platform 'UKARI-Kernel' Plan for Networked Appliances, 1st Korea-Japan Joint Workshop on Ubiquitous Computing and Networking Systems (UbiCNS 2005), 411-414 (2005)
9) 上田博唯，佐藤 淳，近間正樹，木戸出正繼：アンコンシャス型ロボットとビジブル型ロボットの協調メカニズム —母親・子供メタファー，ヒューマンインタフェース学会研究報告集，6巻，3号，57-64（2004）
10) 上田博唯，近間正樹，佐竹純二，佐藤 淳，木戸出正繼：ユビキタスホームにおける対話インタフェースロボットの試作，情報処理学会ユビキタスコンピューティングシステム研究会，2005-UBI-7，239-246（2005）
11) 西村竜一，近間正樹，小林亮博，佐竹純二，上田博唯：ユビキタスホームにおける対話ロボットのための音声・雑音認識の開発，電子情報通信学会パターン認識・メディア理解研究会，PRMU2005-59，47-52（2005）
12) Norman DA（野島訳）：誰のためのデザイン？，新曜社（1990）
13) 乾 敏郎，安西佑一郎編集：認知発達と進化，岩波書店，88-93（2001）
14) 上田博唯，小林亮博，佐竹純二，近間正樹，佐藤淳，木戸出正繼：ユビキタス環境における対話型ロボットインタフェースのための対話戦略の構築，情報処理学会論文誌，47巻，1号，87-97（2006）
15) 小林亮博，上田博唯，佐竹純二，近間正樹，木戸出正繼：家庭内ユビキタス環境における対話ロボットの実稼働実験と対話戦略の評価，情報処理学会論文誌，48巻，5号，2023-2031（2007）
16) 上田博唯：センサーネットワークと家電製品とを統合したサービス提供NICTユビキタスホームにおける事例，情報処理学会第152回コンピュータビジョンとイメージメディア研究会（CVIM），2006-CVIM-152，9号，61-68（2006）
17) 佐藤 哲，和田俊和，加藤丈和：MCMC/EMアルゴリズム/MDLを用いた床圧力センサからの複数人物位置追跡，情処研報CVIM, 150-19（2005）
18) 松元 他：Network Augmented Multisensor Association Condensation: Condensationの自然な拡張による3次元空間内での人物頭部の実時間追跡，情処研報CVIM 150-20（2005）
19) 宮脇 他：ユビキタス環境における調理支援，電子情報通信学会マルチメディア・仮想環境基礎研究会（MVE），105巻，256号，77-82（2005）
20) 土屋誠司，佐竹純二，近間正樹，上田博唯，大倉計美，蚊野 浩，安田昌司：TV番組推薦システムの構築とその有効性の検証，情報処理学会ヒューマンインタフェース研究会，HI-117，95-102（2005）
21) 上田博唯，美濃導彦，近間正樹，佐竹純二，小林亮博，宮脇健三郎，木戸出正繼：家庭内ユビキタスネットワークと対話型ロボットの協調による人ロボットインタラクション，電子情報通信学会ネットワークロボット時限研究会，NR-TG-2-10，15-20（2006）
22) 佐竹 他：ロボットを用いた対話インタフェースにおけるサービス実行理由説明機能，情報処理学会ヒューマンインタフェース研究会，2006-HI-117，15号，103-110（2006）
23) 松本斉子，上田博唯，山﨑達也，徃住彰文：共生ロボットに対するコンパニオン・モデルの形成—ホームユビキタス環境における生活実証実験から—，ヒューマンインタフェース学会論文誌，10巻，1号，21-36（2008）
24) Matsumoto N, Ueda H, Yamazaki T and Tokusumi A: The cognitive characteristics of communication with artificial agents, International Symposium on Advanced Intelligent Systems, 1269-1273 (2006)

第Ⅲ部

对感性进行评价的环境工程学

20 考虑质感与色彩的室内氛围设计

室内的装修材料的质感、色彩等是影响室内氛围的一个主要因素。对应房间用途等选择质感与色彩，能够创造出所喜好的室内氛围。

设计者、室内装修承包者根据自己的感觉与经验，创造室内的氛围，让我们通过分析感性来导出灵巧创造氛围的线索。本章介绍能为室内氛围设计提供帮助的改变室内装修材料的质地、颜色的实验结果。

20.1 质感与色彩的视觉效果

◉ 质感的视觉效果

（1）表达质感的词语

室内、家具的表面材料的质感，很多情况下会对整体印象带来影响。美的质感、好的质感等这样从总体上进行语言表达比较容易实现。但是，质感是与材料质感相关的几种评价的组合构成的，因此对具体的质感表达语言、质感的评价尺度等进行整理是非常重要的。因此，进行了如下的自由描述实验，对质感的评价用语进行了整理。

①质感的自由描述实验方法：从住宅的房间中一般采用的内装修材料中，选择材质、表面性状、光泽等没有偏差的材料，木材、布、塑料布、浮雕花纹塑料布等11种材料作为评价对象。材料的尺寸为长100mm×宽144mm，距离眼睛400mm，在受试者正面铅直设置，对于该内装修材料感觉到的质感，让受试者用词汇自由形容、描述。质感，可由视、听、嗅、触、味的五种感觉形成，对于室内装修材料，基本上由视觉和触觉形成，所以对材料的考察采用三种方法：只用视觉、只用触觉、视觉触觉并用。对于每一种考察方法，所评价的材料全部相同，实验的考察顺序为只用触觉、只用视觉、视觉触觉并用。为了使这些考察条件不受记忆的影响，分别在不同的日子进行了实验。为了让被试材料的温度与室温相等，在实验前数日将被试材料放入实验室，并且实验期间一直置于实验室中。被试者是7名居住学专业的女性本科生及研究生。

②自由描述实验结果：质感的自由描述结果，只用视觉有68个词汇，只用触觉有71个词汇，视觉触觉并用有75个词汇，全部共有148个词汇被使用。除有关表面纹理的词语之外，还出现颜色、舒不舒服等跟自己的喜好相关的词语。这些词语中，剔除了“白色”等直接描述颜色的词语、“不喜欢”等有关喜欢的综合评价语言，关于纹理、表面性状的词语用KJ法进行了类似语群的总结，整理结果如表20.1所示。

表20.1 表达质感的词语与质感的评价构架[1)]

只用视觉	视觉触觉并用	只用触觉		评价构架
有光泽 没光泽	没光泽		→	光泽
粗糙 凹凸不平 光滑 肌理粗 平面	粗糙 凹凸不平 光滑 肌理细 滑溜 像羽毛	粗糙 凹凸不平 光滑 肌理细 滑溜 有羽毛	→	粗糙光滑
柔软 硬	柔软 轻柔 硬	柔软 轻柔 硬	→	柔硬
暖和 凉	暖和 有保暖性 凉	暖和 凉	→	冷热
			→	干湿

注）基于文献1）整理。

对每种考察方法，都采用了表面的凹凸状态的词语、表面的柔软状况词语、关于冷热感觉的词语进行了描述。只用视觉的实验，采用表面光泽、亮丽相关的词语，只用触觉的实验，采用表面的湿润感相关的词语进行了描述。柔软感、冷热感等本来是由触觉感知的感觉，但是在只用视觉的实验中，也有对此描述的，可以认为是根据视觉做出的触觉推测。

（2）质感的评价构架

表20.1的语群中，质感的评价构造可总结为：只用视觉考察的光泽、粗糙与光滑、冷热、柔硬，只用触觉的粗糙与光滑、冷热、柔硬、干湿，视觉触觉并用的光泽、粗糙与光滑、冷热、柔硬、干湿，这五种维度[1)]。

结果显示出光泽与粗糙光滑有负相关的倾向、冷热与硬柔有类似的倾向。

（3）质感的面积效果

决定住宅等的内装修材料、家具的表面材料时，在开始阶段多数采用较小的材料样品进行比较。这是为了对各种各样不同种类的装修材料进行比较选择，而实际空间大多是比样品大几倍的面积，因此从材料样品想象出的印象比实际的装修印象差别较大。色彩的面积效果已经很清楚，众所周知面积越大，看到的明亮度、色彩度越高。就是说，跟从一小片样本想象的色彩相比，实际空间的印象更强，所以色彩设计规划是需要考虑面积效果进行颜色的选定。这在质感方面也产生相同现象，质感、纹理等也有面积效果，这是进行实际装修业务的人多次提到的事情[2)]。通过质感面积效果的实验，弄清了以下的事实：

① 关于内装修材料面积效果的实验方法：在内装修材料的展示间等，测量选择阶段使用的材料样品的大小。对各种不同大小的内装修材料的质感采用ME法进行评价，如此进行了掌握质感面积效果的实验。

在3520mm×3520mm的实验室内，将一面墙壁作为试料的展示面，采用N5无光泽纸作为背景，改变试料的面积，在受试者的视线高度处铅直展示试料。所采用的试料是从一般的内装修材料中选取的11种不同纹理的材料，大小为36mm×36mm、108mm×108mm、1080mm×1080mm、2160mm×2160mm五种，让受试者从正面观察试料。观察距离为考虑了住宅房间内看壁面的状态采用2000mm以及看产品样本上的小片样品时的400mm的两种条件。因为试料的展示顺序不同，看到的粗度可能有变化[3)]，所以改变了展示顺序进行了实验。照明采用自天花板的房间整体照明（5000K），试料中央的铅直面照度为800lx。评价采用ME法，受试者坐在椅子上，桌子上稍微偏左的地方距离眼睛400mm的地方固定基准试料，基准试料作为10、展示试料印象根据个人感觉按比例采用正数进行回答。评价项目采用如前述的质感评价维度：光泽感、粗糙感、柔软感。受试者是视力正常的11名学生。对其中5名采用从小到大的试料展示顺序，其余6名的展示顺序相反。

② 内装修材料面积效果的倾向：实验结果显示，随着试料面积的增大，光泽感、柔软感增强，而粗糙感与大小无关基本不变。与采用由大到小的顺序展示试料相比，采用由小到大的顺序时粗糙感较大，特别是表面的凹凸有规则的密实试料存在显著性的差别。与观察距离2000mm相比，400mm处的光泽感、柔软感较高，而粗糙感在2000mm的时候较高。对于每种试料的光泽感和柔软感的评价，大多呈现出类似的评价倾向。

上述实验[4)]的背景采用平滑无光泽纸，试料的面积、观察距离不同时，背景可能看得到，也可能看不到。视野中的试料与背景的面积比可能会造成无意识地与背景的平滑度相比进行评价，可以需要进一步探讨。

③ 单一纹理的面积效果的实验方法：基于上述结论，采用单一纹理的材料为试料，在测试面积效果的实验中，采用了以下方法。在3520mm×3520mm的实验室墙面的一面，向受试者的正面铅直地展示了评价试料及背景试料。变化的要素为试料的面积、试料表面的粗糙度、背景表面的粗糙度。试料采用编号不同的手工线（直径约1.2mm~7.0mm的线）紧密无间地贴在衬纸上，做出表面粗糙度逐渐不同的样子。通过调节背景中央部分的开口，使能看得到36mm×36mm ~2160mm×2160mm的试料，来改变面积进行评价。背景分别采用与被评价试料的颜色相同、表面凹凸程度不同的5种布和N5无光泽平滑纸。观察距离为2000mm，照明采用来自天花板的房间整体扩散照明（5000K），试料面中央的铅直面照度为650lx。为了避免下意识将评价试料与背景比较后进行评价，让受试者并不描述背景的变化，只评价中央的展示试料的粗糙感。评价采用ME法，基准试料为10，根据感觉按比例采用正数回答评价试料的粗糙感。受试者是有着正常视力的5名学生，每位受试者进行三次实验。

④ 单一纹理的面积效果的倾向：如果考察一下代表性的评价倾向，可以看出纹理较粗的评价试料的面积效果是随着面积的增大，粗糙感稍有降低。评价试料的面积小意味着视野内背景面积大，这一比例多少会对粗糙度的评价有影响，这一倾向在以往的研究中也有提及。此外，评价试料的纹理较细时，也有背景粗糙度引起评价试料的粗糙感变化的倾向，背景较粗糙时，评价试料的面积效果明显。就是说，面积效果可能会因评价试料和背景试料的粗糙度的正反差别而不同。

20.2 色彩的对比效果

邻近的两个颜色会相互影响，产生各种各样的效果，这称为色彩的对比效果[5]，有色相对比、明度对比、彩度对比等。这不仅限于对等的两种颜色的并列对比，某个观察对象与背景之间也会产生对比效果，存在看起来互相强调颜色的现象。瓷砖的接缝处等格子状的形状的交接处产生的赫尔曼栅格错觉（Hermann Grid）就是对比效果的一种。

（1）色彩的冷热感

色相不同会产生感觉暖、感觉冷的现象。称作暖色系、冷色系的物体，R~YR~Y色相的感觉暖，G~BG~B~PB色相会感觉冷（或者凉）。根据季节不同，改变内装修、家具的颜色，能产生看着感觉温暖或凉爽的效果。

（2）色彩的重量感

经常会有明度高的物体感觉轻、明度低对等物体感觉重的情况。如果利用这一点，室内的配色在地面附近采用低明度，天花附近采用高明度，很多情况下会感觉稳定。

（3）色彩的面积效果

如果面积较大，很多时候会感觉偏白、偏鲜艳。即使颜色相同，与小面积相比，面积大时看起来明度高、彩度也高，这种现象已经得到证实[6]。

20.3 建筑装修材料使用的色彩

建筑装修材料中，暖色系的色相用得较多。总体来说高明度低彩度的材料较多，因此强烈感觉到色相的情况并不多，天然材料也有保留材料固有的颜色的产品。

对使用较多的建筑装修材料的颜色采用接触式测色计进行了测量，结果如下。测量对象为木材、布、塑料布、毛毯等内装修材料；推拉门、玻璃、金属等建筑构件、设备材料；石材、水泥、砖等外装饰材料等51种。木材、石材等有着材质固有色彩的材料，尽量采用接近材料一般色彩的样品，塑料布等色彩种类繁多的材料，选择了通常使用的颜色。

如果把测得的颜色值采用蒙赛尔（Muncell）色值进行描述，大约有一半的材料属于非彩色的范畴，彩色材料的色相比较集中于R~YR~GY附近的范围，不存在B系和PB系等冷色系的材料。彩色和非彩色的材料都分布在明度3.8~9.3、彩度0~5.4的范围内。大多数是高明度、低彩度的材料，而低明度、高彩度的都是些木材、砖等保留材质固有颜色的材料。

20.4 质感与色彩的相互效果

把从物体表面感觉到的质感和色彩分离开来进行讨论是比较困难的，特别是使用天然材料的建筑装饰材料，可以认为质感中含有色彩感，可以推测质感与色彩存在相互效果。

因此，为了采用上述的质感评价标尺来了解色彩的质感，准备了与测过颜色的建筑装饰材料的色度相同的色样，采用平滑的纹理，对色彩的质感进行了评价[7，8]。评价对象试样的色彩范围为上述建筑装饰材料的测色值范围。试样的尺寸为长180mm×宽250mm，周围采用N6的覆盖物盖住，在距离眼睛400mm的地方与受试者的视线垂直展示色样。评价方法采用ME法，评价维度为光泽、粗糙光滑、冷暖、柔硬、干湿，分别回答光泽感、粗糙感、温暖感、柔软感、干爽感的程度。观察方法为只用视觉和视觉触觉并用两种。受试者为居住学专业的女性本科生、研究生10名。

根据实验结果，分别对色彩的三属性色相、色度、彩度与质感评价维度的光泽、粗糙光滑、冷暖、柔硬、干湿进行关联，可以看出以下倾向：

（1）质感与色相

能看出与色相有关联的质感评价维度是冷暖和

柔硬。这里使用的材料是YR~Y~GR系的所谓暖色系色相，受此影响，与非彩色相比彩色材料的温暖感、柔软感的评价较高。在这一色相范围内，没有发现因为色相的变化引起温暖感、柔软感有一定的变化倾向。此外，光泽、粗糙光滑、干湿评价，没有发现非彩色与彩色的不同引起评价差异。

（2）质感与明度

在色相、明度、彩度中，明度与质感呈现出最大的相关性（图20.1）。明度越大，光泽感、温暖感、柔软感、干爽感越大，相反，明度降低，粗糙感增加。与明度的关联比较显著的是光泽感和粗糙感，只用视觉进行评价与视觉触觉并用进行评价均呈现出相同的倾向。

由于采用的评价试样为无光泽色样，所以表面不会产生镜面光泽，此外受试者、展示试样、光源位置相关设置，使得不会映出光源的影像。即使在这样的条件下，光泽感的评价也呈现出一定的倾向，因此可以说明度与光泽感存在相关性。此外，色样表面的物理粗糙度相同，所以触摸时感觉的粗糙感应该是一样的，而实验结果显示出不同明度下粗糙感存在一定的倾向。在只用视觉进行评价时也显示出同样的倾向，因此可以说明度与粗糙感存在相关性。

（3）质感与彩度

实验发现彩度会对冷热及柔硬评价产生影响。彩度越高，温暖感、柔软感两者均能看出变高的倾向（图20.2）。这一现象的原因推测为由于评价试样的色相偏暖色系造成的影响。其他色相下是否具有同样的倾向，还需要进一步探讨。在上述色彩范围内，光泽、粗糙光滑、干湿的评价与彩度无关保持不变。

20.5 室内设计的色彩和室内环境气氛的评价

住宅房间内经常使用装饰设备的主要色彩对室内氛围评价造成的视觉影响效果，进行了实验探讨，研究结果表明下述事实[9]。

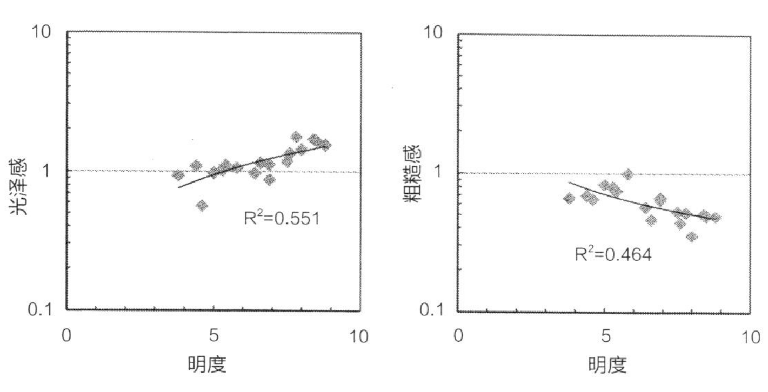

图20.1 光泽感、粗糙感与明度的关系

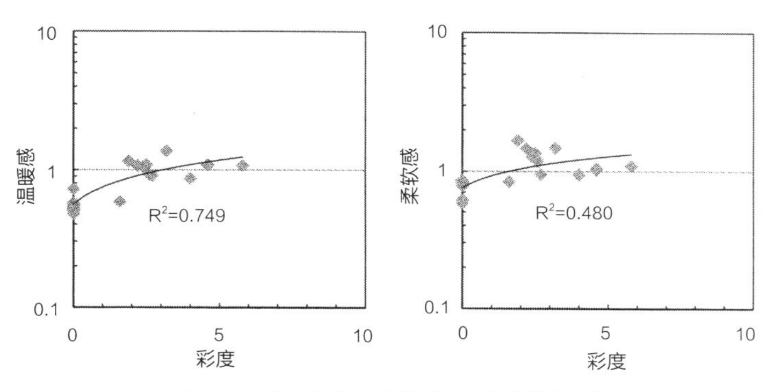

图20.2 温暖感、柔软感与彩度的关系

从住宅杂志中，选取了窗户大小位置、沙发与窗帘的配备均不相同的三种房间的图片，通过图像处理，改变沙发、窗帘、靠垫的颜色。色相为非彩色及六种彩色、明度为三级、彩度三级，共设置了31种不同情况。这些装饰设备的主要色彩在图像中占的面积比在0~27%的范围内分15级变化。所采用的评价方法为24对形容词对的SD法。总计288种图像让居住学专业的学生50人进行了印象评价。对实验结果得到的评价进行了因子分析，分析出价值因子、活动性因子、温暖性因子、豪华性因子。各因子与展示图像的色相、明度、彩度的相关显示，彩度对价值因子、明度对活动性因子、色相对温暖性因子和豪华性因子的影响最大。明显的倾向是，价值因子的场合，使用低彩度的色彩可以创造出轻松愉快的氛围，活性因子在高明度时评价较高，温暖性因子受色相的影响较大，YR等暖色系的温暖性评价较高，冷色系色相的材料通过使用低明度也可以提高温暖性评价。壁面距受试者的距离为2700mm，评价方法为使用19对形容词的7级SD法，受试者为28名居住学专业的女性本科生、研究生。地面为N6的地毯，不展示试样的壁面为N9的无光泽面板。

将得到的评价进行因子分析，分析出对室内氛围进行综合评价的价值因子、对室内的力量感进行评价的力量感因子、表达质感的质感因子、表达简洁感的现代性因子。价值因子较高的内装饰材料为石纹风格浮雕加工的材料、纺织品等表面有凹凸的试样，价值因子较低的是表面有光泽的平滑塑料布。力量感因子评价较高的是软木、棋盘格花纹，力量感评价较低的是表面平滑的塑料布。软木、棋盘格是YR系的色相，明度比较低，有彩度较高的固有色彩。可以说这种色彩对室内氛围的力量感产生影响。质感因子较高的材料是纺织品布料、石纹风格的浮雕材料。

20.6 装饰材料的质感与室内氛围评价

在与实物同样大小的住宅起居室的模拟空间中，改变壁面内装饰材料的材质，采用SD法对室内整体印象进行了评价，分析了质感与室内氛围评价的关系，研究结果表明以下事实。实验室为大小8榻榻米（1榻榻米=1.62m^2，译者注），天花高2400mm的空间，模仿住宅起居室，在房间中央设置沙发和茶几，还设有宽1800mm的窗户和窗帘、天花板下垂型荧光灯照明器具。通过替换壁面的面板，来改变壁面的装饰。选择了布质、木质、塑料质三种粗糙度、光泽度没有差异的共11种壁面内装饰材料的试样。有天然色彩的材料采用与一般印象接近的材料，其他的采用非彩色、高明度的材料作为评价试样。展示试样的大小为坐在沙发上正面能看到的壁面全体，高2400mm×宽3520mm。照明为设于房间中央的带乳白色灯罩的直管荧光灯照明器具。评价采用19对形容词的7级SD法进行，受试者为居住学专业的女性本科生、研究生28名。地板采用N6的地毯，没有展示试样的墙面采用N9的无光泽面板。

将得到的评价进行因子分析，呈现出综合评价室内氛围的价值因子、表达室内力量感的力量感因子、表达质感的质感因子、表达简洁感的现代性因子。价值因子高的内装饰材料为石纹浮雕加工的材料、纺织品等表面有凹凸的试样，价值因子低的试样为有光泽的平滑塑料布。力量感因子评价较高的是软木、棋盘格材料，评价较低的是表面平滑的塑料布。软木、棋盘格材料为YR系的色相，明度比较低，具有彩度较高的固有颜色，可以说这种色彩会影响室内氛围的力量感。质感因子较高的材料是纺织品和有石纹风格的浮雕华威材料。可以认为这些试样比较细密、有凹凸花纹，从视觉信息推测触摸时可能会有唰啦唰啦声。现代性因子高的是全部塑料材质的试样，可以认为材料特有的光泽被认为具有现代风格而做出这样的评价。

20.7 质感与照明对室内氛围的影响

通过上述在实际空间中进行的质感评价，进行了照明要素变化的实验，发现有较大影响（图20.3）[10]。变化因素为光色和照度，光色为日光白色5000K和灯泡色3000K这两种条件，照度条件为从受试者的眼睛到正面试样上的铅垂面照度为650、200、65lx三种条件。试样大小为高100mm×宽144mm，与在距离眼睛400mm处展示试样时的评价结果相比，在实际空间的壁面上展示试样时受到照明的影响显著。各因子与照明要素的相关采用分散分析进行探讨的结果如下所述。

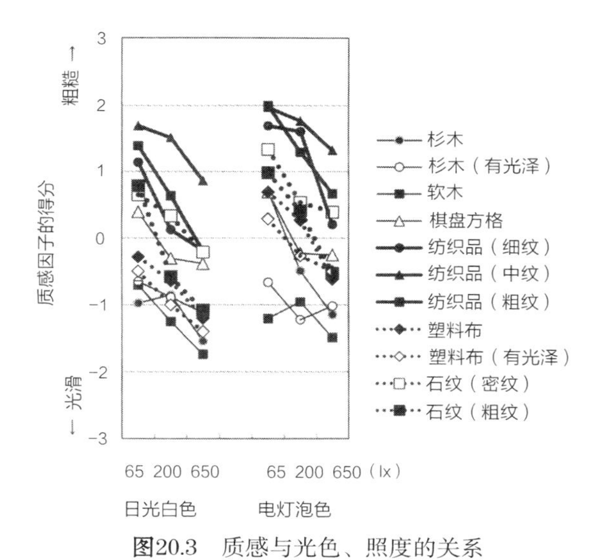

图20.3　质感与光色、照度的关系

（1）照度的影响

照度对价值因子、质感因子、现代性因子有影响（显著性水平不到0.1%）。质感因子在照度低的时候评价较高，这是由于表面有凹凸的试样，照度降低时会产生阴影，看起来凹凸不平的样子会增加质感。价值因子和现代性因子在照度高的情况下评价较高。

（2）光色的影响

光色对力量感因子、质感因子有影响（显著性水平0.1%）。每种因子都是电灯泡色3000K比日光白色5000K的评价高。推测其理由是因为具有暖色系色彩的试样在电灯泡色照明的照射下色感会稍微变浓，在与色彩的相互作用下，质感因子变高。

本章对影响室内氛围的视觉要素的几种质感和色彩效果进行了介绍。通过内装饰材料、家具表面材料的质感和色彩的组合，再加上照明效果，能够设计出与自己的感觉相对应的室内氛围，就达到本章的目的了。

（北村薫子）

参考文献

1） 北村薫子，磯田憲生，梁瀬度子：視覚および触覚における建築仕上げ材の質感評価（第1報）質感の評価尺度の抽出および単純なテクスチャーを用いた質感の定量的検討，日本建築学会計画系論文集，511号，69−74（1998）

2） 北村薫子：内装仕上げ材の質感の面積効果に関する研究，日本建築学会全国大会学術講演梗概集，D−1 選抜梗概，349-352（2006）

3） 北浦かほる：表面あらさの視知覚とその定量化（その1）知覚型，日本建築学会論文報告集，263号，81−89（1978）

4） 北村薫子：内装材のテクスチャーの面積効果に関する基礎的研究，日本家政学会関西支部大会発表要旨集，6（2004）

5） 日本建築学会：建築の色彩設計法，丸善，p.110（2005）

6） 佐藤仁人，中山和美，名取和幸：壁面色の面積効果に関する研究，日本建築学会計画系論文集，555号，15−20（2002）

7） 北村薫子，磯田憲生：単純なテクスチャーにおける粗さ感に及ぼす色と粗さの影響の定量的検討，日本建築学会計画系論文集，514号，7−11（1998）

8） 北村薫子，磯田憲生：内装材のテクスチャーが視環境評価に及ぼす影響（第4報）単純なテクスチャーにおける質感に及ぼす色と粗さの影響の定量的検討，日本建築学会大会学術講演梗概集，425−426（1998）

9） 竹原広実，梁瀬度子：居間における装備的要因とその色彩が室内雰囲気に与える視覚的効果，日本インテリア学会論文報告集，第5号，15−20（1995）

10） 北村薫子，梁瀬度子：内装材のテクスチャーの評価に及ぼす照明要因の影響，人間工学，第35号，第1巻，25−33（1999）

21 确保清晰听觉——音响设计

在建筑环境工程的领域，音响技术的任务是进行声音的隔断与音响的控制。空间上来说，对音响环境进行适当分区，在需要的场所适当地传递需要的声音，区域内不需要的声音不让其发生、区域外的声音不让其传入等。

此外，也可以分析“声源—传送系统—人”这样的系统。某种“声源”进入“空间”中时，“人”获取的信息、感受到的印象能够按照原来的意图进行控制即可。图21.1显示了音响信息传递系统及系统所包含的要素。

音响环境可以分三大类进行处理：音乐空间的设计、信息传递媒体、生活空间声音环境。首先，说到音乐空间设计，想到的是音乐厅。在音乐厅中，根据演出节目、个人喜好，创造出舒适的声环境的方法是多种多样的。因此，设计者根据用户的需求设定设计目标，对空间各种各样的物理要素进行必要的控制。

然后是“信息传递”系统中的声环境。由于可以设定不损失信息这样的单一目标，比较容易处理，只需要对达成目标的物理要素进行控制即可。

最后，作为生活环境包围着人的声环境，在极力减小给人带来的不舒适感的同时，也需要提供日常生活不可或缺的背景信息。不舒适感或者舒适感，包括不同人有不同的范围以及人类共同的可以讨论的范围这两大类。

为了理解这些内容，本章对声环境控制相关的基础知识进行简单介绍。详细内容可以参考文献1等资料。

下面介绍一下声音的感觉与听觉现象的概要，也需要介绍一些人是如何对声音进行感觉的知识。

21.1 城市、建筑空间中的声环境控制

⊙ 声音的基本单位

声音以空气为介质，由空气的压力变化在常温下（20℃）以340m/s的速度传送。压力变化的大小称为声压。声压高，声音大，声压低，声音小。人类对声音的感知，对声音能量的变化成对数关系，以声压级为单位描述声音。声压级（L_p）通常以20

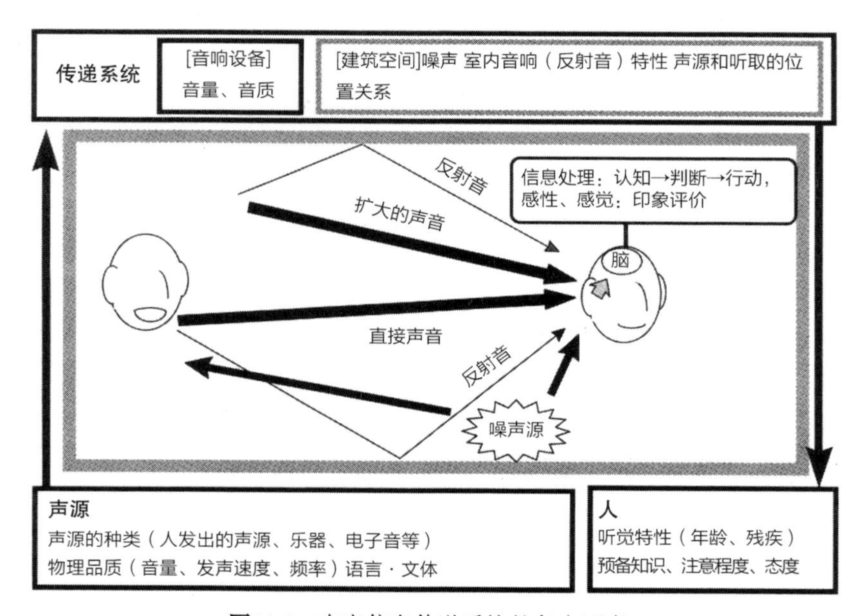

图21.1　声音信息传递系统的各个因素

微帕斯卡（人类能够感受到的最小声压）为基准的dB为单位，按下式进行描述：

$L_p=10\log_{10}(p^2/p_0^2)$ dB，

p：声压（Pa），p_0：基准声压（20μPa）

另一个描述声音的物理量是频率（Hz），表达一秒钟内发生了几次压力变化，反映了声音的音高。在建筑音响、噪声领域使用倍频带（octave band）分析的方法进行频率分析，以八度音阶为单位将频率分区进行观察。一个八度音阶的宽度为钢琴键盘的哆来咪……哆的最初的哆音到下个音阶的哆音间的宽度。键盘从左向右，音高变高，即频率变高。一个八度音阶的变化对应频率变为两倍。人的感觉在此也是对数变化的，八度音阶描述的频率数间隔和对应于声音高度的人的感觉成直线对应关系。

一般来说，人耳可以听到20Hz到20000Hz的声音，以八度音阶来说，能听到10~11八度音阶的音域。如果声音比较大，比这更大范围的声音也能听得到[1]。

◉ 控制声音的方法

让我们把声音看成很多粒子组成的一个团来分析一下。把这粒子团投向一面墙壁，由于墙壁有缝隙，也就有穿过缝隙的粒子（透过声音），有被墙壁反弹回的粒子（反射声音），有被墙壁吸收掉的粒子（吸收）。此外，反弹方向有普通反射（入射角=反射角），也有向不通方向发散的反射（散射）。[投射到墙壁的声音能量] = [透过]+[吸收]+[反射（包括散射）]。

利用以上现象，在空间中对声音进行控制。减小透过声音的技术称为隔音[2) 3)]，通过在声音传递通道上这种遮挡物，尽量减小声音的传递，高质量、高刚性的材料没有间隙地遮断传递通道，可以得到较高的隔音性能。

吸音是通过空气的压力变化，引起材料振动、空气与材料摩擦、材料之间摩擦，将压力变化（即声音）的能量转变为热能，来衰减声音。玻璃纤维等多孔材料等孔隙多的材料的吸音能力大，此外材料的厚度越大，能够把声音吸收到越小。

散射是通过在壁面上设置凹凸，以实现将投射到墙壁的声音反射到不同方向。这是防止多次回声等对音响造成妨害、让声音在房间中均匀分布的有效方法。散射的程度随凹凸的形状、大小及频率的不同而不同。

除这些方法之外，还有利用声音来消音的方法，称为主动噪声控制[4]。最近这种方法在耳机上也有应用，已经普及到在电器店就可以找到的程度。在建筑设备方面，对于频率、声音水平变动较少的恒定噪声，例如空调风道传来的噪声等，是特别有效的方法。

适当地运用这些技术，设计或者控制声音环境，能够实现没有不舒适的声环境。然后，在实现了“没有不舒适”的声环境的基础上，需要对应“感性工学”的要求，确定创造更高水平的声环境的方法。为此，作为基础，需要知道声音要素与人的感觉的关系。此处的“没有不舒适”的用词，虽然采用主动“舒适”或者基于人的高度感觉特性进行设计的观点，但是想要强调没有主动提高舒适这一意图。

21.2 声音的基本知觉与听觉现象

◉ 声音大小的知觉

感觉到的声音大小称为响度级（loudness）。对于同样声强，频率不同响度级也不同。响度级的单位为方（phon）。（注）声压计显示的A噪声水平是基于40方的响度级曲线规定的[6]。

图21.2是ISO226：2003[2] 规定的称为等响度级曲线。相同的曲线表示听起来声音大小相同。例如

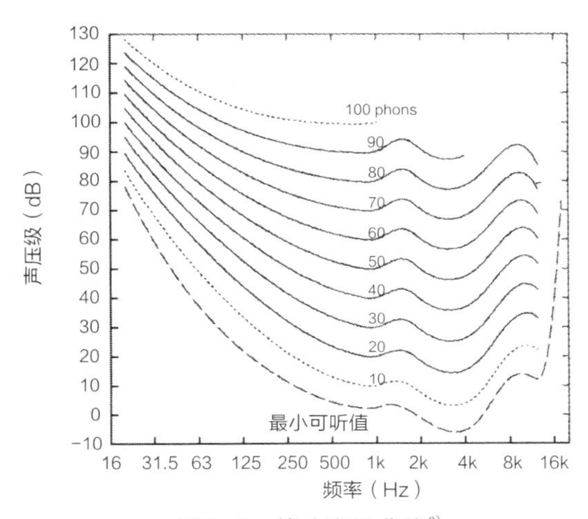

图21.2 等响度级曲线[2]

40方的曲线上125Hz的声音为60dB，1kHz的声音为40dB，4kHz的声音为38dB，声压级虽然不同，听起来声音大小相同。人类大约可以分辨出1dB的声音的区别，所以这个差别很重要。

◉ 音色的知觉

例如乐器的声音是多种不同频率的声音混合而成的，这称为复合音。不同乐器发出的复合音，即使高度相同，由于各自的频率组成不同，即音色不同，由此可知乐器的声音特征。

◉ 声音的空间知觉

人类通过两只耳朵来听取声音，通过进入两只耳朵的声音不同，来分析声音是从哪个方向来的、声音扩散到什么程度等声音的空间信息。具体来说，通过进入左右耳的声音的声压级差和时间差（例如从右边来的声音以较大的声音较早地到达右耳）来判别左右方向。前后、上下方向通过分析频率的微小差别来感知，头部和耳廓的个人差别也会造成感觉不同。

通过反射声音的方向、反射声音到达的延迟时间等能够感知空间的大小。众所周知，盲人可以通过拐杖声音的反射来判断到障碍物的距离。

◉ 遮蔽现象

多种声音（这里假设有A声音和B声音）存在的时候，A声音的存在使得B声音的能够听到的最小声音大小（最小可听音）上升（即变得更加难以听得到），A声音称为遮蔽音（masker），B声音称为被遮蔽音（maskee）。遮蔽音增大，被遮蔽音的最小可听值上升。遮蔽音和被遮蔽音的音响性质类似时，遮蔽效果增大，最小可听阈值的上升量增大。这一现象的重要之处是声环境设计时，如果只设计想要传递的目标声音，就容易陷入片面，必须时常考虑环境声音等遮蔽音。

◉ 年龄增长引起的听力下降

人随着年龄的增长，各种各样的功能都在衰退。随着社会高龄化的快速推进，现在居住环境、产品设计中考虑年龄增长的影响逐渐成为一个基本要求。关于考虑年龄增长影响、残疾的产品设计，

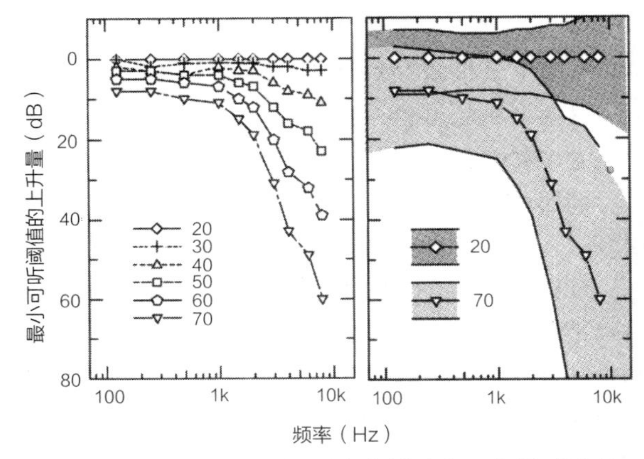

图21.3 年龄增长引起的听力降低（基于文献3作图）

左图 以18岁男性的听力为基准各年龄段下最小可听阈值的上升量的中间值

右图 以18岁男性的听力为基准20岁年龄段和70岁年龄段的最小可听阈值的上升量的中间值与80%的置信区间

有统一设计、无障碍设计、可用性设计等概念，不同概念的用词也不同，这里只是简单地对年龄增长引起的听力下降做一个介绍。

图21.3显示了男性的听力随年龄的变化。这些数据选自ISO7029：2000[3]，这一ISO标准分男女性描述了以18岁为基准纯声音听觉阈值随年龄增长的变化大小及个体差别的分布。这些数据只表达了年龄增加这一个因素，随着年龄的增长4kHz以上的高音域的听力下降显著。听力下降是随着年龄的增长而逐渐发展的，自己难以觉察出变化，因此老年人经常容易片面地认为“我应该能听得清”。

而且，除了高音域的听力下降之外，耳鸣、难以捕捉到细小的声音变化等，会引起难以听清有回响的声音、难以追随环境声音变化等现象。但是，虽然年龄增长引起能够听到的声音信息减少，但是并不能说这意味着感性信息的减少。

21.3 声音信息的感觉与认知

我们在空间中听取包含“感性信息”的声音信息。关于声音信息，让我们来分析一下作为日常环境背景的环境声音、交流不可缺少的语言以及音乐。

◉ 环境声音的感觉

“听觉”器官从不睡眠，一直在接受外界的信息。这样在生活中，人体就通过听觉监测自己的状

态及周围环境的变化。自己的状态及周围环境的状态在某一范围内时，产生危险没有接近这种“安心”的情感。当超过这一范围时，进入应对这一“变化”的准备状态，进而发生较大变化或急剧变化时，立即采取退避等行动。这种状况分析一直在进行。因此可以认为对应环境变化，会引起情感变化，如果积极的引起环境变化，就可能控制人的感觉。

典型实例[7]之一是噪声问题。对于自己的区域之外发生的声音（噪声），人们会有“喧闹”、“碍事”等感觉。这是由于超过了人们所预期的日常或者平常范围时产生的感觉。通常噪声问题中，响度级是主要因素，响度级比日常的预期值高多少会引起这些感觉，并且响度级决定了引起这些感觉时，感觉的强度是多少。作为噪声对策，可采用制定社会共通的“预期值”作为环境标准等措施。

另一方面，在保温、气密性很好的最新住宅中，对外部声音的隔断性能也很好，可以实现非常“安静”的环境。客观上的安静虽然实现了，主观上对比较小的声音和房间的回声也变得在意起来。采用川井敬二提出的噪声“个人空间”和“驱使理论（urge theory，关于让人作出看似不太合理决定的感情冲动理论——译者注）”进行分析，显示出关于环境声音感觉研究的一个很有意义的方向[4]。声音的各要素如何影响感觉、会引起怎样的反应等有待今后进一步研究。

◉ 语言信息的感觉与认知

无论平常时[8]与紧急时，都以声音为媒介进行交流和信息交换。因此，声音传递是公共空间所具有的音响性能的基本、重要因素。所以，“没有不舒适、没有不自由”的设计、控制上的“舒适”是要实现的目标。声音传递在“空间”上的任务是向听取者切实地将信息传递到（或者不对声音传递造成妨碍），即使确实能将信息传递到听取者，还要尽量能够提供让听取者不费劲就可以获得信息。

声音信息在传递语言信息的同时，也传递感情信息。声音信息感觉上的质量变化按逐渐变好的方向可分为“听不到、不能知道信息”、“虽然听清比较困难但是可以明白意思”、“不难听清、不费劲就能听明白”。

听取的正确度一般采用声音的听取成绩（也称为明了度或理解度）以百分率来表达。

然而由于存在能听得到、也能理解，但是听取比较困难的情况，并且这种情况出现在日常经常经历的声音范围内，因此有研究者提议进行“听取困难度”评价。“听取困难度”指的是在相同条件下，多次听取声音，或者多人听取声音，以感到听取困难次数的百分比来描述的量。图21.4显示了声音和妨碍声音的能量比（数值越大声音的能量相对妨碍音越大，0dB表示声音和妨碍声音的能量相同。）与单词的听取成绩及“听取困难度”的关系。日常所经历的情况的范围是-5dB到15dB左右，因此可知“听取困难度”是个很有效的指标。

而且，如果实现了高品质的声音传递，就可以用“好音质、优美的声音、优美的语言”等语言表达喜好。只不过目前对空间、音响设备、噪声源的控制，只做到实现听取不困难的声环境这一阶段。

人类通过语言信息，能够确定发声的主体、了解说话人的情绪状况等高级信息。在声环境的控制中，这些情绪要素的传递，能否通过构成空间的要素进行控制，目前尚未可知。

◉ 听音乐

音乐用空间是音响学最大的课题，建造好的音乐厅的方法，为什么会得到音乐厅的音响很好这样的评价等，关于这些问题的研究逐渐发展至今。音乐的种类、演奏者、演奏场所等等各种各样的要素，都会有个人的喜好介入其中。对于感觉，哪个因素起作用最大尚不能确定，音响学范畴的研究如下所述。

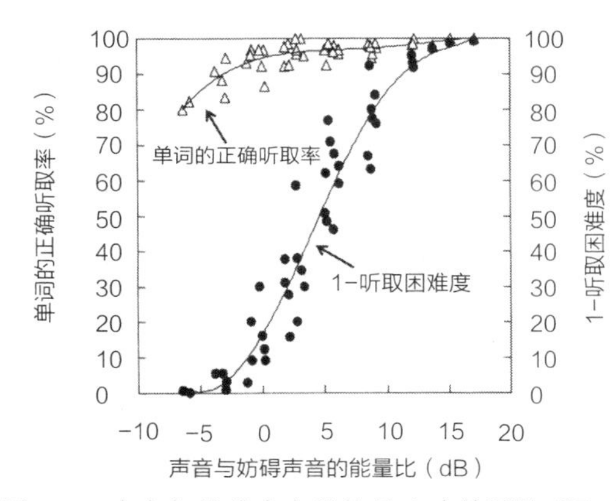

图21.4 声音与妨碍声音的能量比喻单词的听取成绩及“听取困难度”的关系[6]

首先，对音响空间好等感觉上的综合评价与各种各样的物理要素的关系进了探索。就是说探索了能够实现感觉上好的声音的关键物理因素。但是喜欢什么样的声场因人而异，研究表明物理要素与综合评价之间不存在普遍的关系[7),8)]。

现在，找出了与空间的宽敞感与声音的震撼感等各声音感觉要素相对应的物理量，可以认为，这些因素相互影响，形成综合评价。但是各因素之间是如何相互作用还没研究清楚。

⊙"图形与背景"与声音的感知

根据鲁宾（E. J. Rubin）提出的"图形与背景"的特征[9)]对声音的感知进行了尝试性的对比。图21.5是作为"图形与背景"经常引用的例子——"鲁宾的花瓶"。

"图形"的存在非常明确，有容易定位、容易意识到、容易记忆、容易表达含义等特征。"背景"的存在不明确，处于一个意识不到的普通地位。与此类似，声音也存在主目标声音和环境声音那种无意识地在监听着的声音。

这两者之间正如"图形"与"背景"的关系类似，目标声音好也罢、坏也罢对听取者来说，声音的意思非常明确，能够被意识到、被记忆、在脑内进行高层次的处理。象环境声音那种不作为目标声音的声音与"背景"有相同的地位，"无意识地听取"正好意味着"背景"。基于这一思路，可以说如何控制"图形"对于"感觉"的研究是非常重要的。

下面，对"鲁宾的花瓶"的反转图形进行一下分析。反转图形必须有包含反转要素的特征。"鲁宾的花瓶"中两种图形采用黑白两种颜色，同时看两种颜色时，很难固定地看出一个图形。在感知声音时，例如想听喇叭里播放的指南时，这之前喇叭里一直播放的是广告，所以难以意识到指南播放，造成没听得到，还有空调的声音一直在持续，却没有意识到，而冰箱停止动作时开始意识到冰箱的声音，等等。这些都是在两种以上声音的音量听起来同等程度时发生的。这样考虑的话，声音的感知就可能成为"图形"与"背景"的关系，应该归类于"背景"的声音，考虑如何不使之成为"图形"声音，也是非常重要的。

图21.5 "图形与背景"的一例：鲁宾的花瓶[9)]

◆◆◆

本节概述了声音控制的基本量、声音的感觉及知觉。关于人类对声音的感觉，特别是对于复杂声音，还存在很多没研究明白的事情。想要制作的东西及其给予的感觉信息在其设计阶段是很明确的，如果这些信息与现在已经研究明白了的声音感觉机理一致的话，即使是现在，音响学也能够作为感觉设计的工具。对声音的感觉，包含有认知要素，特别是个体性与场所性，甚至涉及可以称为有利害关系的背景，对于这种人们所感知的声环境，有很多用音响学的知识无法解答的方面。在老龄化的社会中，面向生活质量的提高，期待研究能有进一步的发展。

（佐藤　洋）

参考文献

1) 前川純一，森本政之，阪上公博：建築・環境音響学，第2版（2000）
2) ISO 226 : 2003 "Acoustics －Normal equal-loudness-level contours," International Organization for Standardization, Geneva, Switzerland (2003)
3) ISO 7029 : 2000, "Acoustics －Statistical distribution of hearing thresholds as a function of age," International Organization for Standardization, Geneva, Switzerland (2000)
4) 川井敬二，平手小太郎，安岡正人：環境認知の観点からの人間－音環境系の記述に関する研究：環境認知機構モデルとその音環境への適用，日本建築学会計画系論文集，496号，9-13（1997）
5) Morimoto M, Sato H, and Kobayashi M : Listening difficulty as a subjective measure for evaluation of speech transmission performance in public spaces, *J. Acoust. Soc. Am.*, **116**, 1607-1613 (2004)
6) Sato H, Bradley J, and Morimoto M : Using listening difficulty ratings of conditions for speech communication in rooms, *J. Acoust. Soc. Am.*, **117**, 1157-1167 (2005)
7) Barron M : Subjective study of British symphony concert halls, *Acustica*, **66**, 1-14 (1988)

8) Morimoto M, Tachibana H, Yamasaki Y, Hirasawa Y and Posselt C: Preference test of seven European concert halls, 2nd Joint meeting of ASA and ASJ (1988)
9) Beardslee DC and Wertheimer M: Figure and ground, Perception Eds, Princeton, NJ: Van Nostrand 194-203 (1958) (以下の文献の英訳 Rubin E: Visuell wahrgenommene Figuren, Copenhagen, Gyldendalske (1921))

22 舒适的室内热环境

22.1 热环境的构成要素

合适的热环境是在建筑物内舒适生活的必要条件。以往的热环境评价，主要着眼于冷热负荷、能耗等建筑物本体的性能，因为使用建筑物的是人，所以不能损害人体健康，满足舒适性、生产率的要求，以及为了达到所需要的热环境而消耗的能源，都是评价室内热环境的很重要的因素。

热环境由六大要素构成，即环境方面的气温、湿度、气流（风速）、热辐射的四要素和人体方面的新陈代谢量和穿衣量的两要素。众所周知的热环境要素是温度和湿度，但是跟天气预报中的风力和日照的预报一样，气流和热辐射的影响在建筑室内也不能忽略。在又热又湿的天气里，如果使用电风扇来带走人体的热量并加快汗液的蒸发，就会让人感到很凉快。此外，即使气温很低，如果有火炉烤着，火炉的热辐射也会让人感到很温暖。人们对冷和热的感觉，不仅仅由上述的环境方面的四要素（气温、湿度、气流、热辐射）决定，也受人体方面的新陈代谢量和穿衣量（衣服的热阻）影响很大。新陈代谢量根据做什么样的运动、处于什么样的状态而变化，以安静地坐在椅子上时的代谢量的值1.0met（58.2W/m^2）为基准，各种活动水平下，大概的代谢量的值已经知道。着衣量是以穿西装时的值为1.0clo（0.155℃m^2/W）作为基准，得到各种不同的衣服形状、材料、原度等的大概值。

舒适的室内环境由这六要素的组合决定，将这六要素代入人体与环境的热平衡式，根据ISO7730规定的计算方法，从其蓄热项，可以算出预测平均评价值（PMV）。同样基于人体热平衡的SET*指标是基于温度的热环境评价指标。使用PMV指标进行控制的空调器等产品也已经商业化，得到广泛的应用。作为热环境的综合评价指标，PMV和SET*在环境状态达到温度时能对热环境进行有效的评价，可以将其作为环境控制的目标值。但是，对实际的建筑热环境进行评价时，常存在过渡状态、非稳态、不均匀的环境等状态，难以用这样的单一指标进行全面评价。

热环境要素的定义及其使用的测量仪器，如下所示：

（1）气温

气温定义为人体周围的空气温度，或者某一空间的空气温度。通常使用感温包未被弄湿的温度计进行测量，所以成为干球温度。气温的单位为摄氏度（℃）。气温的测量常采用排除了辐射影响，通过小风扇驱动空气流经温度计感温包的阿斯曼温湿度计，或者将热电偶、白金测温电阻、热敏电阻等与记录仪（data logger）相连进行记录。

（2）湿度

湿度定义为空气的湿润或者干燥程度。空气湿度的表达方法有很多种，常用的是空气的相对湿度。在某气温下的空气中的水蒸气分压力与该气温下的饱和水蒸气分压力之比定义为相对湿度，单位用%rh来表示。测量仪器常采用上述的阿斯曼温湿度计，或者采用将半导体传感器（感湿材料）与补偿器、记录仪相连的电子式湿度计进行记录。

（3）气流

气流定义为空气的流动或者风。空气在单位时间内移动的距离，即空气的流速称为风速，单位为m/s。测量仪器常采用热线是风速仪、超声波风速仪等。此外，气流温度定义为气流的空气温度（℃）。

（4）热辐射

热辐射是热量传递的方式之一，所有的物体均与其温度相应发射电磁波，高温物体向低温物体以热射线（电磁波）的形式进行热传递称为热辐射。室内热辐射的测量，有测量室内各表面温度的方法，和在空间某点放置黑球温度计测量辐射温度的方法。前者是用热电偶等温度传感器直接贴于墙壁表面，用立体角系数进行加权平均得到的温度。黑球温度是在直径15cm的黑球（globe）的球心测得的与周围环境进行辐射和对流热交换的平衡温度。

22.2　利用热人体模型进行测试

在实际的环境中，上下温度分布、热辐射、气流、不等温气流等因素使得室内热环境在大多数情况下都是不均匀的。通常，室内热环境的评价通过测量空间数点的温度、气流等进行。特别是想知道热环境对人体的影响的时候，人体周围或者人体所处位置的热环境要素进行详细测量就显得很重要。将这些测量数据综合起来用上述的PMV或者SET*来预测、评价人体对热环境的冷热感、舒适感，这种方法常用于对均匀环境的评价。对于非均匀环境，预测人体的冷热感、舒适感比较困难。研究表明，安静状态下人的冷热感与皮肤温度的相关性很高，因此热舒适感常用与平均皮肤温度或者皮肤湿润面积比的相关关系来表达。就是说，通过把握人体的散热状态，能在一定程度上预测热舒适感。大多数的热环境综合评价指标，都是基于人体热平衡式的，实际上模拟人体与环境进行热交换的更直接的方法，就是使用做成人体形状的发热体，称为热人体模型（国内亦称为暖体假人——译者注），并得到广泛的应用。图22.1显示了裸体及穿衣状态的热人体模型。

本来热人体模型是用于测量衣服热阻的，是用来再现人体穿衣状态下衣服的热特性的假人。六十多年前在欧美开发的人体模型是铜制的，只要站立姿势。后来又开发出关节可动、姿势可变式人体模型，手脚能以一定速度移动的可动式人体模型、模拟汗腺能从表面喷出水蒸气地出汗式人体模型。热人体模型不仅用于评价衣服的保温性能，也用于评价室内热环境，通常采用玻璃纤维加强的聚酯纤维制成，模型被分成16~20部分，各部分的表面温度和发热量都可以分别控制。表面温度或者发热量控制为一定时，就可以测量出与环境的换热量或者表面温度，利用这些测量值就可以算出等价温度这一评价指标。

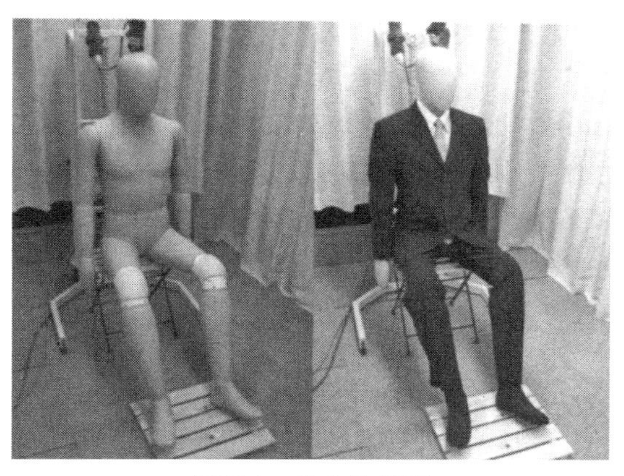

图22.1　热人体模型

对办公室的背景——工位空调或者个性化空调的评价就是利用热人体模型进行评价的一个例子。此外，在位于室外的汽车内设置热人体模型，可用来评价日射下利用汽车空调进行调节的车内环境，是否采用该方法为ISO标准正处于讨论中。此外，将真人实验中得到的皮肤温度，设定为热人体模型的表面温度，然后将热人体模型放置于与真人实验相同温度环境中，可以测量出人体模型与环境的显热换热量，所以也常用来做为测量热流的仪器。

但是，即使能够精确测量出热人体模型与环境的换热量，由于是人对环境进行评价，必须将其与人的感觉相对应。特别是对不均匀环境的评价，人体各部位的感觉与散热量、皮肤温度等的对应关系尚未蓄积足够多的数据，整体感觉与各部位感觉的关系也相当复杂，因此需要测量人的生理反应数据，找出其相关关系，进一步推进该领域的研究。

22.3　热环境对人体的影响

热环境对人体的影响，主要表现为血管的收缩扩展、出汗、打冷颤等无意识的自律的体温调节，引起热、冷、暖、凉等感觉。此外，自律性体温调节的调节范围有限，实际生活中，人们通过增减衣服、开关窗户、开关空调、转换场所等有意识或无意识地进行行为体温调节。热环境引起的热感觉，通过冷热感、舒适感等尺度进行评价，而冷、热、舒适、不舒适等感觉，是引起人们行为体温调节的重要动机。自律性体温调节与行为性体温调节，不仅与年龄和性别有关，还与睡眠还是清醒等状态，以及季节、时刻等都有关系。此外，自律性体温调节，不仅受遗传因素影响，还由环境经历、训练、长年积累的习惯等因素形成。

自律性体温调节中，人体的皮肤温度和出汗量是跟冷热感关系密切的指标，因此是实验或调查中经常测量的生理数据。皮肤温度的测量，通常是在几处代表位置，用有透湿性的手术胶带，贴上温度传感器，然后连接到数据记录仪，进行测量。平均皮肤温度的计算，是测量多处皮肤温度，然后根据测量部位的面积占总体表面的比例进行加权平均进行计算。33~34℃被认为是导致“不冷也不热的”的中性感觉的平均皮肤温度。全身出汗量，通过使用精密体重计测量身体重量，算出一定时间内的体重减少量，然后算出全身单位时间单位体表面的体重损失量（g/m^2・h）来表达。此外，作为冷热指标的出汗量，也有采用皮肤湿润面积比来表达的。皮肤湿润面积比，用在某种热环境下，皮肤通过蒸发向环境的散热量与皮肤向环境最大可能的蒸发散热量之比来表达。皮肤湿润面积比超过0.25，不舒适感就会增大。

舒适温度和热环境的舒适性的影响因素，不仅包括温度、湿度、气流、热辐射这四要素，还受活动量和穿衣量影响，不仅依赖于自律性体温调节，也依赖于行为性体温调节，难以用一个摄氏温度值来表达舒适温度。此外，即使个人舒适温度知道了，从两个以上的人居住的住宅这些私人空间，到多人使用的政府机关等公共空间，现代建筑大多设有空调系统，如何有效地运行与控制，使用户不会对室内热环境不满，是一件非常困难的事。在日本，一年四季气候多变，外气温的变化会引起室内热环境的变化。用于减轻外气温变化对室内热环境影响的空调系统的设计方法，既应考虑节约能源，又应考虑减轻环境对人体带来的负担。

22.4 住宅热环境的实态

图22.2显示了独栋住宅A和B的室内热环境的实测数据。随着外温的上升，室温也在上升。A栋在11点以后客厅温度迅速上升，超过30℃后，居住者启动了空调器。然后室温迅速降低到27~28℃，一直保持到18点。18点后，居住者停止了空调器，室温迅速上升到30℃，然后一直保持着客厅温度比外温高3℃，卧室温度比外温高2℃的状态。第二天，也可以看出居住者白天用空调器给客厅降温的状况。B栋的情况也同样，天亮时，外温达到最低24℃，随着太阳的升起，外温迅速上升。室温的上升也可以观测到，外温最高到达33℃时，客厅温度达到31℃。女主人不喜欢空调供冷，所以在不开空调的状态下度过了白天。16点男主人回家后，启动空调器，卧室温度降低到29℃。卧室仍然没开空调，室温达到30℃以上。男主人22点去卧室睡觉，启动了空调器，室温迅速降低到26℃。空调运行定时为2小时，所以2小时后，室温逐渐上升。天亮时再度启动空调，运行定时为30分钟，室温大约下降了1℃。然后随着太阳的升起，外温逐渐升高，室温也逐渐升高。第二天，外温在下午3~4点达到最高的33~34℃，室温跟前一天一样为30℃。白天空调供冷的使用情况是外温超过30℃，开空调的比例较高，但是使用者之间差别较大，老年人多使用电风扇等来克服炎热。新闻等有夜间最低外温25℃以上的炎热日持续数日的报道，这种现象不仅在城市出现，在郊区夜间气温也难以下降，结果抑制了室温的下降，所以居住者根据客厅、卧室等房间用途以及自己的生活活动相应地开空调供冷。这些调查结果表明，一天中室温跟随外温的波动而变化，是否开空调供冷由使用者的喜好决定，即使供冷，也只针对所处的房间，而且使用者之间差别较大。

22.5 不同季节睡眠时的热环境及对睡眠的影响

众所周知，人生的三分之一时间是在睡眠中度过的，睡眠在生活活动中占的时间较长，而且跟身体健康关系密切。如果睡眠不好，会影响白天的清醒程度及生产率，甚至引起重大事故的实例也屡见不鲜。此外，也有报道说睡眠不良还会引起脑功能及免疫功能低下和异常等症状。夏季住宅的室内热环境变化显示于图22.2中。为了研究睡眠时的热环境和睡眠的关系，以及季节的影响，八名健康的男性老年居民（平均年龄64岁）被选为研究对象，对其生活中所处的热环境及睡眠状况在四个不同季节进行了实测[2)]。睡眠状况采用三轴加速度计式活动计进行测量。将活动计戴在实验者的非主要使用手的手腕，进行连续测量，并对测量结果进行了分析。图22.3显示了外温、卧室温度以及光环境的实测结果。表22.1显示了用活动计收集到的实验者的上床时刻、起床时刻、睡眠时间、睡眠中半途醒来时间、睡觉效率。卧室温度跟外温成比例变化。冬天外温0℃

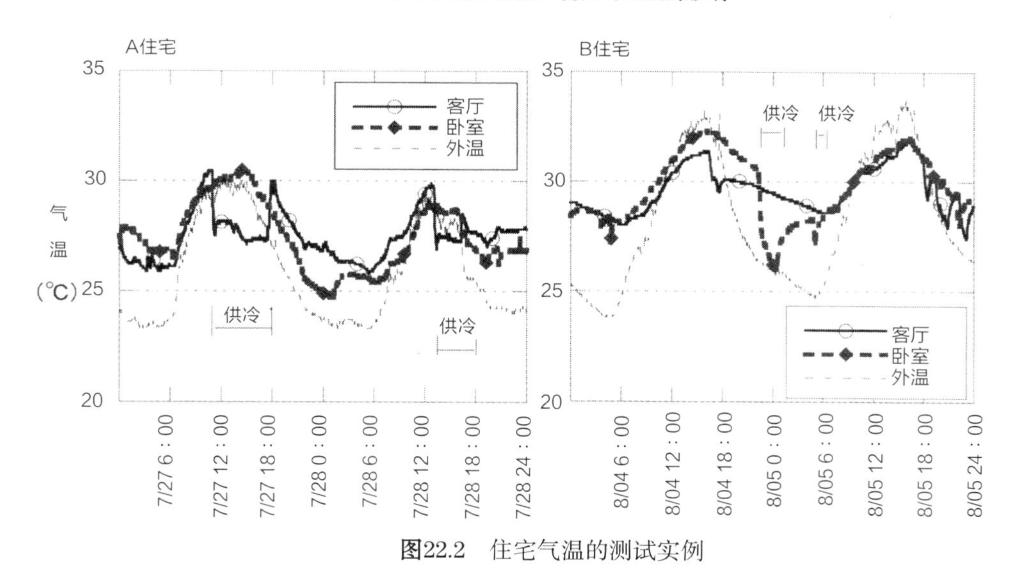

图22.2　住宅气温的测试实例

时，室温10℃左右，与舒适温度相差较大，通过增加被子等手段来对应。另外，卧室的相对湿度在各个季节均为60%左右。夏季外温25℃时，卧室温度较外温高，为28℃。关于光环境，春季的累积照度、平均照度均最高，比夏秋冬的照度值都大。夏、秋、冬之间照度差别不大。根据活动计测得的上床时刻在不同季节没有明显差别，春夏季的起床时刻比秋冬季要早。睡眠时间有按春、夏、秋、冬的顺序增大的趋势。睡眠过程中半途醒来的时间夏季最长，夏季睡着了的时间最短，睡眠效率最低。根据问卷调查，不同季节的夜间醒来上厕所的次数没有明显不同。夏季半途醒来的时间最长的原因可以推测为高温引起的。北欧的调查发现，由于老年人的褪黑激素（melatonin）分泌的较少，特别在日照不足的冬季，睡眠不良的现象较多。在日本，夏季的高温可能是引起老年人睡眠不良的原因。

表22.1　不同季节的睡眠时间和睡眠效率[2)]

项目	春季（4/19~5/14）	夏季（7/26~8/6）	秋季（10/18~10/29）	冬季（1/24~2/4）
日出时刻（h：mm）	4：46	4：43	5：59	6：41
日落时刻（h：mm）	18：25	18：46	16：44	17：02
上床休息时刻（h：mm）	22：03	22：35	22：35	22：51
起床时刻（h：mm）	5：41[cd]	5：58[d]	6：09[ad]	6：30[abc]
在床休息时间（min）	431	444	455	460
半夜醒来时间（min）	49[b]	78[acd]	50[b]	48[b]
睡眠时间（min）	382[d]	366[cd]	406[b]	412[ab]
睡眠效率（%）	88	83[acd]	89[b]	89[b]

a 与春季有显著性差别，$P<0.05$
b 与夏季有显著性差别，$P<0.05$
c 与秋季有显著性差别，$P<0.05$
d 与冬季有显著性差别，$P<0.05$

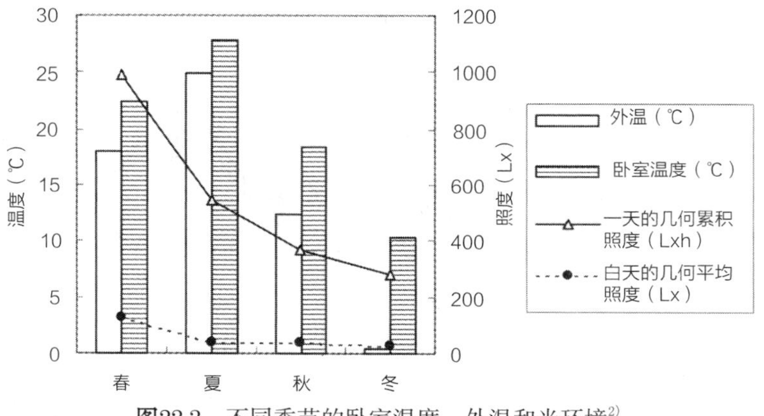

图22.3　不同季节的卧室温度、外温和光环境[2)]

22.6　人的周围气温的地域特性

在日本全国气候不同的六个地区（北海道、筑波、大阪、福冈、熊本、冲绳），从6月到12月，一个月一次，每次一周，将小型测试仪戴于数位实验者身上，测量对实际生活产生影响的周围环境的温度、湿度[3)]。此外，测量日的室温日平均气温、日平均湿度也从附近的气象台获得。气象台所处位置的纬度，按测量地（附近的气象台、纬度）的顺序排列如下。札幌（札幌，43° 3.5′），筑波（水户，36° 22.8′），大阪（大阪，34° 40.9′），福冈（福冈，33° 34.9′），熊本（熊本，32° 48.8′），冲绳（那霸，26° 12.4′）。由于筑波没有气象台，使用了距其最近的水户气象台的数据。测得的日平均居住环境温度与日平均外气温（以下简称外温）的关系如图22.4所示。这个测量期间（6~12月）和六个测量地区，每个测量日的所有实验者的平均值作为一个数值点显示于图中。测量期间中每个月连续测量一周，总共有约50天的不连续数据，为了比较容易看明白，按区域给出了回归曲线（一次方程式近似）。外温28℃的时候，室温跟外温基本相同。外温低于28℃时，室温高于外温。从图上还可以看出季节间的不同和地区间的不同。特别是地区间的差异，筑波、大阪、福冈、熊本这本州四个地区（以下简称本州）的情况比较类似，可以合起来当作一个区域看待。

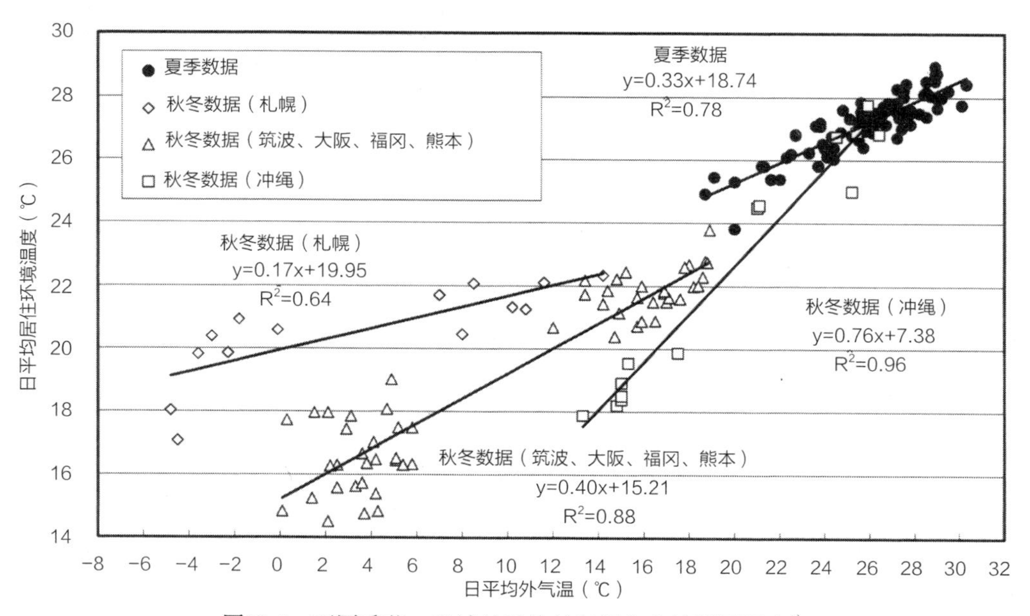

图22.4　不同季节、地域的平均外气温和人体周围温度[3)]

札幌和冲绳差异较大，所以实际上按地区差异可以分为三个区域：札幌、本州、冲绳。这种因地区差异引起的室内热环境的差异，在日本国内的调查结果中并不少见。但是以往研究中，没有看到欧美中常采用的适应模型的研究。本次调查显示了日本南北细长的地形、气候的变化引起的外温的变化，以及各地建造的建筑物的保温隔热性能的差异、生活方式的差异等对室内热环境造成的影响。

22.7　地板采暖（热辐射+热传导）带来的舒适热环境

近年，在层高较高的中厅等空间，采用了效率较高的地板供冷供暖的设备。此外，无论单栋住宅还是集中住宅，在客厅采用地板供暖的住宅越来越多。地板供暖设备的成型化造成的费用下降是推动地板供暖广泛采用的一个原因，想拥有舒适的热环境这一居住者的需求也是主要原因。此外，在没有地板供暖设施的客厅，作为简易地板供暖设备的电热地毯也经常被采用。在外国，没有进屋脱鞋的习惯，人们都坐在椅子上，因此地板的温度让人感觉不到冷辐射即可（跟室内气温差不多的温度）。但是，在日本，直接坐在地板上的住宅较多，接触部位的热传导引起的热交换较大，地板的表面温度对热舒适感影响很大。因此，除了考虑人与地板间的辐射热交换之外，也需要考虑人与地板的热传导来对热环境进行评价。

作用温度[1]是根据由人体与环境进行热对流和辐射引起热交换计算出来的一个热环境评价指标。将作用温度加入由于热传导引起的热交换，就能用来评价有地板供暖的环境。如下所述，可以推导出热传导修正的作用温度[2]。

从人体与环境进行对流和辐射热交换的热平衡式，作用温度OT用对流换热系数h_c、辐射换热系数h_r、气温T_a、辐射温度T_r，由式（22.1）计算。

$$OT=\frac{h_cT_a+h_rT_r}{h_c+h_r} \qquad (22.1)$$

基于这一作用温度，考虑了热传导的传导修正作用温度OT_f，用接触部分的热传导率h_d和地板面温度T_f，由式（22.2）计算。

$$OT_f=\frac{h_cT_a+h_rT_r+h_dT_f}{h_c+h_r+h_d} \qquad (22.2)$$

当没有与周围环境的辐射换热和传导换热时，传导修正作用温度OT_f等价于环境气温，因此用数值计算（假定盘腿坐姿的接触面积，采用Net Radiation法考虑相互反射，物性值采用一般常见的数值）求出了气温与传导修正作用温度的对应关系，显示于图22.5中。

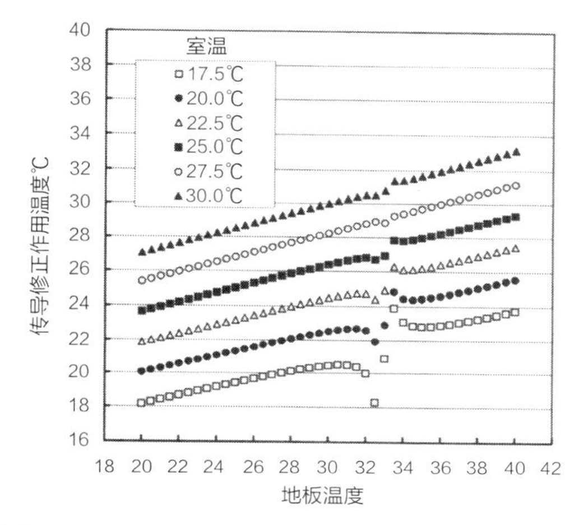

图22.5　室温与地板温度的不同组合时的传导修正作用温度[4]

由于平均皮肤温度假定为33℃来进行的数值计算，32~34℃之间，出现了非线性的形状，除此之外，给定室温和地板温度时，从此图可以求出传导修正作用温度。地板温度变化1℃，传导修正作用温度约变化1℃。此外，从图上还可以看出，即使室温为20℃，如果使用了地板温度为28℃的地板采暖，可以取得与没有地板采暖室温为22℃时相同的热感觉。

◆◆◆

通过掌握热环境六要素温度、湿度、风速、辐射温度、穿衣量、活动量，可以评价稳态均匀的热环境是否舒适。但是，非稳态、不均匀的热环境的评价，需要在把握暴露于该环境中的人的特性和环境的特性的同时，在明确了人的生理心理反应与舒适感的关系之后进行评价。因此非常需要得出关于人的冷热感的感受性的知识、关于各行为下的生理心理反应的知识、关于非稳态不均匀的环境的特性的知识。

（都筑和代、宫本征一）

参考文献

1)　日本建築学会環境基準，AIJES-H002-2008 室内温熱環境測定規準・同解説（2008.3）
2)　都築和代，佐古井智紀，黒河佳香：四季において高齢者の就寝温熱・光環境が睡眠に及ぼす影響に関する研究，第31回人間一生活環境系シンポジウム，33-36（2007.11）
3)　中村泰人，横山真太郎，都築和代，宮本征一，石井昭夫，堤純一郎，岡本孝美：日常生活で生じる気候適応を把握するための居住環境温度の多地域同時計測法，人間と生活環境，15巻，1号，5-14（2008.5）
4)　宮本征一，堀越哲美，崔　英植，酒井克彦：床座人体における伝導および相互反射放射を考慮した作用温度に関する研究，日本建築学会計画系論文集，515号，57-62（1999.1）

23 气味与香味

23.1 气味与香味的定义

在生活中，来描述气味与香味时，“气味与香味”这两个词分别是用在怎样场合呢？例如，会说令人不舒服的气味，但是不说令人不舒服的香味。常会说令人心情舒畅的气味，但是令人心情舒畅的香味这样的说法也觉得很好。本来，“气味”这一用词，（在日语中）并不是指用鼻子感觉的东西，而是用眼睛感觉的东西，特别是表达对比鲜明的颜色是用这一词。后来逐渐发展为在视觉和嗅觉方面都可以使用。此外，在用于嗅觉表达时，原来多用于表达好的感觉，后来逐渐发展为好的、不好的感觉都可以用“气味”这个词来表达。现在，如果要分出究竟的话，“气味”用于表达不舒服的感觉的人逐渐变得越来越多。

日本建筑学会环境基准中的室内臭味的对策、维持管理基准及解说[1]中是这样定义的，“气味”通常可用于表达好的气味或不好的气味，人类的嗅觉感觉到的所有刺激的总称，一般情况下，令人愉快的气味用“匂”字，令人不快的气味用“臭”字表达，强调气味的成分时用“ニオイ”表达，令人愉快的气味成分称“香气”，令人不快的气味成分称“臭气”。此外，川崎[2]等所著文献中是这样描述的，“气味中令人愉快的气味用香味来表达”。在本章中，一般使用“气味”这个词，需要特别表达令人感觉愉快的气味时用“香味”这个词表达。

23.2 气味的识别

人类可以分辨出一万种不同的气味，分辨气味的机理在1991年被研究明白。这项研究明示了辨别气味的蛋白质的实际形态，并阐明了这些蛋白质是如何把气味信息传递给大脑的。成功解释了气味辨别机理的理查德·阿克塞尔博士和琳达·巴克博士获得了2004年的诺贝尔医学奖。动物鼻腔内的粘膜长有带嗅觉纤维突起的嗅觉细胞，不断蠕动来感知气味。一个嗅觉细胞只带有一种捕获气味信息的受体，人类大约有350种气味受体，大白鼠有1000种气味受体。气味物质进入鼻腔后，排列在鼻腔深处的嗅觉细胞获取气味物质，产生电信号，通过嗅觉神经，从嗅球传到大脑，从而辨别出气味。一种气味的分子会跟多种气味受体的形成组合，不同的组合就能辨别出多种不同气味。

23.3 气味的测定与评价

⊙ 嗅觉测定

在日本，在工厂或其他生产场所，伴随生产活动发生的恶臭受到限制，为了推进恶臭防止对策，保护生活环境，保护国民健康，1971年7月1日恶臭防止法实施。1996年进行了修正，因为根据物质浓度进行的限制，无法对未被限制的物质和复合物质进行有效的规制，所以导入了用嗅觉测定法测定的臭味指数进行限制的方法。嗅觉测定法的评价指标是在一般大气环境下，人类的嗅觉感觉量相对应的指标，所以恶臭防止法采用了这一指标。但是在室内，因为很容易算出所需要的换气量，所以多采用臭气浓度指标。臭气指数与臭气浓度的关系如下式所示：

$Y=10\log X$ （X：臭气浓度，Y：臭气指数）

现在在嗅觉测定中，常用的臭气指数（臭气浓度）的测量方法有三点比较式臭袋法和给基于六级臭气强度尺度、九级愉快与不愉快尺度的评价方法。但是，建立臭味防止对策时，需要得到气味降低到多少是才可以的允许值，这种情况下，进行两级的容忍性评价。这些尺度总结于表23.1中。

表23.1　气味的评价方法与尺度

六级臭气浓度表示法	
5	强烈的气味
4	较强的气味
3	能让人感觉愉快的气味
2	刚刚能分辨出是什么的较弱气味（分辨阈值）
1	最后终于感觉到气味（检测阈值）
0	无气味

九级愉快与不愉快度表示法	
-4	极端不愉快
-3	非常不愉快
-2	不愉快
-1	稍微不愉快
0	没有愉快感也没有不愉快感
1	稍微愉快
2	愉快
3	非常愉快
4	极端愉快

容忍性的评价
无法容忍
可以容忍

（引自文献1），P33）

丹麦的Fanger提出了olf-decipol指标，是以人体所散发的生物挥发性物质为基准的指标，基于单一可察觉空气污染度和稀释量的关系适用于所有可察觉空气污染物的假设。因此，能够很容易地算出所需要的换气量、各污染源的可察觉空气污染强度。但是，这些指标是基于对气味或化学刺激的可察觉空气污染的评价，评价对象并不是气味本身[1]。

◉ 仪器测定

基于人类嗅觉的评价，具有嗅觉疲劳、不能连续监测等缺点，所以无法否认有必要用仪器进行测定。在气味的构成成分比例一定，气味浓度在气味传感器的测量范围内，感觉量与气味浓度的相关关系已知的情况下，用气味传感器进行测定就成为可能。此外，需要进行气味成分分析的时候，需要分析气味的成分、测量各成分的浓度，这时需要使用气体铬酸盐图和检测管。

23.4　有关气味测定与评价的研究

这里以近年成为热点问题的护理环境的气味为例，介绍一下研究气味对策时为了收集需要的数据而结合使用了嗅觉测定和仪器测定的研究案例。

◉ 护理环境气味等级的测定[4]

该调查是在爱知县建成第二年的一所普通医院的医疗型疗养病房楼里的四床病房里进行的。病房面积33.18m²，空调方式为空气源电气式热泵（EHP），室内机为吊顶镶嵌式。走廊的空调方式为风机盘管式（FCU），采用全新风方式，新风负荷由该空调设备负担。房间设定温度为26℃，换气次数24小时维持在5次/小时。空气的流向为由走廊进入房间，然后由卫生间、污染物处理室的排风口排到室外。试样采样每次都在另外的病房进行，因为所有住院病人全是七十岁以上的老人，都使用纸内裤。其中两位老人，采用经皮式向胃中插管，造设胃瘘，用经管营养法注入流动食物的方式摄取食物。另外两位老人是到食堂由口进食的方式摄取食物。各患者每天更换纸内裤5~6次。

病房内的臭气等级，跟熏染多年的旧建筑一样，因此，对建成33年的医院病房的臭气等级也进行了测定与比较。建成第33年的病房（以下称建成33年病房）是利用位于千叶县的医疗设施的两间病房。房间面积12.34m²，为双人间，其中的一间病房住着两位常年卧床不起的患者。饮食是经管营养式注入流动食物的摄取方式。另外一间病房只有一位患者，能自行活动。做了气管切开手术，需要做吸痰的医疗处理。房间空调是普通的家用空调，因为换气扇坏了，平常都是通过开启外窗，进行自然通风换气。

病房的臭气一般来自食物或排泄物的气味，没有清扫时来自药品的气味，并且所调查的病房也进行医疗处理（以下简称普通病房）。病房的空气用无臭抽气泵（DC1-NA，近江自动空气服务公司制造）采集了两个100L采样袋（型号100F，近江自动空气服务公司制造）的空气。建成33年的病房，采集了一个20L采样袋（型号20F，近江自动空气服务公司制造）的空气。空气采样是在病房中央，人的鼻子的高度附近的距地1.5m的地方进行的（图23.1）。

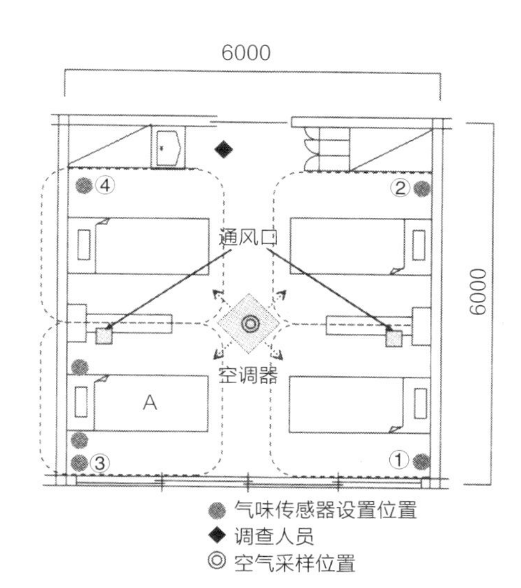

图23.1　四人病房的概况、气味传感器的设置位置及空气采样位置[4)]

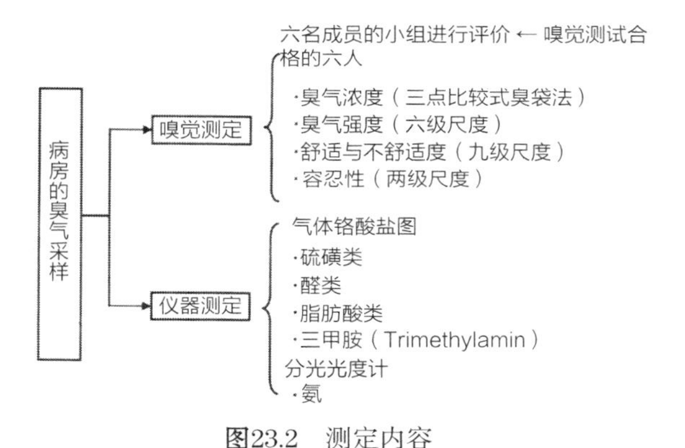

图23.2　测定内容

采样的空气，让经过T&T全参数测量试验药品检测合格的六名试验者用嗅觉测定法进行了测定（图23.2）。评价项目是用三点比较式臭袋法得到的臭气浓度和臭气强度、舒适与不舒适度、容忍性、气味品质评价。臭气强度、舒适与不舒适度的评价尺度，采用环境省制定的六级臭气强度表示法和九级舒适与不舒适度表示法。容忍性的评价采用对评价对象的室内臭味能够容忍还是不能容忍的两极评价尺度。此外，使用气体铬酸盐图（以下简称GC）对臭气成分进行了分析。硫磺类及醛类、三甲胺（Trimethylamin）用GC-14B，脂肪酸类用GC-2014，氨用分光光度计（UV-1700）进行成分分析（各仪器均为岛津制作所制造）。建成33年的病房只进行了硫磺类的分析。

各病房的臭气浓度及平时的病房、纸内裤更换时的病房、建成33年的病房的平均臭气浓度进行了比较。普通病房全部关闭窗户，通过换气扇进行换气。平时的病房的臭气浓度是17~55，男性病房和女性病房有明显差别。有时会伴有独特气味的顶泌汗腺（apocrine gland）分泌的汗液，虽然跟毛发、皮脂腺一样从皮肤的真皮层产生，但是据称是在男性荷尔蒙的作用下产生的，因此推测这是男性病房的臭气浓度比女性病房高的原因。纸内裤更换时的病房跟平时的病房相似，甚至有臭气浓度低的时候。从这次结果可以推测，病房的臭气状况，受性别、人数、换气扇是否运行影响。本来，通过开窗进行自然通风换气被认为是改善空气品质的很有效的手段，但是在实际的看护、护理现场，在更换纸内裤的较短时间内进行开窗换气的很少。而且，随着最近空调设备的集中化管理，很多建筑的窗户的开关都受到限制。在窗户关闭的病房内进行纸内裤更换时，仅靠换气扇这唯一手段来降低臭味，因为换气扇是按照普通时间所需要的换气次数确定的，所以本调查表明了存在足够的换气次数得不到保证的情况。

因此，本次调查中，病房在平时和纸内裤更换时的臭气浓度没有很大的差别的原因，可以推测为由于纸内裤更换后，臭气并没有被排除，而是残留在室内的缘故。多次的纸内裤更换引起的残留臭气，在室内不断蓄积，病房的臭气浓度可能会逐渐地上升。此外，还对平时的病房、纸内裤更换时的病房和建成33年的病房的臭气等级进行了比较。窗户关闭、排气扇运行作为比较的基本条件，比较了各条件下的病房的平均臭气等级。平时的病房和纸内裤更换时的病房臭气浓度相当，大约为31，建成33年的病房的臭气浓度较高，为230，以1%为比较水准，可以认为差别是显著性的。根据臭气浓度，医院的病房在平时和纸内裤更换时的臭气浓度没有明显的差别，而建成33年的病房的臭气浓度较高。建成33年的病房的臭气浓度高达230也说明，病房内产生的臭气，在房间内残留、蓄积，并渗入室内各处，一直地维持室内的臭气浓度较高。

由各病房的臭气浓度及臭气强度，算出了病房在平时、纸内裤更换时、建成33年的病房的平均值，并进行了比较。在相同条件下的病房比较结果，平时的病房平均为2.5，纸内裤更换时的平均值为3.9，建成33年的病房的平均值为4.0，以1%为比较水准，纸内裤更换时的病房和建成33年的病房跟平时的病房相比存在显著性的差别。虽然平时的病房和纸内裤更换时的病房的臭气浓度没有显著性的差，臭气强度却有超过一级的差别，感觉上臭气的强度有较大的不同。图23.3显示了臭气浓度和臭气强度的关系，平时的病房和纸内裤更换时的病房虽然臭气浓度相当，纸内裤更换时的臭气强度明显高于平时的病房，这说明存在容易使臭气强度上升的臭气成分。一般情况下，臭气浓度和臭气强度之间，Weber-Fechner的法则成立，刺激性较强的物质有Weber-Fechner比变大的倾向，这说明纸内裤更换时存在这样的物质。

GC的分析结果说明，形成某种气味的某一单一气味成分的浓度，用该成分的嗅觉阈值浓度来除得到的值称为阈稀释倍数，这个值越高，这一成分是该气味的主要成分物质的相关性越高，对整个臭气

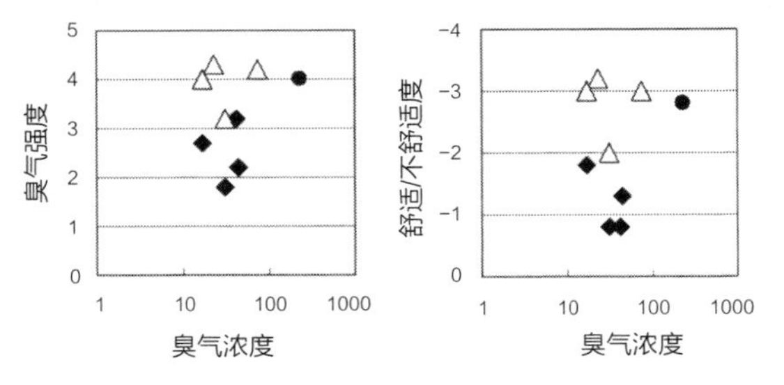

图23.3　臭气浓度与臭气强度及舒适/不舒适度的关系[4)]

浓度有较大的影响。表23.2显示了各病房的臭气成分浓度，括号内的数值为稀释倍数，平时的病房、纸内裤更换时的病房、建成33年的病房，都没有浓度特别高的物质。各病房的硫化氢、甲硫醇（Methyl mercaptan，CH3SH）、乙醛（acetaldehyde）的阈稀释倍数为20倍左右，可以认为是影响人的感觉的主要物质。有些情况下，三甲胺（Trimethylamin）

表23.2　病房内的气味使用气体铬酸盐图分析结果[4)]

成分名			平时病房				纸内裤更换时的病房		建成33年的病房		能检测出的下限值	嗅觉阈值
			A	B	C	D	E	F	K	L		
臭气成分	硫磺类	硫化氢	1.85（4.5）	2.10（5.1）	2.02（4.9）	2.02（5）	0.95（2.3）	0.54（1.3）	N.D.	N.D.	0.9	0.41
		甲硫醇（Methyl mercaptan）	1.53（22）	T.r.	N.D.	1.69（24）	N.D.	1.30（19）	1.46（21）	1.49（21）	0.8	0.07
		二甲硫（Methyl sulfide）	0.91（0.3）	0.97（0.32）	N.D.	N.D.	N.D.	N.D.	T.r.	T.r.	0.1	3.00
		二甲二硫（Methyl disulfide）	T.r.	T.r.	N.D.	N.D.	N.D.	N.D.	T.r.	T.r.	0.2	2.20
	脂肪酸类	丙酸（Propionic acid）	T.r.	T.r.	T.r.	0.51（0.09）	T.r.	0.56（0.1）			0.5	5.70
		n-酪酸（n-butyric acid）	T.r.	T.r.	T.r.	T.r.	T.r.	T.r.			0.3	0.19
		异戊酸（3-methylbutanoic acid）	T.r.	T.r.	T.r.	T.r.	T.r.	T.r.			0.2	0.60
		颉草酸（valeric acid）	T.r.	T.r.	T.r.	0.28（3.7）	T.r.	T.r.			0.2	0.08
	醛类	乙醛（acetaldehyde）	21.55（14）	25.43（17）	15.70（10）	N.D.	10.54（7）	27.15（18）			0.1	1.50
		丙醛（propionic aldehyde）	T.r.	T.r.	N.D.	N.D.	N.D.	N.D.			0.2	1.00
		I-丁醛（Butyraldehyde）	N.D.	N.D.	N.D.	N.D.	N.D.	N.D.			0.2	0.67
		N-丁醛（Butyraldehyde）	N.D.	N.D.	N.D.	N.D.	N.D.	N.D.			0.2	0.35
		I-戊醛（valeraldehyde）	N.D.	N.D.	N.D.	N.D.	N.D.	N.D.			0.1	0.41
		N-戊醛（valeraldehyde）	N.D.	N.D.	N.D.	N.D.	N.D.	N.D.			0.1	0.10
		甲醛（formaldehyde）			19.70（0.04）	14.82（0.03）	17.81（0.04）	14.82（0.03）			14.0	500
		三甲胺（Trimethylamin）			7.71（240）	N.D.	T.r.	N.D.			1.5	0.03
		氨（Ammonia）			560.12（0.37）	744.84（0.5）	688.41（0.46）	754.25（0.5）			0.2	1500

※分析值=ppb　（　）内的值是阈值稀释倍数

也是影响感觉的物质。嗅觉测定的结果显示，纸内裤更换时能感觉到刺激性的物质的存在，但是在GC分析中并没有发现明显存在这样的物质。由于本次调查是在病房的中央采取试样进行分析的，试样中影响成分的浓度较低，因此没有明确探明纸内裤更换时引起刺激性感觉的物质。今后，有必要在纸内裤更换的附近进行采样，弄清楚排泄物臭味的主要成分。

◉ 气味组分浓度的测定与评价[5)]

为了弄清排泄物臭味中的主要臭气成分，使用老龄患者和青年男子的试样，对臭气成分进行了分析。试样的臭气成分用GC法进行了分析。硫系成分和醛类用GC-14B、脂肪酸类用GC-2014（均为岛津制作所制造）进行分析。青年男子的试样，只进行了硫系成分和脂肪酸类的分析。

GC分析的结果，如表23.3所示。表中显示了臭气成分的分析值，以及用分析值除以嗅觉阈值得到的阈值稀释倍数，如括号内色数值所示。阈值稀释倍数越高，该成分与造成气味的主要原因的相关性越高，对整体的臭气浓度有较大影响。高龄患者的试样A~C中，检测出了硫化氢，每份试样的稀释浓度阈值均为10倍左右。只有排泄物量较多的A试样中检测出了甲硫醇，阈值稀释倍数为250，较大地影响了嗅感觉量。此外，从A试样中检测出的脂肪酸的量也较多，特别是阈值稀释倍数指标较高，n-铬酸95、异戊酸210、结草酸88，可以认为是影响嗅觉的主要物质。对于醛类，所有A~C的试样，均检测出了乙醛，阈值稀释倍数为8~15。中野等[6)]用GC定性分析了青年男子在坐式大便器上大便时采样的臭气试样，虽然检测出了硫化氢、甲硫醇，但是定量分析值采用了气体检测管的方法。本文采用GC进行了定性和定量的分析。分析结果是从青年男子的大便中采取的试样G~J-1中，没有检测出硫化氢，检测出了

表23.3　排泄物臭味的气体铬酸盐图分析结果[5)]

试样名			高龄患者			青年男子				能检测出的下限值	嗅觉阈值
			A	B	C	G	H	I-1	J-1		
	性别		女性	女性	男性	男性	男性	男性	男性		
臭气成分	硫磺类	硫化氢	3.41（8.32）	4.79（11.68）	4.87（11.88）	N.D.	N.D.	N.D.	N.D.	0.9	0.41
		甲硫醇（Methyl mercaptan）	17.66（252.29）	T.r.	T.r.	9.66（138.00）	6.5（92.86）	3.85（55.00）	1.39（19.86）	0.8	0.07
		二甲硫（Methyl sulfide）	T.r.	T.r.	6.06（2.02）	3.07（1.00）	0.94（0.31）	0.93（0.31）	N.D.	0.1	3.00
		二甲二硫（Methyl disulfide）	2.75（1.25）	0.87（0.40）	1.11（0.50）	N.D.	N.D.	1.49（0.68）	N.D.	0.2	2.20
	脂肪酸类	丙酸（Propionic acid）	32.37（5.68）	3.54（0.62）	2.11（0.37）	0.81（0.14）	0.19（0.03）	1.26（0.22）	1.16（0.20）	0.5	5.70
		n-酪酸（n-butyric acid）	17.98（94.63）	1.49（7.84）	0.46（2.42）	0.53（2.79）	T.r.	0.98（5.16）	0.57（3.00）	0.3	0.19
		异戊酸（3-methylbutanoic acid）	16.31（209.10）	1.94（24.87）	0.56（7.18）	0.11（0.18）	T.r.	0.1（0.17）	T.r.	0.2	0.08
		颉草酸（valeric acid）	3.24（87.57）	0.25（6.76）	T.r.	0.11（1.38）	0.06（0.75）	T.r.	0.09（1.13）	0.2	0.04
	醛类	乙醛（acetaldehyde）	22.71（15.14）	20.64（13.76）	11.52（7.68）	※分析值=ppb （ ）内的值是阈值稀释倍数				0.1	1.50
		丙醛（propionic aldehyde）	T.r.	T.r.	T.r.					0.2	1.00
		I-丁醛（Butyraldehyde）	N.D.	N.D.	N.D.					0.2	0.35
		N-丁醛（Butyraldehyde）	N.D.	N.D.	N.D.					0.2	0.67
		I-戊醛（valeraldehyde）	N.D.	N.D.	N.D.					0.1	0.10
		N-戊醛（valeraldehyde）	N.D.	N.D.	N.D.					0.1	0.41
臭气浓度（参考值）			23000	730	4100	550	740	7400	3100		

甲硫醇，阈值稀释倍数Wie20~140，存在着个差。先前进行的病房臭气成分分析结果显示，平时的病房与纸内裤更换时的病房相比，没有哪种成分的浓度明显较高。但是，这次的测试结果显示，排泄物臭味的主要成分是硫化氢、甲硫醇、乙醛、n-酪酸、异戊酸、颉草酸。此外，纸内裤更换时的病房，检测出了Weber-Fechner比较大的强刺激性物质丙酸、异戊酸，推测这些物质对感受到的气味强弱有较大的影响，本次的调查结果显示，有较强刺激性的脂肪酸类的阈值稀释倍数较高，说明了这些成分对纸内裤更换时的病房气味有较大影响。

⊙ 气味的空间分布的测定[5)]

本调查对纸内裤更换时的病房内的臭味的扩散、分布，在一间四人病房进行了测定。测定的病房与上述相同，为千叶县的一座建成两年的普通医院的治疗型疗养病房楼的房间。病房的平面图如图23.4所示。为了测定纸内裤更换时床周围的臭味分布，在臭味源的A病床的帘子内侧设置了传感器。使用的传感器（气味传感器AET-S，新Cosmos电机公司制造）（以下，简称传感器）的材质是高感度酸化亚铅系材料，是基盘型薄膜传感器。不同于其他气味传感器的特征是对硫化氢、甲硫醇等硫化合物的感度比较高。传感器的设置位置如图23.4所示。传感器设于环绕A病床的帘子的内侧六处。各处分布设置距地10cm，中间点距地125cm，顶点距地250cm的三处，总共设置了18个传感器。

首先，确认了传感器测量值与人的感觉量的

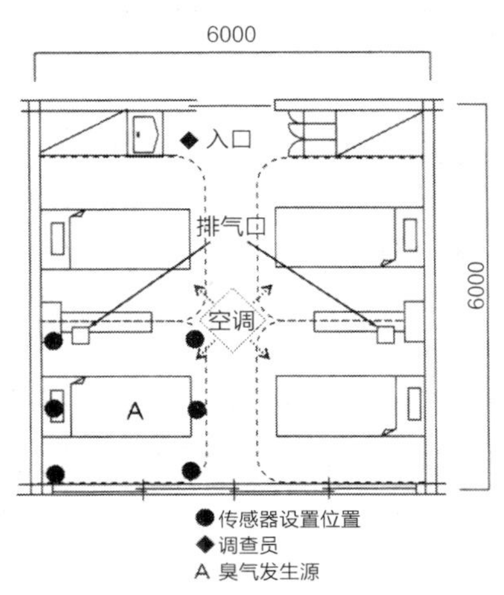

图23.4 所调查的病房与传感器设置位置[5)]

相关性是否显著，然后利用传感器测定了气味的变动。图23.5显示了臭气浓度与传感器测量值的关系，臭气浓度采用了臭气指数［（臭气指数）$=10\times\log_{10}$（臭气浓度）］来表示。图23.5显示了臭气指数与臭气强度的关系，以及臭气指数与舒适/不舒适度的关系。臭气指数与传感器测量值的相关系数是0.925，臭气指数与臭气强度的相关系数是0.984，臭气指数与舒适/不舒适度的相关系数是0.977，显示出很强的相关性。如果把传感器测量值置换为感觉量进行考察的话，臭气指数5（臭气浓度3）的时候的传感器测量值为157，臭气强度为“较弱气味”程度的1.8，舒适/不舒适度是“稍微不舒适”的1.2。臭气指数10（臭气浓度10）的时候的传感器测量值为166，臭气强度为“能轻易感觉到的气味”的3.2，舒适/不舒适度是“不舒适”的2.3。传感器测量值大约上升10的时候，臭气浓度、舒适不舒适感都是上升一级。臭气指数20（臭气浓度100）的时候的传感器测量值为207，此时臭气强度为“强烈气味”的5，舒适/不舒适度是“极端不舒适”的4。对于感觉量与传感器测量值的关系，可以看出臭气指数与传感器测量值之间的相关关系，因此可以说用传感器测量臭气浓度分布是可行的。

利用风速计（带伸缩式探头的风速计testo425，Testo株式会社制造）对空调器出风口的量进行了测量，室内机的四边出风口的风量为$0.12m^3/s$，拐角部分的出风量为$0.17m^3/s$，床脚附件有0.1~0.25m/s左右的气流。中间测点处几乎没有气流。纸内裤更换时的臭气浓度分布的时间变化如图23.6所示。图中的图例用臭气指数值代替了传感器测量值。纸内裤的更换时间大约是两分钟，整理服装后，约四分钟后护士打开围帘，离开房间。图的下部记载了对臭气扩散可能产生影响的护士的动作。从③ 脱下纸内裤的动作开始；④ 让病人侧卧，擦拭排泄物；⑤ 包好脏了的纸内裤；⑥ 垫上新的纸内裤，这些动作执行中，脚部的中间高度测点传感器开始有响应，地面测点和天花板测点的传感器没有响应，排泄物刚暴露于空气中时，可以看出臭气停留在发生源附近。之后的纸内裤交换结束的1分40秒后，中间测点的臭气浓度变得更大，地面和天花板处的传感器开始有响应，可看出臭气从床向周围扩散的现象。此外，围帘打开的4分钟后，地面和天花板测

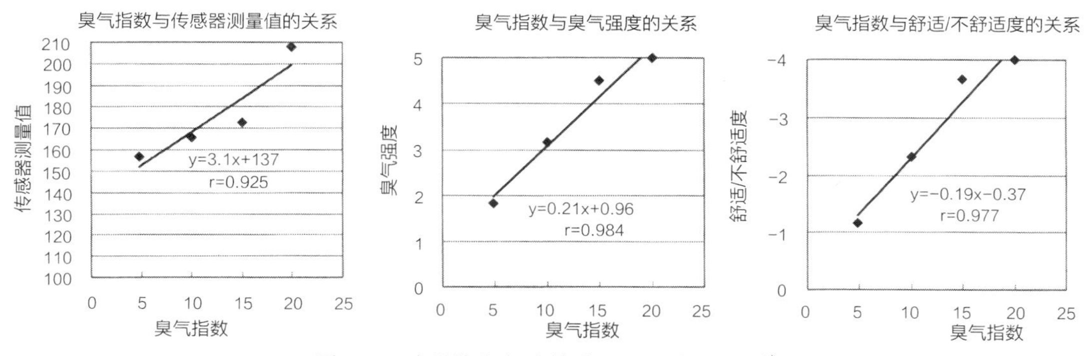

图23.5　感觉值与气味传感器测量值的关系[5)]

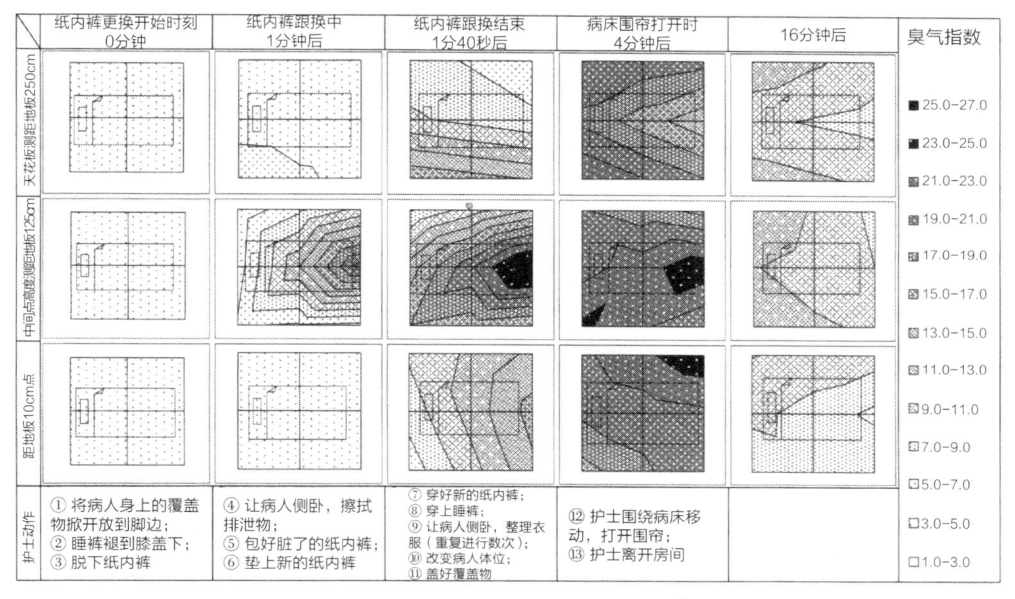

图23.6　纸内裤更换时的臭气分布[5)]

点处都扩散到了很浓的臭气浓度。在换好纸内裤到打开围帘之间，为了执行⑧穿上睡裤、⑨整理衣服的动作，多次改变病人的体态，之后⑩改变病人体位动作，将病人改为卧床位、⑪盖好覆盖物等护士和病人的连续动作，产生了气流，对臭气的扩散产生了影响。纸内裤更换开始时，臭气指数为4（臭气浓度2.5），1分40秒后，脚部处中间高度测点的浓度达到最大值，臭气指数28（臭气浓度630）。四分钟后病床周围整体臭气指数达到20~25（臭气浓度100~320）。16分钟过后，臭气指数还持续在10~13（臭气浓度10~20），没有恢复到开始时的数值。本次测试，弄清了臭气从发生到向周围扩散的模式，解释了在高浓度臭气发生的地方，即使经过一段时间，臭气仍然有所残留现象。

◆ ◆ ◆

关于生活环境中的气味，讲述了其测定、评价方法，介绍了利用嗅觉测定和仪器测定进行研究的案例。为了探讨气味对策，首先需要得出发生源的臭气成分、发生量、允许浓度水平，还需要掌握在空间中气味的扩散模式（图23.7）。关于气味的测定，嗅觉测定法有嗅觉疲劳、不能连续测定的缺点。此外，为了建立气味对策，还需要利用仪器对臭气浓度进行测量。但是，考虑到气味是人利用嗅觉进行感知的感觉现象，应该首先考虑基于嗅觉的测定。象本章介绍的调查案例一样，即使使用可以

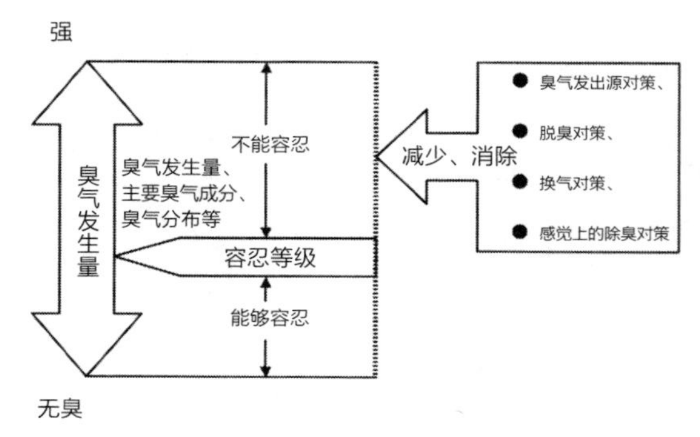

图23.7　臭气对策的思路

连续测量的传感器等仪器的时候，也应该在确认与气味感觉的关系之后使用。利用单一臭气成分对气味浓度水平进行评价时，需要确认这一成分对感觉有较大影响。

（光田　惠）

参考文献

1）日本建築学会編：日本建築学会環境基準　AIJES-A003-2005，室内の臭気に関する対策・維持管理規準・同解説（2005）

2）川崎通昭，堀内哲嗣郎：嗅覚とにおい物質，臭気対策研究協会（1998）

3）Fanger PO: Introduction of the Olf and the Decipol Units to Quantify Air Pollution Perceved by Humans Indoors and Outdoors, *Energy and Buildings*, **12**, 1-6 (1988)

4）板倉朋世，光田　恵：医療施設における病室内の臭気のレベルに関する研究，日本建築学会環境系論文集，73巻，625号，327-334（2008）

5）板倉朋世，光田　恵，棚村壽三：高齢者のおむつ交換時における排泄物の臭気特性に関する研究，日本建築学会環境系論文集，73巻，625号，335-341（2008）

6）中野幸一，口野邦和，竹下志郎，守屋好文，黒澤貴子：トイレ臭の実測と対策技術 第1報 実測技術，第14回におい環境学会講演要旨集，82-83（2001）

24 烦恼度

随着科学技术的进展，现代生活飞跃式地变得方便起来。但是水、大气、噪声污染从20世纪中叶开始全世界范围变得越来越深刻。结果，发展中国家正在直接面对各种各样的环境污染。另一方面，在发达国家，环境改善技术的普及使得水、大气污染得到相当大的改善。但是持续增长的交通需求等原因使得噪声污染不同于其他污染，仍然在持续扩大。

WHO[1] 关于噪声对健康造成的影响，列举了听力障碍、会话妨害、睡眠妨害、生理机能障碍、精神疾患、对工作学习的影响、烦恼度（annoyance）。其中在生活环境中最大的问题是妨害睡眠的噪声。本来，烦恼度作为臭味等的影响因素来使用，这里以噪声的烦恼度为对象，对于应称为社会感知的"噪声的烦恼度"，对其定义、测定方法、社会、文化因素的影响、在噪声政策方面的应用等进行了描述。

24.1 烦恼度的定义

根据R. Guski[2] 的文献，最经常被引用的烦恼度定义是由T. Lindvall和E. P. Radford[3] 所给出的，他们的定义是"烦恼度是与引起个人或群体认为受到有害影响的因素或者状态相关联的不舒适感"。但是Guski对于他们的颇带情绪化的定义存有疑义，基于最近的调查研究，认为烦恼度与不希望的状态引起的无法容忍的愤怒、妨害感、妨碍感紧密相关。因此，长年遭受噪声影响的人们的烦恼度反应，不仅受噪声影响，还受到很多各种各样的因素的影响，因此与短时间的实验室研究得到的被实验者烦恼度反应（或者反应大小）有所不同，不能简单地将此二者进行对比。一般来说，实验室实验显示，烦恼度与噪声暴露量的相关非常高（0.9以上），但是R.S.F.Job的社会调查显示相关性只有0.1~0.3左右。

24.2 烦恼度的测定

现实生活中，对于噪声的烦恼度，一般是通过社会调查的方法得到。各国的噪声基准等噪声政策，是通过社会调查积累噪声暴露数据和烦恼度反应数据，基于这些数据来确定的。到目前为止，各国的研究者，使用各国独自的语言，编制了烦恼度的问卷及烦恼度的尺度，进行了社会调查。噪声政策的根本是，分析蓄积的大量数据，求出噪声暴露量与烦恼度反应的相关关系。进行这种分析时，不同的研究者所采用的不同的烦恼度尺度和噪声指标，如何变换为单一指标，是经常遇到的问题。此外，国际化的社会下，采用不同语言收集的社会调查数据，也需要进行比较。

关于噪声的生物学影响的国际委员会（International Commission on Biological Effects of Noise，ICBEN）开发了可进行不同语言间的烦恼度反应比较的标准问卷和尺度[3)~5)]。英语版是"Thinking about the last（…12 months or so …），when you are here at home，how much does noise from（… noise source …）bothers，disturbs or annoys you：Extremely，Very，Moderately，Slightly or Not at all?"日语版为"回顾过去（12个月左右），您在自己家中，来自…（填入噪声源）的噪声，多大程度地烦扰，或者打搅您、感觉到吵：非常，较大，稍微，不太有，完全没有?"问卷调查的时间和噪声源，根据相应的调查目的进行设定即可。

ICBEN采用"Extremely，Very，Moderately，Slightly or Not at all?"或者"非常，较大，稍微，不太有，完全没有"的5级的语言尺度作为标准尺度，这些用词采用下述方法确定。首先，用各国语言，大范围选择表达烦恼度的21个程度副词，被选为尺度的副词考虑了所表达的强度从最小到最大等间隔排列、作为5级尺度易于选用、言语强度的分散程度小等事项进行确定。

最初，这一尺度由英语、德语、法语、荷兰语、西班牙语、挪威语、匈牙利语、土耳其语、日语这9种语言组成。后来，矢野等追加了中文、韩文、越南语的尺度[7]。波兰语、葡萄牙语、丹麦语的尺度也在各自的言语圈内确定下来[8)~10)]。

24.3　来自居民的烦恼度反应指标

多采用通过心理音响实验得到烦恼度反应值的平均值作为指标。例如，把5级尺度赋予1~5的数值，10名实验者的平均烦恼度为3.7，如此给出烦恼度指标。但是，在社会调查中，不采用烦恼度反应的平均值的方法，而采用暴露于某种噪声水平范围下的人们当中，反应为非常吵的人的比例（% highly annoyed）或者反应为吵的人的比例（% annoyed）。例如，在暴露于55~60dB L_{dn}（参照下节的“噪声暴露量”）的噪声的地区，收集230人的回答，如果其中55人的反应是“非常烦恼或者被打扰，觉得吵”，那么% highly annoyed是55/230=24%。

T.J.Schultz[11] 把7级尺度的上面两级反应的人的比例（前29%），或者11级尺度的上面3级反应的人的比例（前27%）定义为% highly annoyed。H.M.E.Miedema[12] 提出一种不管尺度的级数，计算前28%的方法。J.M.Fields[3] 认为highly与very的强度基本相同，因此建议将ICBEN的5级尺度的前两级定义为% highly annoyed。但是，矢野等[13] 认为日语版的ICBEN的5级尺度的第一级“非常”与11级尺度的前3级相当，把第一级“非常”反应的人的比例定义为% highly annoyed比较合适。

EU的Position Paper[4] 的定义是，% highly annoyed为前28%反应的人的比例，% annoyed为前50% 反应的比例。作为烦恼度的指标，% highly annoyed与% annoyed哪个更好不能一概决定，与后述的暴露反应曲线（例如图24.1）的斜率相关。在分析低水平的反应问题时，% highly annoyed的暴露反应曲线的斜率较小，精度较差，% annoyed比较合适。而在分析高水平反应问题时，% highly annoyed较好。但是，本文采用到目前为止研究中使用较多的% highly annoyed，来展开论述。

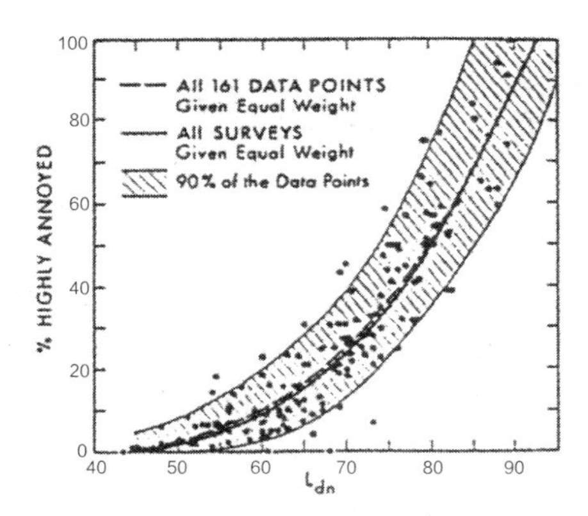

图24.1　T.J.Schultz给出的L_{dn}与% highly annoyed的综合曲线[11]

24.4　噪声的暴露量

基于噪声能量平均值的指标，广泛采用的是噪声暴露量指标，如下述所示的3个指标。

（1）等价噪声级（equivalent continuous A-weighted sound pressure level，$L_{Aeq,T}$）

$$L_{Aeq,T}=10\log_{10}\left(\frac{1}{T}\int_0^T\frac{p_A^2}{p_0^2}dt\right)$$

p_A：A-weighted sound pressure（Pa），

p_0：reference sound pressure（2×10^5 Pa）

（2）昼夜等价噪声级（day-night average sound level，L_{dn}）

$$L_{dn}=10\log_{10}\frac{1}{24}\left(15\times10^{L_d/10}+9\times10^{(L_n+10)/10}\right)$$

L_d：L_{Aeq}（7:00~22:00），

L_n：L_{Aeq}（22:00~7:00）

（3）昼夕夜等价噪声级（day-evening-night average sound level，L_{den}）

$$L_{dn}=10\log_{10}\frac{1}{24}\left(12\times10^{L_d/10}+4\times10^{(L_e+5)/10}+9\times10^{(L_n+10)/10}\right)$$

L_d：L_{Aeq}（7:00~19:00），

L_e：L_{Aeq}（19:00~23:00），

L_n：L_{Aeq}（23:00~7:00）

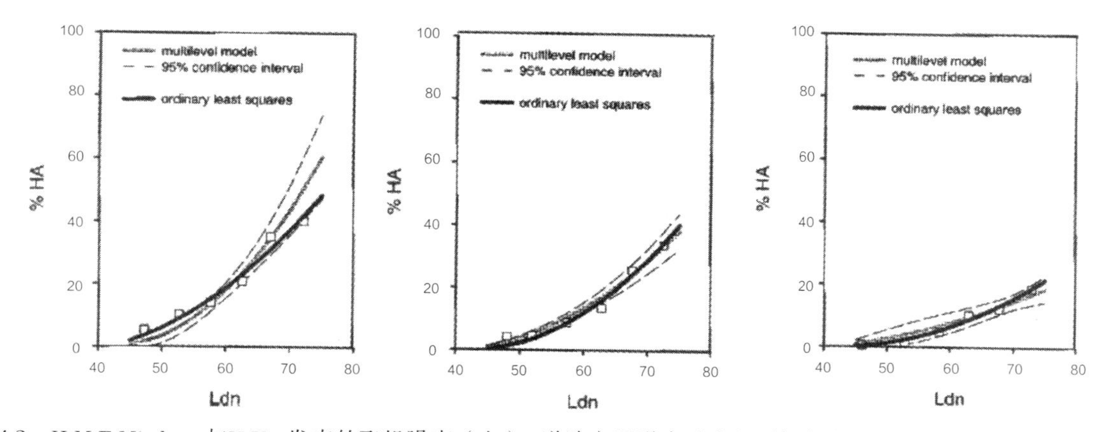

图24.2 H.M.E.Miedema与H.Vos发表的飞机噪声（左），道路交通噪声（中），铁路噪声（右）的L_{dn}与%highly annoyed的关系[12)]

$L_{Aeq,T}$是观测时间T内的声音能量平均水平。$L_{Aeq,16h}$是白天（6：00~22：00）的声音能量平均水平，日本的环境基准采用这个指标。L_{dn}是考虑到夜间（22：00~7：00）噪声的影响比较大，夜间的噪声水平增加10dB进行计算，求出一天的声音能量平均水平，美国EPA采用这个指标。例如，白天的L_{Aeq}（L_d）为70dB，夜间的L_{Aeq}（L_n）为65dB时，$L_{Aeq,24h}$为68.7dB，L_{dn}为72.6dB，L_{dn}比$L_{Aeq,24h}$大 约4dB。L_{den}是将傍晚和夜间的噪声水平分别增大5dB和10dB，求得的一天平均能量水平，欧盟推荐欧盟各国使用这一噪声指标。L_{den}与L_{dn}有约0~1.5dB的差，实际使用时，并没有理由用L_{den}指标代替L_{dn}。

24.5 欧美各国的噪声暴露量与反应的关系

基于T.J.Schultz[11)] 当时发表的11种社会调查数据，将各调查的噪声指标换算成L_{dn}，求得与%highly annoyed的关系。结果如图24.1所示，数据相当分散，噪声暴露量与反应的关系与噪声源无关、用一条综合曲线来表达。H.M.E.Miedema与H.Vos[12)] 加入了后来的数据，将L_{dn}与%highly annoyed的关系按飞机噪声、道路交通噪声、铁路噪声分别进行了整理。数据量分别为27000、19000、7600。结果如图24.2所示，各噪声源的综合曲线互不相同，显示出飞机的噪声最吵、铁路噪声的烦恼度最弱的结果。随后，噪声暴露量变换为L_{den}，这一成果作为欧盟的Position Paper[14)] 发表，被提议作为环境噪声的评价及管理的指标。

此外，图24.2显示了铁路噪声比道路交通噪声的烦恼度弱，因此在环境标准中铁路的噪声可以规定得比道路交通高一些。这一环境标准宽松量称为铁路奖励。同样，飞机噪声的指标必须比道路交通的噪声低。这一指标值变严格的量称为惩罚。

24.6 日本的暴露量与反应的关系

与欧美各国比，日本的社会反应数据积累较少。图24.3显示了矢野[15)] 等基于20世纪90年代中叶开始在九州与北海道收集的数据做出的暴露量与烦恼度反应的关系，与Miedema等的曲线的比较也显示在图中。飞机噪声的数据较少（约400），为了求得有代表性的暴露—反应曲线，尤其需要收集高暴露水平的数据。道路交通噪声和铁路噪声的数据量分别有1600和2200，暴露级别涉及的范围也较广。

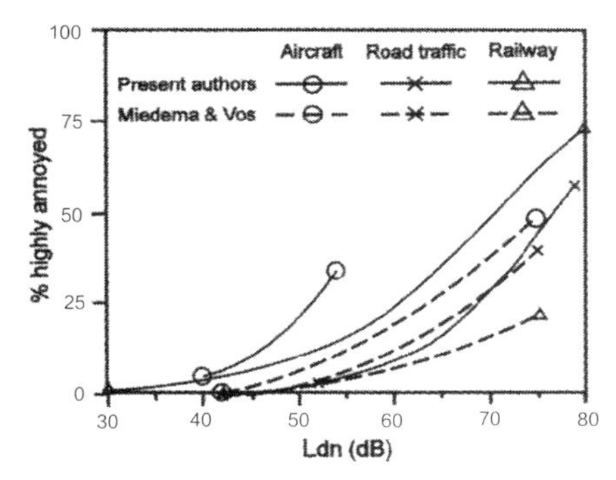

图24.3 矢野等发表的飞机噪声、道路交通噪声、铁路噪声的L_{dn}与%highly annoyed的关系[15)]

表24.1 九州和德国的调查地区的住宅与铁路或者道路的平均距离

	九州	德国
住宅与铁路的平均距离（m）	43	106
住宅与道路的平均距离（m）	10	41

（德国的数据由Fern大学的R.Schuemer博士提供）

关于道路交通噪声，两种曲线一致性较好，在九州和北海道的调查中，铁路噪声比道路交通噪声感觉更吵，没有显示出Miedema等得到的铁路奖励。加来等[16]、太田[17]等也发表了同样倾向的结果。

那么，为什么在欧美能显示出铁路奖励，而在日本却看不出铁路奖励呢？可以认为有下面的两个理由。①火车运行状况的日欧差异：在日本，夜间列车几乎不运行，而在欧洲夜间有大量的货物火车运行。特别是，使用将夜间噪声水平增大10dB进行评价的L_{dn}或者L_{den}指标时，欧洲的火车噪声暴露量变大，暴露反应曲线向右移动。但是，即使考虑这一现象，日本的结果也不会像欧洲一样铁路噪声的暴露反应曲线低于道路交通的噪声曲线。②振动等非音响因素的影响：表24.1比较了九州的调查和德国的调查中，被调查住宅与铁路或者道路的平均距离。日本的住宅建造得比德国的住宅更接近铁路或者道路。在这种情况下，不仅仅噪声，振动等影响也大。一般来说，火车比汽车的速度快、质量大，因此振动的等级也较高。而且，日本的住宅跟欧洲住宅相比，都比较轻，因此更容易受到振动的影响。所以，日本的铁路沿线的住宅跟欧洲的住宅相比，受到振动的影响较大，有可能增大噪声的烦扰度。但是，这些仅仅是假说，并没用确实的证据。

24.7 日本人与越南人对道路交通噪声烦恼度反应的比较

那么，下面将目光转向噪声问题严重的发展中国家的状况。在越南巨大数量的摩托车的行驶噪声和频繁的鸣喇叭噪声使得声环境呈现出极其喧闹的状况。在2005~2007年实施调查的河内市的七个地区和胡志明市的八个地区的道路边的噪声水平L_{dn}分别达到74~83dB和77~83dB。图24.4显示了居住于熊本的29名日本学生、居住于熊本的9名越南

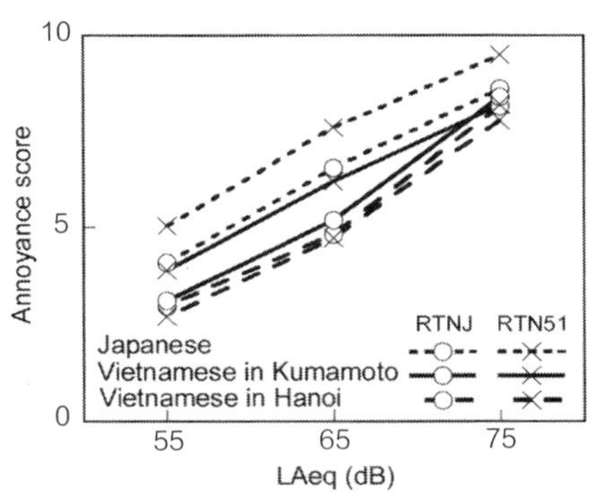

图24.4 日本人、居住于熊本的越南人、居住于河内市的越南人对有鸣喇叭声的噪声（RNT51）和无喇叭声的噪声（RTNJ）的烦恼度的比较[18]

学生、居住于河内市的29名越南学生为对象，对没有鸣喇叭音的日本道路交通噪声（RTN）和越南的有鸣喇叭音的道路交通噪声（RNT51）的烦恼度评价（0~10）的平均值。日本学生感觉有鸣喇叭音比没有鸣喇叭音更吵，而在河内市居住的越南学生感觉两种噪声的烦恼度没有区别。特别有趣的是在熊本居住的越南学生的反应位于日本人和在越南居住的越南人的反应之间。这一现象，有力地说明了烦恼度反应极大地受到每个人习惯了的声环境的影响。

上一节阐述的铁路噪声、道路交通噪声的烦恼度反应的日欧间的差异、道路交通噪声的烦恼度反应的日越间的差异，很明显社会、文化等因素的影响较大，是在制定噪声政策时应该考虑的重要事项。

24.8 噪声的烦恼度反应的长期变化

R.Guski[19]对Miedema等的数据再次进行分析，历经30多年的调查得到了%highly annoyed值为25%所需要的飞机噪声和道路交通噪声的L_{dn}水平。其结果显示于图24.5中。与%highly annoyed值为25%相对应的飞机噪声的L_{dn}值在20多年间减少了8dB，这说明飞机噪声引起的人们的烦恼度逐年变得严峻。虽然在飞机噪声方面显示出如图24.5所示的变化倾向，但是道路交通噪声并没有显示出这一倾向。在日本关于噪声的社会数据积累贫乏，为了看到这种历年变化，需要长时间、系统地进行数据的积累。

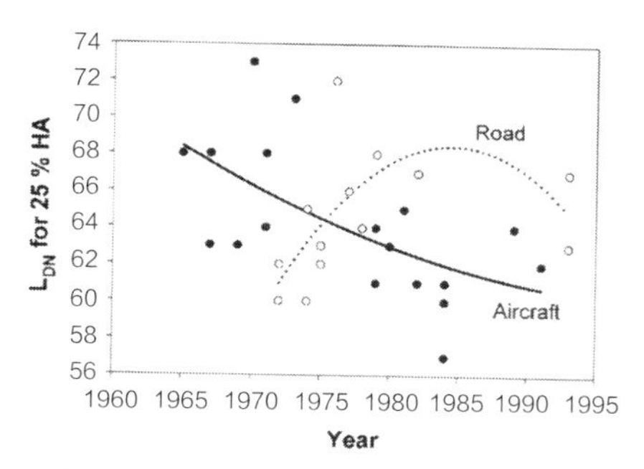

图24.5 与25%highly annoyed相对应的飞机噪声与道路交通噪声的L_{dn}值的历年变化[19)]

综上所述，噪声的烦恼度受到社会、文化因素的影响，反映了各个时代的人们的意识。因此，在制定与地域、时代相符合的噪声政策时，需要几代人持续进行社会调查数据的积累分析，同时还必须对各国的调查结果进行高精度的比较，以进行国际噪声政策的探讨。

（矢野 隆）

参考文献

1) Berglund B, Lindvall T and Schwela DH：Guidelines for community noise, WHO (1999)

2) Guski R：Community response to environmental noise, Chapter 4 in "Environmental urban noise" edited by A. Garcia, WIT Press (2001)

3) Fields JM, de Jong RG, Gjestland T, Flindell IH, Job RSF, Kurra S, Lercher P, Vallet M, Yano T, Guski R, Felscher-Suhr U and Schumer R：Standardized general-purpose noise reaction questions for community noise surveys: Research and a recommendation, *Journal of Sound and Vibration*, **242**, 641-679 (2001)

4) Job RSF：Community response to noise: A review of factors influencing the relationships between noise exposure and reaction, *J.Acoust.Soc.Am.*, **83**, 991-1001 (1988)

5) 矢野 隆，五十嵐寿一，加来治郎，神田一伸，金子哲也，桑野園子，新居洋子，佐藤哲身，荘美知子，山田一郎，吉野泰子：騒音の社会反応の測定方法に関する国際共同研究—日本語のうるささ尺度の構成—，日本音響学会誌，58巻，101-110 (2002)

6) 矢野 隆，五十嵐寿一，加来治郎，神田一伸，金子哲也，桑野園子，新居洋子，佐藤哲身，荘美知子，山田一郎，吉野泰子：騒音の社会反応の測定方法に関する国際共同研究—日本語のうるささの程度表現語の妥当性と質問文の作成—，日本音響学会誌，58巻，165-172 (2002)

7) Yano T and Ma H：Standardized noise annoyance scales in Chinese, Korean and Vietnamese, *Journal of Sound and Vibration*, **277**(3), 583-588 (2004)

8) Preis A, Kaczmarek T, Wojciechowsk H, Zera J and Fields JM：Polish version of standardized noise reaction questions for community noise surveys, *International Journal of Occupational Medicine and Environmental Health*, **16**(2), 155-159 (2003)

9) Gunther H, Iglesias F and Moraes de Sousa J：Note on the development of a Brazilian version of a noise annoyance scale, *Journal of Sound and Vibration*, **308**, 343-347 (2007)

10) Kvist P and Pedersen TH：Translation into Danish of the questions and modifiers for socio-acoustic surveys, *Proc. of Euronoise 2006* (Tampere), CD version (2006)

11) Schultz TJ：Synthesis of social surveys on noise annoyance, *J. Acoust. Soc. Am.*, **64**, 377-405 (1978)

12) Miedema HME and Vos H：Exposure-response relationships for transportation noise, *J. Acoust. Soc. Am.*, **104**, 3432-3445 (1998)

13) Yano T, Sato T, Morihara T and Hashimoto Y：On the percent highly annoyed in community responses to noise as measured by the ICBEN 5-point scale in Japanese, *Proc. of The 33rd International Congress and Exposition on Noise Control Engineering* (internoise 2004), Prague, CD version (2004.8)

14) EU's future noise policy, WG2-Dose Effect, Position paper on dose response relationships between transportation noise and annoyance (2002)

15) Yano T, Sato T and Morihara T：Dose-response relationships for road traffic, railway and aircraft noises in Kyushu and Hokkaido, Japan, *Proc. of The 36th International Congress and Exposition on Noise Control Engineering* (internoise 2007), Istanbul, CD version (2007)

16) Kaku J and Yamada I：The possibility of a bonus for evaluating railway noise in Japan, *Journal of Sound and Vibration*, **193**, 445-450 (1996)

17) 太田篤史，横島潤紀，千代隆志，藤井将人，田村明弘：複合騒音の評価指標に関する研究—初年度の調査，実験の報告—，騒音・振動研究会資料 N-2005-54 (2005)

18) Phan HAT, Nishimura T, Phan HYT, Yano T, Sato T and Hashimoto Y：Annoyance from road traffic noise with horn sounds: a cross-cultural experiment between Vietnamese and Japanese，日本音響学会騒音・振動研究会資料，N-2007-57 (2007)

19) Guski R：How to Forecast Community Annoyance in Planning Noisy Facilities, *Noise & Health*, **6**(22), 59-64 (2004)

25 冷热感

接触锅、水时感觉到的“冷”、“热”等局部的温度感觉，与人体与环境通过热交换产生的冷热感觉不同。人的温度感觉是为了避免被烫伤、冻伤所必需的。冷热感觉是虽然是主观的“热”、“冷”程度，但不仅仅取决于皮肤温度刺激，还与身体内部的热状态密切相关的一种感觉。人穿着的衣服、活动状态的不同，受到冷热环境的影响就不同。即使气温很低，如果穿着很多衣服、做打扫卫生等活动量很大的动作时，就不会感觉到冷。

与冷热感觉密切相关的人体体温调节有两大类。一类是无意识的血管收缩、膨胀、出汗、冷颤等自律性体温调节。另一类是根据人的冷热感（寒冷或炎热的感觉）或者舒适感而采取的行动性体温调节，如穿脱衣服、使用供冷供热设备等。只靠人的自律性体温调节即可实现体温控制的冷热环境只局限于一个很狭小的范围，因此行动性体温调节很重要，而且为了合理进行行动性体温调节，人的感觉非常重要。

25.1 冷热舒适性

冷热感指的是冷热感觉、舒适感觉（有关冷热的舒适感）等人从冷热环境中产生的感觉的总称。冷热感觉不仅受到温度、湿度、气流、热辐射这四个环境因素的影响，还受人所穿着的衣服的保温隔热性、人的活动量等代谢量的影响，这些因素的不同组合形成人不同程度的冷热感觉。

冷热感、舒适感等一般采用下述定义的标尺进行评价[1)]。

◉ 冷热感

人所感觉到的冷热感觉是大概的感觉强度，冷热感投票值是将冷热感强度置换为数字，从下述的九级中选择：非常冷：–4，冷：–3，凉：–2，稍微有点凉：–1，中性（不冷也不热）：0，稍微有点暖：1，暖：2，热：3，很热：4。

◉ 舒适感

人的舒适、不舒适的感觉是大概的感觉强度。为了说明是针对冷热环境的舒适感，也称为热舒适感。舒适感投票值是将舒适感强度置换为数字，从下述的七级中选择：非常不舒适：–3，不舒适：–2，稍微不舒适：–1，中性：0，稍微舒适：1，舒适：2，非常舒适：3。

◉ 气温与冷热感投票值的关系

在冬季及夏季，老年人和青年人穿着长袖运动衫、长裤（0.64clo），静坐三小时后的最终冷热感投票值与气温的关系如图25.1上部所示。图中的直线是假设气温与冷热感投票值有一次相关关系、采用最小二乘法求得的线。

在冬季，气温相同时，老年人群的冷热感投票值比青年人群小，这说明老年人群有比青年人群感觉冷的倾向。此外，两类人群在气温23℃时差最小，气温越高差越大，气温31℃时老年人群的冷热感投票值比青年人群小1，就是说青年人群投票“热”时，老年人群投票“暖”，冷热感比青年人群偏冷一级。另一方面，在夏季气温31℃时，冷热感的差几乎不存在，气温24℃时老年人群比青年人群的冷热感投票值大1，青年人群的投票为“凉”，老年人群的投票为“稍微有点凉”，就是说老年人群比青年人群的冷热感偏热一级。此外，这些投票值三小时内基本相同。结果显示，在中等冷热环境中，老年人群与青年人群相比，在夏季不易感觉到冷、冬季不易感觉到热。对一次回归式进行投票值为0的插值计算，得到中性温度，冬季老年人群为26.4℃、青年人群25.5℃，夏季老年人群26.4℃、青年人群27.6℃。就是说，老年人群夏季和冬季的中性温度没有差别，青年人群的冬夏差为2℃，感觉“不冷不热”的温度夏季比冬季高2℃。青年人群的中性温度夏季在适应高温的作用下，向高温侧偏移1℃，冬季在适应低温的作用下，向低温侧偏移1℃。此外，与以往研究[2)]相同，老年人群由于适应

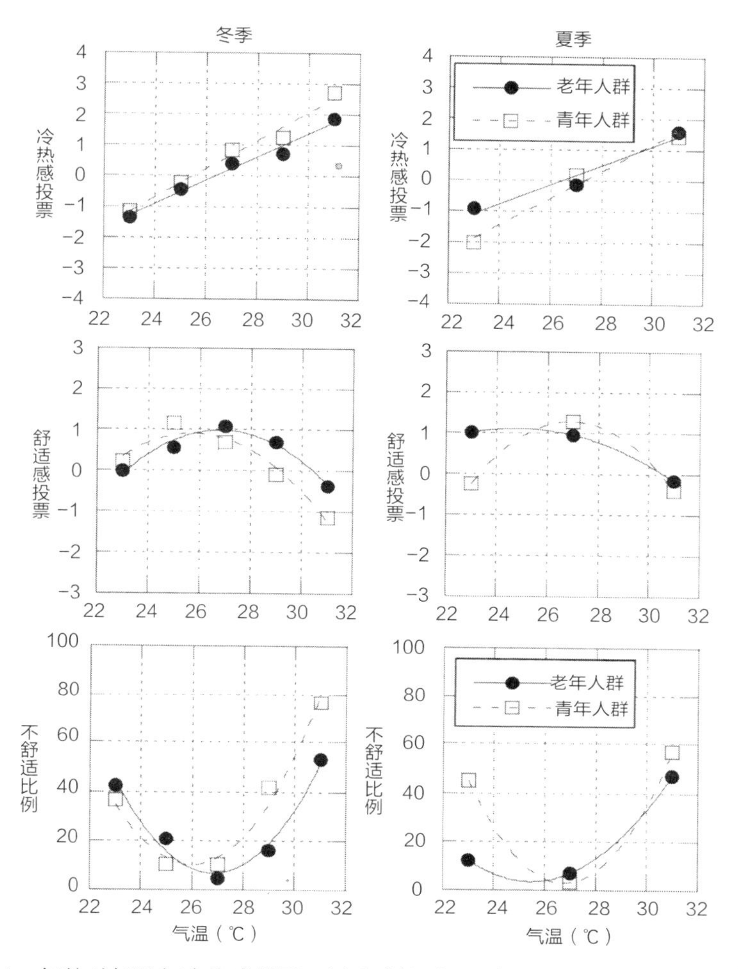

图25.1　年龄对气温与冷热感投票、舒适感投票及不舒适比例的关系的影响[1)]

季节滞后或者适应季节程度较小，中性温度不受季节影响。

◉ 气温与舒适感投票、不舒适比例的关系

夏季及冬季的气温与舒适感投票值的平均值的关系如图25.1中部所示[1)]。在冬季，老年人群在气温27℃时平均舒适感投票值最高，气温升高或降低时舒适感的平均投票值都比27℃时低。青年人群在气温为25℃时显示出最大的平均舒适感投票值，通过最小二乘法预测最大的舒适感投票值出现在25到27℃之间，气温升高或降低时舒适感的平均投票值都降低。气温29和31℃时，青年人群比老年人群的平均舒适感投票值低，气温23和25℃时，老年人群比青年人群的平均舒适感投票值低，其相关曲线老年人群向高温侧偏移5℃。再来看一下夏季的气温与舒适度投票值的关系。气温在27和31℃时没有较大的年龄差别，在27℃时接近1的舒适侧，30℃时接近中性0。但是，在23℃时，青年人群在0以下，老年人群却在“稍微舒适”的1，与27℃一样能看出年龄差别。

–1到–3的不舒适投票占总投票的比例与气温的关系如图25.1的下部所示。在冬季，平均舒适度投票值最大的老年人群在27℃、青年人群在25~27℃时不舒适比例最小。比这个温度高或者低，不舒适比例都会增大。青年人群在平均舒适感投票值为0时，不舒适比例为40%，平均投票值为–1时，不舒适比例超过70%。老年人群在平均舒适感投票值为0时，不舒适比例为40%，与青年人群相同。在夏季，平均投票值为舒适的27℃时不舒适比例最小，31℃时为50%左右。气温为23℃时，青年人群的不

舒适比例为45%，老年人群为10%，显示出了年龄差别。

人体处于均匀的冷热环境下，冷热感的投票值为中性附近时，舒适感为正的一侧，并且不舒适侧的比例较小。随季节的不同，青年人群的冷热感规律与老年人群不同，老年人群在夏季较低温度时难以感受到凉，在冬季较高温度时难以感受到热。此外，关于舒适感，老年人群在夏季较低温度的难以感受到凉，因此跟青年人群相比不舒适的比例减少，冬季在较高温度时难以感受到热，跟青年人群相比不舒适的比例也减少了。就是说，老年人群的冷热感比青年人群难以感觉到难受，因此夏季较低温度和冬季较高温度时老年人群的不舒适比例比青年人群低。以往的研究中，青年人群和老年人群自己选择的气温的平均值、中间值基本没有发现有差别[3]。但是，根据自己的喜好改变环境使气温上升或者下降，促发这一行动的温度，跟青年人群比，老年人群或者温度较高，或者温度较低，温度变化的范围比较大。本研究是在均匀稳态的冷热环境中进行的，结果也支持上述结论，因此，相比于根据老年人的感觉进行冷热环境的设定、控制，应该根据季节、服装、活动量提供适合的冷热环境。

25.2　温度感觉

加到皮肤上的温度刺激（从皮肤没有热量交换的状态开始，对皮肤进行加热或者冷却刺激）产生的感觉，分为热感觉和冷感觉。由温度变化产生的温度感觉，基本上受皮肤初始温度、刺激面积、温度变化速度这三个因素的影响。对于全身处于热中性状态（即不觉得冷、也不觉得热）的人体，进行了对不同部位进行一定速度、一定刺激面积的加热、冷却刺激，感觉到热、冷的时候按下按键的实验，实验得到的数据分青年人群、中年人群、60岁年龄段的老年人群和70岁年龄段的老年人群（均为女性）显示于图25.2中。关于热感觉，下腹、下腿、脚踝、脚底部位，随年龄的不同差别较大为3~4℃，其他部位的差别为1℃左右。此外，青年人群的下腿、脚踝温度变化1℃、脚底温度变化3℃时，产生热感觉，其他组温度变化3~6℃，才产生热感觉。就是说，除下腿、脚踝、脚底之外，部位的差

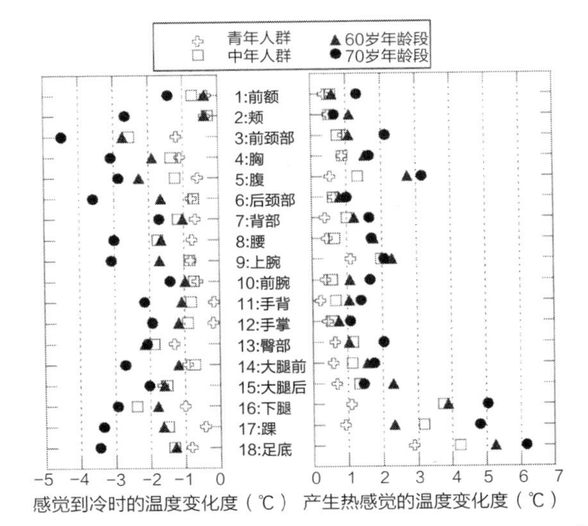

图25.2　年龄对引起热感觉、冷感觉的温度刺激的影响[4]

别、年龄的差别都较小，这说明脚部随着年龄的增加，不给以足够大的刺激，难以产生热感觉。因此，由于老年人群对于脚部的加热不敏感，在实际生活中，采用暖炉、电热毯等直接加热脚部时，有可能造成过度加热，因此需要考虑防止低温烫伤的措施。关于冷感觉，与热感觉相比，不同部位的差别较大，并且年龄差别也较大。每个部位都按照青年人群、中年人群、60岁年龄段的老年人群和70岁年龄段的老年人群的顺序，引起冷感觉所需要的稳定变化逐步增多。就是说，不仅仅是脚部，全身各部位都受年龄增加影响，产生冷感觉需要较大的温度刺激。这说明随着年龄的增加，热感觉、冷感觉都有变迟钝的倾向。此外，关于上一节陈述的全身冷热感，考虑到全身的感觉是身体各部位感觉的综合，全身各部位的冷感觉较迟钝，因此为夏季23℃也感觉不到凉的结果提供了解释。

25.3　住宅调查得到的实际冷热情况——老人住宅的温度较低

热舒适感是进行行动性体温调节的动机，这在前面已经说明过。在本节作为一个例子，利用冬季位于农村区域的单栋住宅的冷热环境的实测数据，比较了只有老年人居住的住宅（老年家庭）和与青年人共同居住的老年人住宅（共同居住家庭）。图25.3显示了单栋住宅的两种家庭的冷热环境的实测数

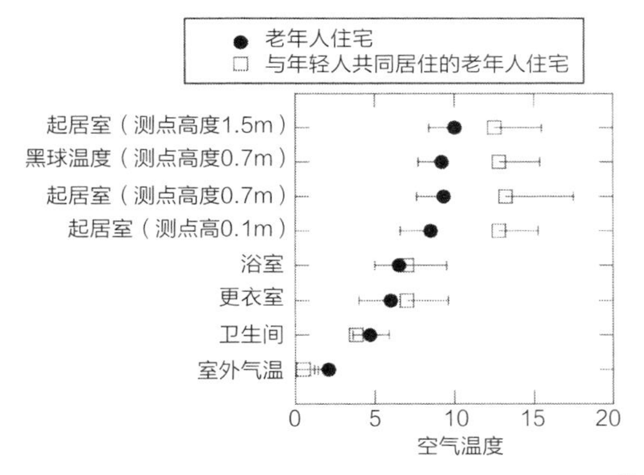

图25.3 年龄对老年人的住宅冷热环境的影响[5)]

据[5)]。睡眠时和中午没有供暖的时间，每个房间的室温没有发现明显的差别。但是，全家人集中在一起的供暖时间中，起居室的室温和黑球温度（反映了热辐射的温度）有明显差别，老年家庭的室温低4℃左右。这说明有的老年人对寒冷的感觉迟钝，没很好地发挥行动性体温调节机能，生活环境的温度较低。全家人集中在一起时，年轻人和老年人都在起居室，虽然采用炉子或者暖风机进行供暖，但是室温比以往研究报告的城市住宅的平均室温、供暖温度低很多，被炉（Kotatsu，电气暖炉桌子的周围覆盖以被子，将脚、腿伸入桌子下取暖的一种装置，译者注）的使用可以认为是一个原因。这说明住宅的保温性能不充分，难以保持较高室温，利用被炉等进行局部供暖，加热手脚，保证舒适性。

在其他行动性体温调节方面，根据问卷调查结果，老年人的衣服的保温性较低，显示出喜欢穿几层较薄内衣的倾向。例如在起居室有供暖，穿有几层内衣，但是在卫生间、厕所等房间，皮肤直接暴露于低温环境中，容易受到低温影响，引起急剧的血液变动。对于老年人，急剧的血压变动，会引起循环器官疾病、脑血管障碍等病症，有很多引起事故的报告。因此，关于直接影响人体健康的冷热环境，需要建立任何房间均不寒冷、不会造成生理负担的无热障碍的室内冷热环境。所以，需要配备能够保持适当室温的设备，并适当进行室温的设定。

在夏季也同样，老年人难以感觉到凉，并且对抗冷的能力较弱，所以不太愿意使用供冷。但是对于突袭的热浪、闷热的天气，血管扩张、出汗等体温调节能力衰退的老年人容易产生中暑、热疲劳等症状。因此，需要适当地进行供冷。特别是如上述的表22.1所示，在日常睡眠中，夏季的睡眠效率低下，睡眠中行动性体温调节难以进行，需要特别注意。睡眠受到影响后，对健康的影响也较大，需要特别注意。

25.4 儿童体温调节的发育

“小孩爱出汗”、“小孩是风之子”等自古以来就有这样的说法。前一句话是说小孩特别能出汗、出汗量大，因此保温非常重要。后一句话是说小孩对抗寒冷的能力较强。

人体具有尽可能保持身体内部的体温一定的体温调节能力。例如，暴露于寒冷的环境中时，首先皮肤的血管收缩，向皮肤的供血量减少，抑制热散失。如果寒冷变得更加严重，体内的产热量就会增加。而在暴露于炎热的环境中时，首先皮肤的血管扩张，向皮肤的供血量增加，以增加散热量，只靠这一点不够的时候，人体就会出汗，靠人体表面的汗液蒸发来增加散热量。这些反应的执行程度，由埋于皮肤表面或深层的温度感受单元（存在热和冷两种感受单元）将信息传递到大脑的某部位进行统筹安排，最后从大脑发出命令，进行调节。

小孩虽然只是一个词，但却指的是从婴幼儿到小学生这一范围很宽的群体。身高、体重、体表面积等小孩身体的尺度跟成年人比小很多。儿童时代的身体成长发育明显，这一时期的体温调节也发达。但是，小孩的身体具有与体重相比体表面积大的特征，这一特征意味着在炎热环境中体温容易上升、容易吸收热量，在寒冷环境中体温容易下降、容易损伤热量。此外，儿童的皮下脂肪薄，即比热小。由于血液量与体重及体表面积成比例，因此儿童的血液量的绝对值较小。从这些身体特征来看，可以认为儿童在炎热或寒冷的环境对体温调节不利。

⊙ 儿童的出汗能力

汗腺组织虽然在胎儿期就形成，但是汗腺能够分泌汗液却只在能动化的时候发生，而能动化只在出生两年半后暴露于炎热环境下才可能发生。这一说法的根据是基于调查汗腺的数量，两岁半以后几乎没有变化这一调查结果。如上所述，儿童的身体

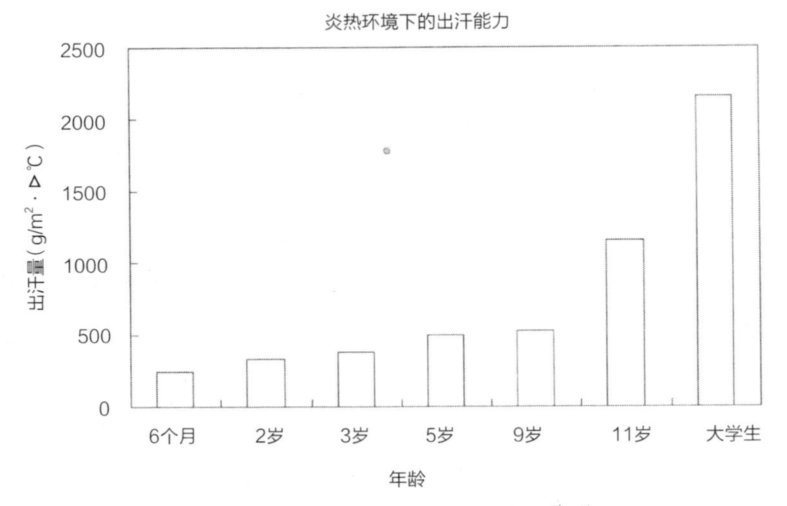

图25.4　儿童出汗能力的发展[6)，7)]

特征是体重和体表面积都较小，只有成年人的几分之一[6)]，而能动化后的汗腺的数量在两岁半后没有变化，因此必然是汗腺随身体的成长而增大。

在环境为日本夏季常有的室外条件（气温35℃，相对湿度70%）的人工气候室中，对出生后半年到上小学的儿童与大学男生在安静的条件下的全身出汗量和深层体温进行了测量[7)]。结果是，随着年龄的增大，单位体表面积的全身出汗量减小。此外，随着年龄的增大，深层体温的上升也变小。就是说，在相同的热条件下进行比较，随着年龄的增大，人体的热负荷有减小的倾向。可以认为能够通过出汗来维持深层体温不上升的人体，其体温调节能力优秀。因此，为了评价热环境下的体温调节能力，将单位体表面积的出汗量除以深层体温的上升度，得到出汗能力的值，按不同年龄显示于图25.4中[6)，7)]。从6个月到9岁，儿童的出汗能力逐渐增大，到11岁大约增大到两倍。与以往研究结果一起分析发现，到小学低年级为止的儿童在炎热环境下的体温调节尚不发达，就是说可以认为从青春期开始出汗能力大大发展。但是，即使小学高年级的儿童的出汗能力也只有大学男生的一半左右，这一结果支持了运动时或者炎热环境下，儿童容易引起热疲劳的结论。

⊙ 暴露于寒冷环境中的儿童体温调节反应及性别差异

图25.5显示了与母亲生活在一起、不自己进行行动性体温调节的1~3岁的儿童的皮肤温度反应与其母亲的比较结果[8)]。

在冬季让穿着T恤衫、短裤的薄衣装的儿童从25℃的环境移动到15℃的环境，停留30分钟后，返回到25℃的环境中停留30分钟。在25℃的环境中，儿童的腹部温度较高，手腕、手部温度较低。暴露于寒冷环境中后，手腕及手部温度显著降低，明显低于母亲的皮肤温度。此外，返回到25℃环境后，儿童的手腕、手部皮肤温度都明显升高。这一结果说明，即使是年龄较小的儿童，对于寒冷末梢部分的皮肤血管也具有充分的收缩能力。成年男性与女性对寒冷反应有所不同，男性通过增大代谢量来应对，女性对于较小的寒冷并不增加代谢量，而是通过降低皮肤温度来保持体温的保温型。跟母亲相比，儿童的皮肤温度更低，由于儿童的皮下脂肪层较薄，所以这说明儿童的皮肤血管的收缩能力更强。就是说，如果儿童在寒冷环境里长时间停留的话，容易引起冻伤等寒冷伤害，需要考虑戴手套等措施。

如图25.5所示，当儿童暴露于寒冷环境中时，皮肤温度降低，深层体温逐渐上升。在体格、皮肤反应方面，没有发现性别差异，女性儿童的深层体温在暴露于寒冷环境的30分钟内逐渐上升，而男性儿童的深层体温却在中途开始下降。这说明深层体温的变化显示了性别差异。相关分析的结果显示，女性儿童的深层体温与体重、单位体重的体表面有相关关系，体型越小，暴露于寒冷环境引起的深层

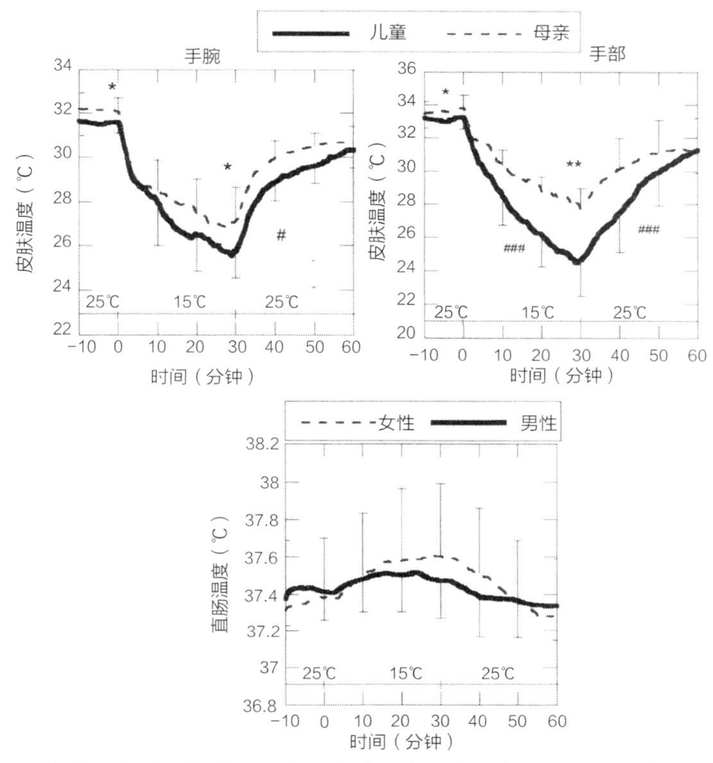

图25.5　暴露于寒冷环境中的儿童与母亲的皮肤温度、女性与男性儿童的直肠温度的比较[8)]

体温上升越大。但是男性儿童没有显示出深层体温变化与体型、皮肤温度反应的相关关系，因此其差异推测是由于代谢反应的差别引起的。这些结果说明即使是1~3岁的儿童，其体温调节反应已经存在性别差异。

25.5　儿童的生活环境与母亲的生活感觉

上文描述了儿童的体格特征，以及在炎热、寒冷环境中的体温调节特性。掌握实际生活环境中，在什么样的冷热环境下、被持有什么样的意识的母亲养育等事实，是非常有用的。在这里，介绍一下对居住于首都区域有1~3岁孩子的130位母亲进行调查的结果[9)]。儿童的健康状况的回答结果是：容易感冒（30%）、容易出湿疹（25%）、容易发烧（10%）。但是心情、易疲劳性、食欲方面都是肯定的，几乎所有回答者都回答孩子是健康的。关于母亲自己的健康状况，得到容易疲劳（45%）、过敏（40%）、睡眠浅（25%）、容易感冒（20%）的回答结果，与孩子相同，几乎所有回答者都认为自己是健康的。母亲中有过敏症的大多数是花粉过敏。母亲们虽然都没有疾病，但是因为承担有婴幼儿的养育责任，所以出现了容易疲劳这种自我感觉症状的结果。

在家里让孩子穿什么衣服、供热、供冷启动、停止等冷热环境调整是母亲的任务之一。对采取怎样的行动性体温调节的调查结果是：关于衣服选择，根据天气状况（80%）、母亲的感觉（40%）、室温（20%）进行调节；关于供冷供热设备的使用，考虑母亲自己的感觉（90%）、室温（20%）、孩子的状况（20%）进行操作。

同时还调查了供冷供热设备的使用率，冬季供暖时白天的使用率最低为40%，其他时间使用率最高为70%。另外，与供暖率相比，供冷率较低，其中早晨的供冷率最低为30%，其他时间为50%。没有一天之中连续供冷、供暖的家庭。母亲的着衣量在夏季为0.2~0.5clo的非常窄的范围，冬季为

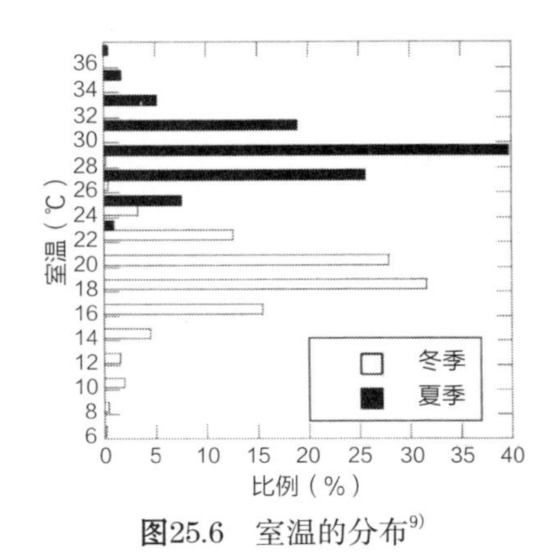

图25.6 室温的分布[9]

0.5~1.4clo，范围较宽，平均为1.04clo。

在四个指定的时刻，由母亲对室温进行测量的结果如图25.6所示。冬季室温分布范围相当广，温度的峰值为18~22℃，平均值为18.9℃（标准偏差为2.9℃）。与冬季相比，夏季的室温分布范围较窄，呈正态分布，温度的峰值为28~30℃，平均值为28.3℃（标准偏差为2.2℃）。以往研究可分为两类，一是对于少量调查对象的住宅室温随时间的变动或者平均室温；另一类是跟本研究相同，针对大量调查对象的住宅室温采用指定时刻测量的方法。本研究属于后者，平均（95%的分布范围）室温夏季是28.3（26~30）℃，冬季是18.9（16~23）℃，平均室温与国内城市的住宅调查结果基本一致，就是说与没有婴幼儿的家庭的室温没有大的差别。室温与着衣量的关系按季节进行分析的结果，分布很分散，室温与着衣量看不出显著性的相关关系。冬夏两个季节合起来分析发现着衣量随着室温的降低而增加。图25.7显示了母亲的冷热感投票的分布。

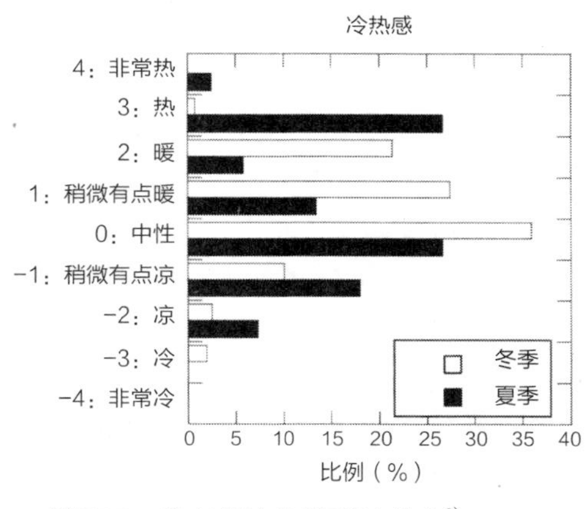

图25.7 母亲的冷热投票的分布[9]

冬季和夏季的冷热感投票值为0.5（标准偏差1.1）和0.8（标准偏差1.7），基本相同。冬季，从“暖”到“中性”的投票占总投票的80%，基本呈正态分布。但是夏季的投票，分为“热”与从“较暖”到“凉”两个部分。本调查时的室外气温，冬季是6℃，夏季是26℃（理科年鉴），与其他年份相比，没有大的差别，因此可以认为是普通的冬夏气候。在英国实施的夏季和冬季的住宅调查测得的冷热环境要素、着衣量以及冷热感觉的投票结果显示，平均（标准偏差）室温冬季为19.2（2.2）℃，夏季21.7（1.8）℃。就是说英国冬季调查结果与本调查结果基本相同，夏季高6℃，冬季低3℃。图25.8显示了各季节的气温与冷热感投票的关系。分布非常分散，随着室温的升高，投票从冷侧向热侧移动。特别是“中性”的投票冬季在10~26℃、夏季在23~34℃较广的范围内分布。由气温与冷热感投票值的一次回归式计算出的中立温度，冬季为15.9℃，夏季为25.1℃。就是说根据本调查的热中性投票得到的室温，显示了受到日本夏季严酷的室外气温的影响，日本人适应了高温环境，因此比英国的结果高。冬季，由于使用被炉等取暖设备，室温较低。室内的冷热环境，因为有行动性体温调节，可以认为能任意变化。但是，这说明在保温隔热性能差、开口面积大、易受室外环境影响的日本住宅生活的人们，不能忽视其适应季节的影响。

母亲的平均着衣量（夏季0.35clo，冬季1.04clo）采用Winslow等[10]的clo值定义式算出。计算得到“不冷也不热”这种热中性投票所需要的室温（这里

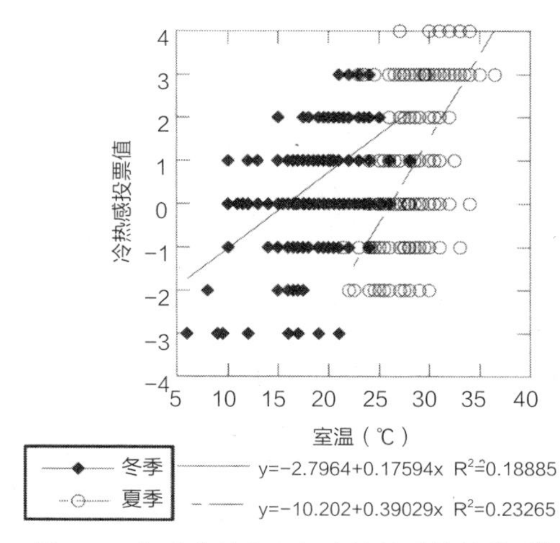

图25.8 各季节的室温与冷热投票值的关系[9]

采用热收支为0时计算得到的室温）冬季和夏季分别为21℃和27℃。这一数值与上述夏季理由与冷热感的关系求得的中性投票的室温基本相同。但是，冬季中性投票得到的室温为16℃，而根据着衣量求得的所需室温要高5℃。根据母亲的着衣量来计算，认为需要21℃的室温，而根据实际调查结果推测的中性投票的室温为16℃，这是存在矛盾的地方。造成这一差别的理由可以认为是，供暖的使用率不高、与房间全体供暖相比电气地毯、被炉等辅助采暖设备的使用率较高等的影响。那些不使房间温度升高的辐射采暖、直接加热手脚的局部采暖等影响了冷热感受。

（都筑和代）

参考文献

1) JIS TR S 0002 中等度温熱環境における高齢者及び青年の温熱感覚測定データ集（2006）
2) 井上芳光，上田博之，荒木　勉：体温調節反応の発育・老化特性とその修飾要因，繊維機械学会誌，56 巻，12 号，494-504（2003）
3) Ohnaka T, Tochihara Y, Tsuzuki K, Nagai Y, Tokuda T, Kawashima T : Preferred temperature of the elderly after cold and heat exposures determined by individual self-selection of air temperature, *J. therm. Biol.*, **18**(5/6) 349-353（1993）
4) （社）人間生活工学研究センター：平成 13 年度新エネルギー・産業技術総合開発機構受託成果報告書，基準創生研究開発事業ー快適な生活空間の創造のための動的温熱環境の基準作りに関する標準化，72-84（2002）
5) 都築和代，横山一也，横井孝志，小木　元，多屋秀人，吉岡松太郎，中村和男：農村地域における高齢群住宅の温熱と空気環境の実態，日生気誌，38 巻，1 号，23-32（2001）
6) Tsuzuki-Hayakawa K : Thermoregulatory development during warm and hot exposures of young children, *Proceedings of the International symposium on thermal physiology*, 335-338（1997）
7) Tsuzuki-Hayakawa K, Tochihara Y, Ohnaka T : Thermoregulation during heat exposure of young children compared to their mothers, *Eur. J. Appl. Physiol.*, **72**, 12-17（1995）
8) Tsuzuki K, Tochihara Y, Ohnaka T : Comparison of thermal responses between young children（1-to 3-year-old）and mothers during cold exposure, *Eur. J. Appl. Physiol.*, **103**(6), 697-705（2008）
9) 都築和代，飯塚幸子，光辻佐枝子，池田麻子，富田純子，栃原　裕，大中忠勝：関東地域の住宅における乳幼児の衣住温熱環境調査，日本家政学会誌，52 巻，5 号，429-438（2001）
10) Winslow CEA, Herrington LP : Temperature and human life, Princeton U. Press, Princeton, NJ（1949）

26 亮度与视力

生活中所需要的大部分信息是由视觉信息提供的，保证合适的亮度及可视度是建立安全舒适环境的基础。关于亮度与视力，本章介绍了对于外部刺激的视觉与知觉层次的相关反应的基础知识。

26.1 视觉环境设计的要素

◉ 视觉环境评价

光线进入眼睛后，眼睛通过对亮度的感受，获得物体形状、颜色的信息，这称为视觉。通过视觉来判断环境（光环境）的好坏，由进入眼睛的光刺激、作为光传感器的眼睛的感度以及作业内容及目的综合决定。人们所希望的光环境，首当其冲要容易看清观察对象、能够很舒适地进行作业，还不能有影响明视性、导致不舒适等内容。

设计时应考虑的要素中“光”、“观察对象”、“人”有很大的不同。其中与光相关的要素有光量、分布、指向性（主光线的方向）、分光分布。分布包括空间分布和时间分布（随时间的变动）两种。与观察对象相关的要素有大小、分光反射率、反射特性（指向性）。由光线及视觉对象决定对眼的刺激，由刺激与感度的关系决定明视性（形状、颜色等的易见度）、亮度、眩光、阴影、立体感等视环境设计的主要因素的状况。因此，即使在眼球内的视网膜上投下的影像相同，适应状态（感度）不同，直觉就不同。而且，即使感度相同，背景等与周围环境的关系也经常使得对相同对象的大小、亮度等的感知相异。因此，视觉的机理非常复杂。

◉ 伴随年龄增长的视觉功能衰退

眼的感度是决定视环境评价的重要因素，即使外界的光刺激相同，眼的感度随评价者视觉功能的不同而有差异。伴随年龄增长的身体功能衰退当然会波及眼睛，视觉功能大约到18岁时达到顶峰，视觉功能的衰退从20岁起就已经开始了。

视觉细胞的减少、视野的减小、水晶体的浑浊、黄化、弹性减低、睫状体等的肌肉力量衰退、视力相关物质生成功能衰退等现象伴随年龄的增长而产生。受此影响，细节的识别能力、亮度、颜色识别力、立体视觉能力等视认功能均会衰退。因此对此进行补偿的环境措施最迟需要从40岁后半期开始考虑。但是，视觉功能个人差异较大，同一年龄层中也存在个人差异比年龄差异还大的情况。

26.2 亮度

◉ 明亮程度评价

细部、颜色的识别，特别需要确保空间中有合适的明亮程度。明亮程度本来指的是针对光的质与量的主观明暗感觉。即使亮度相同，适应调节、周围状态的不同，也会感到明亮程度不同。

从评价实验、调查中得到关于明亮程度的数据时，“亮—暗”判断中，物体的可见度及人如何看等，即在很多情况下是增加了设想的行为、视觉对象的情况下对明亮程度的合适与否进行判断（价值判断）的，所以在利用以往知识的时候，需要注意这一点。

◉ 光适应的影响

（1）明亮程度

眼对光的适应状态不同，即使对象亮度相同，感觉到的明亮程度却不一样。图26.1显示了明亮程度与适应照度的关系的一个例子[2] 这是根据J.C.Stevens等的研究结果（1963）作成的图，可以大概看出明亮程度与适应照度的关系。即使相同的光束发散度，适应程度高则感觉暗，适应程度低则感觉亮，这种感觉程度定量地显示于图中。

（2）炫目

进入眼睛的光量较大时，并不会感觉到明亮，而是感觉到不舒适的炫目（不舒适的耀眼感glare）。生活中主要的炫目源是亮度高的窗户、光

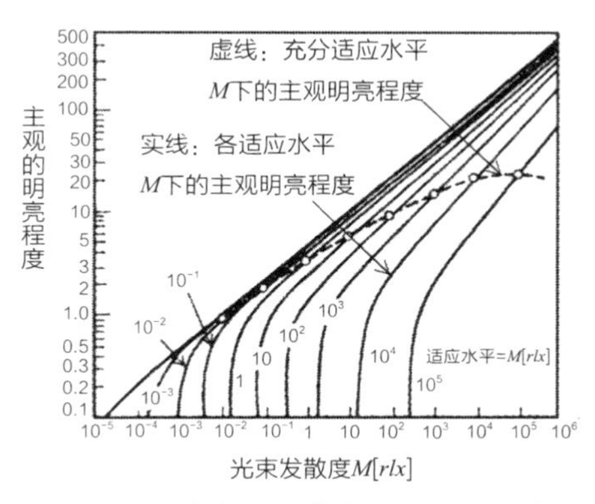

图26.1　明亮程度与适应亮度：主观的明亮程度[2)]

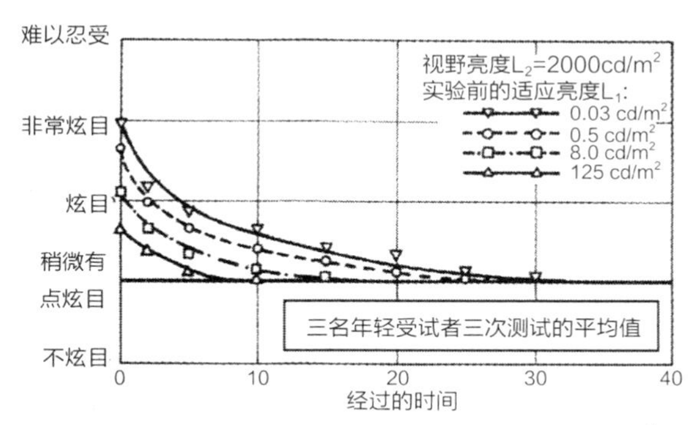

图26.2　视野亮度变化后的炫目感随时间的变化[4)]

源以及反射图像。炫目的程度随着高亮度表面的亮度、大小、位置、与背景的对比等而变化[3)]。为了避免炫目，不要让高亮度的物体靠近眼睛、调整光源位置使得作业面的镜面反射光不照向眼睛等措施非常重要。

图26.2显示了在适应了亮度L_1的状态下，对亮度为L_2的环境观察炫目度随时间的变化[4)]。如T=0的评价值差异所示，即使视野的亮度相同，眼睛对亮度的适应程度越低，眼睛接触该视野L_2后产生的炫目感程度越大。但是，炫目程度也随着眼睛对视野亮度的适应而逐渐缓和。

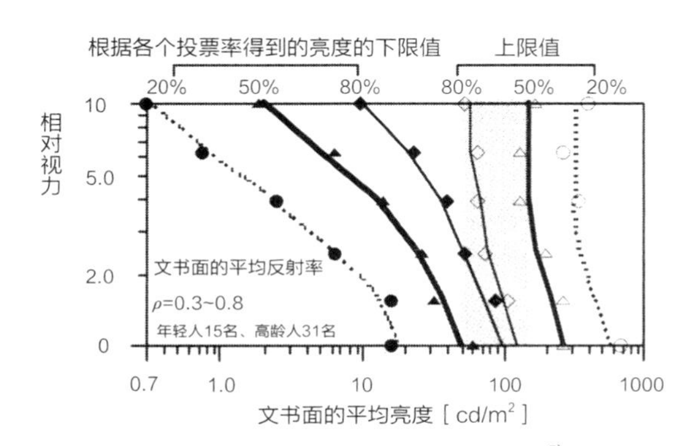

图26.3　刚好适合看书的明亮程度[7)]

与视力、文字大小关系不大，大多数受试者评价为刚好的亮度为50~150cd/m²，按照反射率约为0.80计算照度约为200~600lx。

⊙ 恰好的明亮程度

（1）看书（进行视觉相关作业时的明亮程度）

图26.3显示了看书时感觉恰好的书面亮度的调查结果[5) 7)]。用来评价的文书是白纸黑字的文书。视觉分辨力最高、能够鲜明地看清楚文字的1000cd/m²附近（最后测试条件，参照图26.3），而看书作业恰好的亮度大约为50~150cd/m²，并不是视觉分辨力最高时的亮度。50~150cd/m²的作业面的反射率为0.8（白纸）时照度为200~600lx。

图26.3的纵轴的相对视力是操作者的最大视力与看清文书所需要的最小视力的比值。相对视力较低意味着个人视力较低或者文字较小。低视力者（老年人）感觉合适的亮度范围并不是必然比高视力者（年轻人）高，而范围较窄是其特征。由于老年人容易产生炫目感，过亮的环境是导致不舒适感的原因。

（2）休憩（不进行视觉相关作业时的明亮程度）

在重视氛围的空间，相比明亮性，要求更多的是与舒适性、感觉好相对应的照明。伴有各种活动的团聚时90~200cd/m²、无视觉相关操作的休憩时2.0~25cd/m²的亮度是大多数人喜欢的，合适的照度根据目的不同而有差异[6)]。

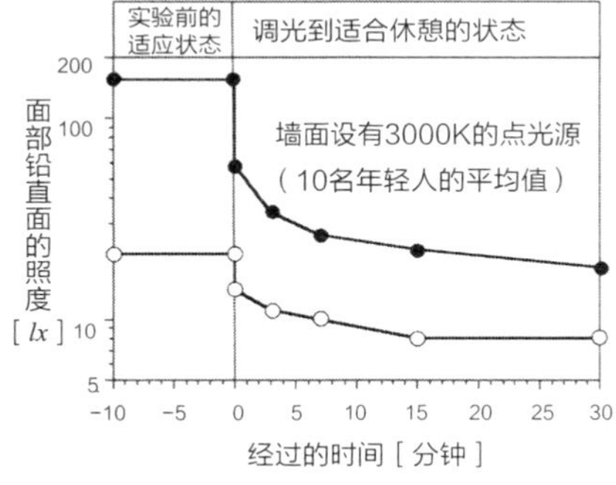

图26.4　适合休憩的明亮程度随时间的变化（根据文献6发表的结果作图）

图26.4显示了从150lx和20lx的适应状态开始，进入没有操作的休憩状态时合适的明亮程度的设定

结果[6]。随着时间的增加，合适照度降低，30分钟后分别降低到约20lx和8lx。这一结果说明，采用逐渐降低照度的调节方法，可以在不影响舒适性的条件下接受低照度空间，为节能设计提供思路。

26.3　看清细部

视觉对象的易辨认程度主要由操作者的视觉辨认能力、光量、视觉对象与背景的亮度对比、大小、时间这五个条件决定。而且，随着年龄的增长，焦点调节能力衰退，距离对能否看清有较大的影响。

◉ 视野亮度与视力

视力是代表对物体细节的视觉分辨能力的参数，一般采用尽最大努力能看清的亮度对比为0.9以上的兰氏环（Landolt环）的开口角（单位分）的倒数来表示。视野亮度增大视力上升，如图26.5（a）所示，1000cd/m^{2}附近，视力达到最大，亮度再升高，产生炫目感，视力下降。个体差别比年龄差别造成的视力差别大，视野亮度变化时的视力变化量也个体差别较大。图书26.5（b）是把（a）的纵轴除以最大视力得到的比值。从此图可以认为，随着视野的亮度变化，视力变化率没有个体差别、年龄差别[7][8]。

在这里，需要注意的是，图26.5显示的视力增加并不意味着感度的上升。易见程度由距离阈条件的大小决定。进入眼睛的光线增多，眼睛对光的感度下降，亮度差的辨别阈值增大。如视力测定条件那样，视觉对象与其背景亮度的对比一定时，背景亮度升高，亮度差辨别阈值增大，如果背景与视觉对象亮度差的增加超过亮度差辨别阈值的增加，这一差值进一步增大，就可以看清楚细节。这是使用照射光看物体时的一般现象。但是，像窗户那样的背景是透过光，背景亮度的上升引起背景与视觉对象的亮度差减小，亮度对比降低，易见性降低。

◉ 亮度变动与视力（时间上不均一）

从室外进入室内的时候，直视窗户、光源后视线返回到操作面时，眼睛暂时没有适应光线的变化，视力暂时下降。随着时间的推移，视力将会恢复，这种适应存在个体差、年龄差。不过，可以认为人体对恒定适应的感度恢复率的时间随个体差、年龄差的变化较小。

图26.6显示了感度恢复率R（T）与变化前后的视野亮度比的关系[9]。视野亮度比越大，恢复所需

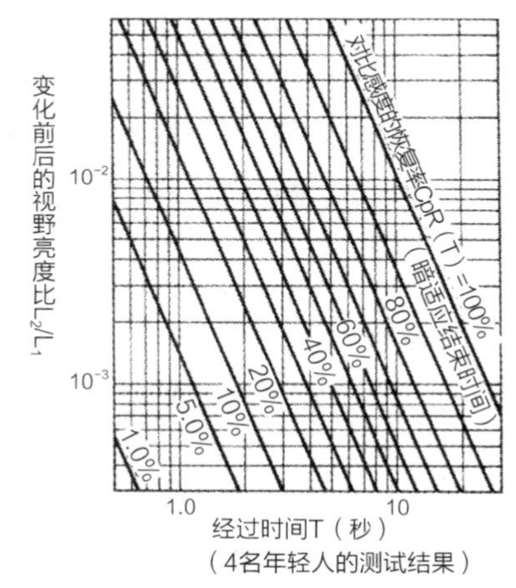

图26.6　眼睛感度的恢复率[9]

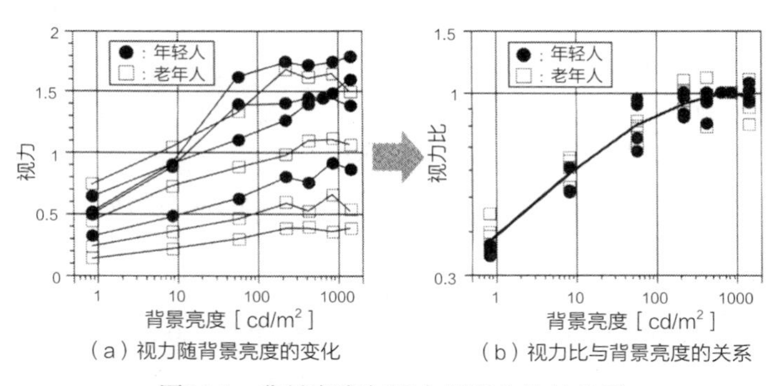

图26.5　背景亮度与视力及视力比的关系

（a）视力值、变化量的个体差别大。视力的大小关系基本不变。（b）视力比=各亮度下的视力÷个人的最大视力。如果视力矫正得当，背景亮度与视力比的关系的个体差别、年龄差别较小。

（根据文献7）、8）中发表的数据作成的图）

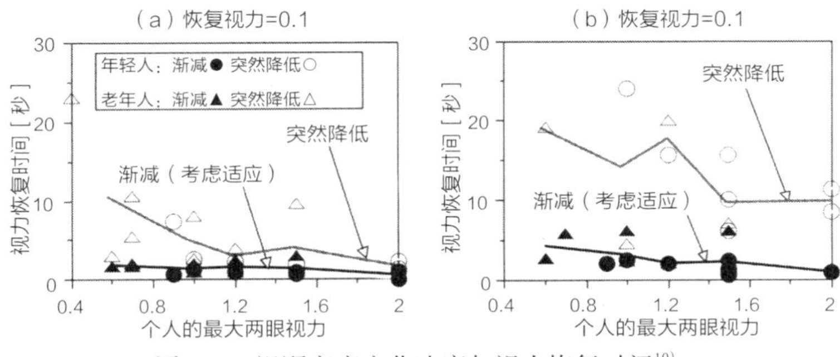

图26.7　视野亮度变化速度与视力恢复时间[10]

视野亮度从100cd/m²用20秒逐渐降低到0.1cd/m²的情况，与突然降低时的视力恢复时间在30秒期间的测试结果。被试者为年轻人9名（平均年龄34岁，平均两眼视力1.5）和老年人9名（平均年龄74岁，平均两眼视力0.9）。实验采用双眼进行了3次测定。

要的时间越长，视野亮度比1/30~1/2500时，恒定适应时的感度恢复到80%需要几秒到十几秒。在此期间，会有本来对视野亮度充分适应时能看清的视觉对象看不清或者完全看不到的现象。从安全的角度来说，应该避免这种状况。因此，各个时刻的亮度差必须保证在亮度差辨别阈值以上，根据图26.6显示的恢复率$R(T)$的时间特性逐渐减小视野亮度即可。

图26.7是根据图26.6的恢复率$R(T)$的时间特性，将视野亮度从100cd/m²用20秒逐渐降低到0.1cd/m²的情况，与突然降低时的视力恢复时间在30秒期间的测试结果[10]。逐渐降低与突然降低视野亮度相比，视力恢复时间大幅缩短。特别是低视力者（老年人）的时间缩短显著。此外，也确认了能够改善完全看不到视觉对象的现象[10]。

◉ 亮度分别与视力（空间上不均一）

视野内如果有高亮度表面，从那里进入眼中的光，在眼球内散开形成光幕，与黄斑中心凹重叠，增加适应亮度。结果如图26.8所示，亮度差的辨别阈值上升[11]、[12]，难以看清物体。

障碍程度与不舒适炫目的情况相同，高亮度表面的亮度越高、高亮度表面离视线越近、见到的面积越大、视野亮度越低，造成的障碍越大。代表现象是背朝窗户的人面部表情难以看清的剪影现象。

这一现象在亮度较低时也会发生，同样的亮度差时较小物体难以看清，这种日常生活中经常经历的现象，也可以同样用散射现象来说明[11]。散射光引起的亮度差辨别阈值、适应亮度的增加量

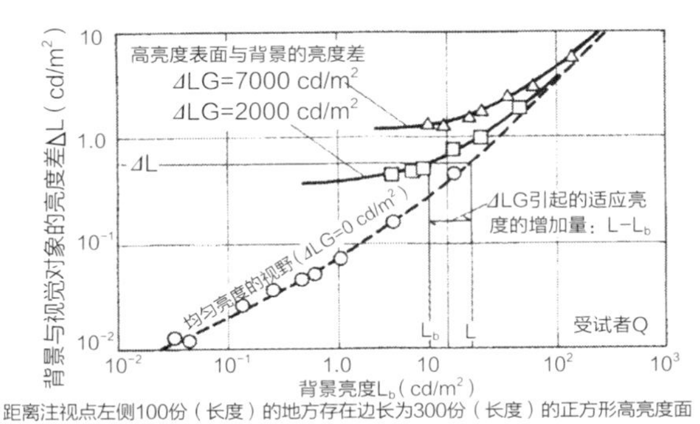

距离注视点左侧100份（长度）的地方存在边长为300份（长度）的正方形高亮度面

图26.8　视野内的高亮度表面引起的亮度差辨别阈值的上升[15]

随年龄的增长而增大，在分析均匀视野的变化率时，估计年龄差的影响较小，关于这一点正在研究之中。

26.4　看清颜色

◉ 年龄与颜色识别力

伴随年龄的增加，晶状体、玻璃体的白浊化、黄浊化发展，眼球内的分光透过率改变，这与感觉度降低相互叠加，使得颜色的辨别能力降低。图26.9为老年人与年轻人的100hue色相测试结果[14]。错误分数越小，颜色辨别力越高，明显可以看出，随年龄的增加颜色辨别力下降。

◉ 大小与颜色识别

受视网膜上三种锥体细胞的分布范围差别的影响，视觉对象的视觉大小不同，颜色的辨别会有变化。图26.10显示了回答大小为0.8°和2.0°的色样的色名时的正确率。老年人的正确率随大小的不同

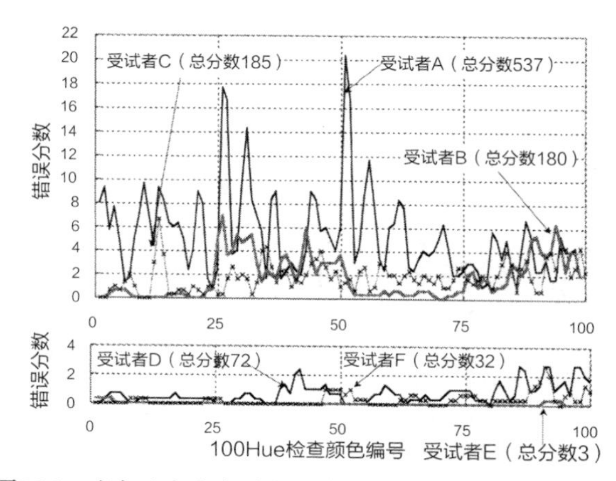

图26.9　老年人与年轻人的颜色辨别能力（100hue色相检查结果）[14)]

图的上半部分为老年人，下半部分为年轻人，年龄及5m处两眼视力为A（76岁，1.0）B（79岁，1.3），C（71岁，1.5）D（21岁，1.5）E（30岁，1.5）F（21岁，1.6）。检查采用色相检查用D65光源，照度为1000lx。

差别很大，色样小的回答正确率低[15)]。并且，老年人在照度低、目标小的时候，黄颜色特别难以辨别出来。此外，在使用的色样的组合中，对红色的色样增大照度时会有认为是橙色的回答，与大小、照度、年龄无关，回答正确率不超过80%~90%。

◉ 照度与颜色识别

图26.10显示了照度引起的正确回答率的变化，照度越高，正确回答率越高。在极低的照度下，锥状体的能力所限，没有颜色感觉，大约能正常识别出颜色时需要20lx以上，色彩感丰富时需要500lx以上。

◉ 光的颜色与颜色识别

即使视觉对象（色样）相同，光的颜色（分光分布）会引起对眼睛的刺激的颜色不同。有色光引起的颜色偏差越大，看到的颜色变化越大。此外，光的分光分布于视觉对象的分光反射率接近的时候（相同颜色），很多情况下较难判断颜色。

图26.11显示了使用有色光进行100hue色相检查的结果[15)]。光颜色引起的错误分数的变化和年龄差造成的差异非常明显。在低照度时绿光的错误得分数较大，高照度时黄光的错误得分数较大，在所有照度中白光的错误得分数最小，并且是与年龄无关的共通结果。这些结果中，对于照明光的颜色适应，以及与此相伴的颜色辨别能力的变化都有所反映，100hue色样的反射光（看到的颜色）本身随照明光的不同而变化，这是决定错误得分数的最大原因。

◉ 颜色与细节辨别

虽然感觉彩色的对象容易看清楚，但是与背景的亮度对比对物体的识别影响最大。图26.12比较了亮度对比相同时有色及无色目标的阈值及看取容易程度的评价结果。亮度对比足够时，对象的颜色对细节的辨认、易见性没有影响[14),16)]。图26.13显示了对于细节辨别阈值的彩色效果与亮度效果比[14)]。彩色差别的效果与亮度差别的效果相比，作用非常小。色差中亮度差所占比例越大，越容易看清视觉对象。

亮度对比不够的时候，颜色的差别对物体的易见性能发挥效果。如果不是彩色的，亮度对比为零的物体连是否存在都不会知道，而通过颜色的使用，即使亮度对比为零，色度、色相的差别产生的颜色差别也能够使得视觉对象被区分出来。此外，颜色会引起注意，具有吸引目光的效果，这是感到彩色对象容易看清的一个原因。

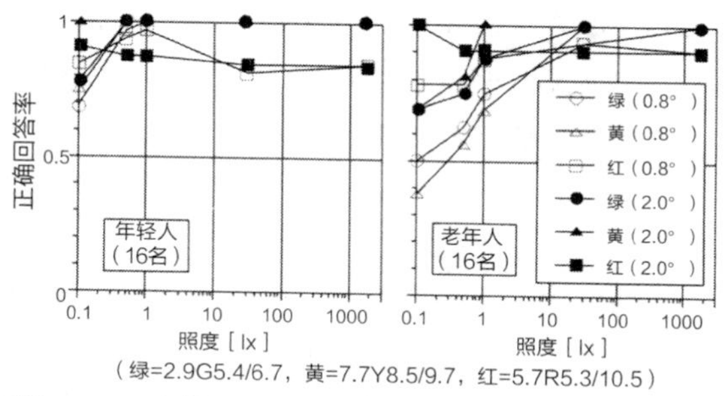

图26.10　色样的正确回答率（大小与照度的影响）（基于文献15）的一部分发表数据作图）

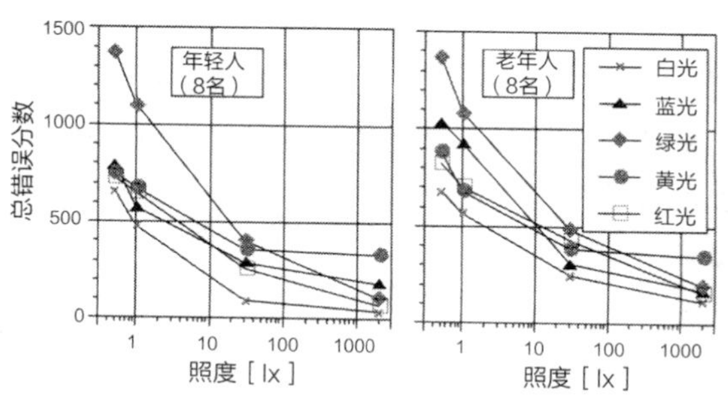

图26.11　光颜色、照度与颜色的识别（100hue色相检查结果）[15)]

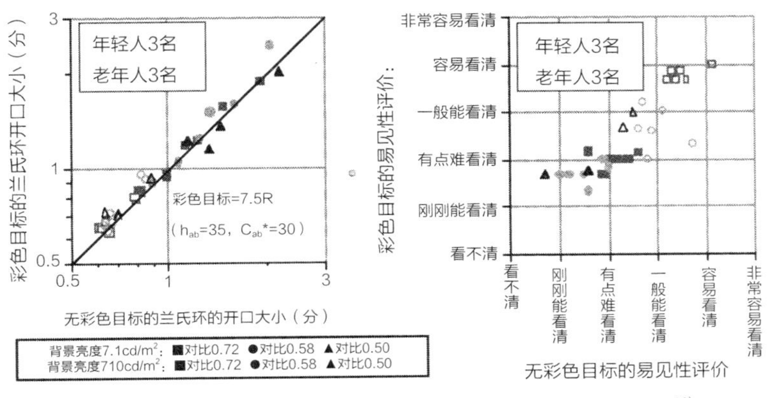

图26.12 彩色与无彩色的易见性比较（红色的情况）[16]

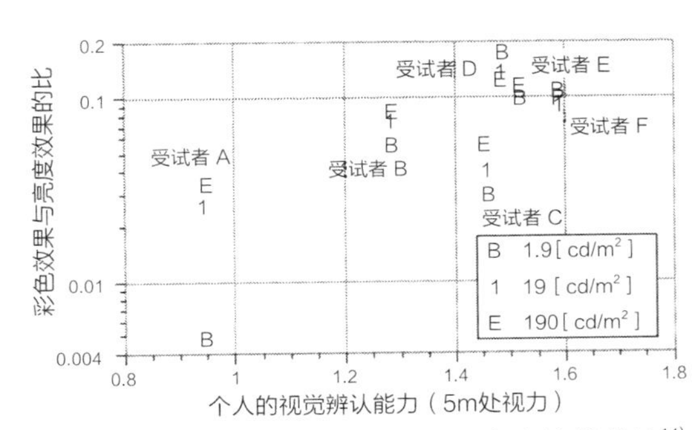

图26.13 细节辨别阈值的彩色效果/亮度效果的比[14]

纵轴为（a）与（b）的兰氏环的辨别尺寸的比。

兰氏环色度：（a）C_{ab}*=30（亮度对比0.25），（b）C_{ab}*=20（亮度对比0.04），背景：色相角C_h=270（蓝），色度C_{ab}*=30，背景与视觉目标的色差：ΔE_{ab}=10，受试者A~B为老年人，D~F为年轻人，颜色识别能力等参照图26.9。

看到的样子依赖于“光、物体、人”，是多层面的、主观的。通过调节视觉对象及其周围环绕环境的时间、空间条件，所看到的样子会被改变，或者发生意料之外的改变。视觉环境规划设计的大部分内容是委托于设计者的，清楚的视觉环境规划设计存在多种多样的可能性，同时也需要安全的视觉环境设计，因此责任重大。

（井上容子）

参考文献

1) 梁瀬度子他編：住まいの事典，13.5 高齢者と室内環境，pp.9-11，朝倉書店（2004）
2) 照明学会編：照明ハンドブック 第1版，p.61（1978）
3) 岩田利枝，伊藤大輔，平野祐介：不快グレアの対比効果と総量効果，日本建築学会計画系論文報告集，618号，1-7（2007）
4) 井上容子，伊藤克三：まぶしさ感の動的評価法，日本建築学会計画系論文報告集，398号，9-19（1989）
5) Inoue Y, Akizuki Y: The Optimal Illumonance for Reading, Effects of Age and Visual Acuity on Legibility and Brightness, *Journal of Light & Visual Environment*, **22**(2), 23-33 (1998)
6) Ishida K, Inoue Y: Influence of Initial Adaptation Level and Elapsed Time on Suitable Illuminance for Relaxation and Satisfaction Level of a Space in Terms of Relaxation, *Journal of Light & Visual Environment*, **29**(3), 135-142 (2005)
7) 井上容子：やさしい照明技術，利用者の視力に応じた必要輝度の予測方法－利用者の最大視力と視力比曲線を用いて－，照明学会誌，86巻，7号，466-468（2002）
8) Akizuki Y, Inoue Y: The Concept of Visual Acuity Ratio to the Maximum Level of Individual Visual Acuity-The Evaluation Method of Background Luminance and Visual Distance on Visibility Taking into Account of Individual Visual Acuity, *Journal of Light & Visual Environment*, **28**(1), 35-49 (2004)
9) 井上容子，伊藤克三：順応過渡過程における目の感度，実効輝度を用いた視認能力の動的評価法（その1），日本建築学会計画系論文報告集，474号，1-5（1995）
10) 井上容子，岩井 彌：人の目の順応に配慮した非常用照明，暗順応過渡過程における輝度差弁別閾値の時間特性に基づいた点灯方式，照明学会誌，203-208（2006）
11) 伊藤克三，野口太郎，井上容子：実効輝度による視認問題の統一的解明，照明学会誌，72巻，6号，324-331（1988）
12) 井上容子，伊藤克三：高輝度面の実効輝度への影響，実効輝度関数 $F(\theta)$ の定量方法に関する検討（その1），日本建築学会計画系論文報告集，478号，1-6（1995）
13) 池上陽子，原 直也，井上容子：高齢者の眼球内散乱特性に関する研究，輝度差弁別閾値と散乱光量の若齢者との比較，建築学会近畿支部研究報告集，48号，33-36，環境系（2008）
14) 秋月有紀，井上容子：個人の視認能力を考慮した色の三属性の細部識別閾への影響，照明学会誌，92巻，5号，241-249（2008）
15) 井上容子，泊 美穂：色光の視覚心理生理的影響に関する検討—若齢者と高齢者の色・細部識別能力，空間の印象，心拍・血圧について—，日本建築学会近畿支部研究報告集，47号，環境系，73-76（2007）
16) 井上容子：高齢者等の視覚的弱者に配慮した快適視環境計画に関する検討，平成12～14年度科学研究費補助金（基盤研究(B)(2)）成果報告書，6章，p.154（2003）

著作权合同登记图字：01-2009-7254

图书在版编目（CIP）数据

城市·建筑的感性设计 / ［日］日本建筑学会编；韩孟臻等译. —北京：中国建筑工业出版社，2015.7
（建筑理论·设计译丛）
ISBN 978-7-112-18243-5

Ⅰ. ①城… Ⅱ. ①日… ②韩… Ⅲ. ①城市规划—建筑设计
Ⅳ. ①TU984

中国版本图书馆CIP数据核字（2015）第151433号

日本建築学会編集『都市・建築の感性デザイン工学』，朝倉書店，2008.

This simplified Chinese edition is arranged by Asakura Publishing Co.,Ltd. (朝倉書店)in Tokyo, Japan.

本书由日本朝仓书店授权翻译出版

责任编辑：白玉美 刘文昕
责任校对：姜小莲 刘梦然

建筑理论·设计译丛
城市·建筑的感性设计
［日］日本建筑学会 编
韩孟臻 王福林 官菁菁 张立巍 陈燮君 译
*
中国建筑工业出版社出版、发行（北京西郊百万庄）
各地新华书店、建筑书店经销
北京锋尚制版有限公司制版
北京建筑工业印刷厂印刷
*
开本：787×1092毫米 1/16 印张：11¾ 字数：346千字
2016年4月第一版 2016年4月第一次印刷
定价：49.00元
ISBN 978－7－112－18243－5
（27497）